普通高等教育风景园林专业系列教材

园林景观材料

主　编　董莉莉

副主编　郁雯雯　郭瑞芳

参　编　胡俊琦　彭芸霓　曾晓泉
　　　　雷　晶　汪　杰　龙　赟

主　审　杜春兰

重庆大学出版社

内容提要

本书针对园林景观材料的认知与应用，突出实践性、创新性与时效性三大原则。全书共分为四个部分：第一部分概述园林景观材料的历史、发展及其基本性质；第二部分讲述墙体、屋面与地面等构筑受力部位的结构材料；第三部分讲述石材与石料、木材、玻璃、金属材料以及有机高分子材料等装饰材料；第四部分讲述多样建筑小品和装饰小品等形制成品材料。本书选用了大量的实际案例图片，并总结形成了众多图文并茂的表格，从而以清晰直观的方式呈现了园林景观材料的认知与应用。

本书配有电子教案、课后习题及答案、试题及答案，可供教学参考。本书可作为风景园林、环境艺术等相关专业的教学用书，也可作为相关专业设计、施工与管理人员的参考用书。

图书在版编目（CIP）数据

园林景观材料/ 董莉莉主编.—重庆：重庆大学
出版社，2016.7（2023.12重印）
普通高等教育风景园林专业系列教材
ISBN 978-7-5624-9581-9

Ⅰ.①园… Ⅱ.①董… Ⅲ.①园林设计—景观设计—
建筑材料—高等学校—教材 Ⅳ.①TU986

中国版本图书馆CIP数据核字（2015）第306515号

普通高等教育风景园林专业系列教材
园林景观材料
Yuanlin Jingguan Cailiao
主 编 董莉莉
副主编 郁雯雯 郭瑞芳
策划编辑：张 婷
责任编辑：李定群 姜 凤 版式设计：张 婷 莫 西
责任校对：张红梅 责任印制：赵 晟

*

重庆大学出版社出版发行
出版人：陈晓阳
社址：重庆市沙坪坝区大学城西路21号
邮编：401331
电话：（023）88617190 88617185（中小学）
传真：（023）88617186 88617166
网址：http://www.cqup.com.cn
邮箱：fxk@cqup.com.cn（营销中心）
全国新华书店经销
重庆长虹印务有限公司印刷

*

开本：787mm×1092mm 1/16 印张：18.5 字数：484千
2016年7月第1版 2023年12月第4次印刷
印数：7 001—8 000
ISBN 978-7-5624-9581-9 定价：69.80元

编委会名单

总　序

  风景园林学，这门古老而又常新的学科，正以崭新的姿态迎接未来。

  "风景园林学（Landscape Architecture）"是规划、设计、保护、建设和管理户外自然和人工环境的学科。其核心内容是户外空间营造，根本使命是协调人与自然之间的环境关系。回顾已经走过的历史，风景园林已持续存在数千年，从史前文明时期的"筑土为坛""列石为阵"，到 21 世纪的绿色基础设施、都市景观主义和低碳节约型园林，都有一个共同的特点：就是与人们对生存环境的质量追求息息相关。无论中西，都遵循一个共同的规律，当社会经济高速发展之时，就是风景园林大展宏图之时。

  今天，随着城市化进程的飞速发展，人们对生存环境的要求也越来越高，不仅注重建筑本身，而且更加关注户外空间的营造。休闲意识和休闲时代的来临，使风景名胜区和旅游度假区保护与开发的矛盾日益加大；滨水地区的开发随着城市形象的提档升级受到越来越高的关注；代表城市需求和城市形象的广场、公园、步行街等城市公共开放空间大量兴建；居住区环境景观设计的要求越来越高；城市道路在满足交通要求的前提下景观功能逐步被强调……这些都明确显示，社会需要风景园林人才。

  自 1951 年清华大学与原北京农业大学联合设立"造园组"开始，中国现代风景园林学科已有 58 年的发展历史。据统计，2009 年我国共有 184 个本科专业培养点。但是由于本学科的专业设置分属工学门类建筑学一级学科下城市规划与设计二级学科的研究方向和农学门类林学一级学科下园林植物与观赏园艺二级学科；同时本学科的本科名称又分别有：园林、风景园林、景观建筑设计、景观学，等等，加之社会上从事风景园林行业的人员复杂的专业背景，使得人们对这个学科的认识一度呈现较为混乱的局面。

  然而，随着社会的进步和发展，学科发展越来越受到高度关注，业界普遍认为应该集中精力调整与发展学科建设，培养更多更好的适应社会需求的专业人才为当务之急，于是"风景园林（Landscape Architecture）"作为专业名称得到了普遍的共识。为了贯彻《中共中央国务院关于深化教育改革全面推进素质教育的决定》的精神，促进风景园林学科人才培养走上规范化的轨道，推进风景园林类专业的"融合、一体化"进程，拓宽和深化专业教学内容，满足现代化城市建设的具体要求，编写一套适合新时代风景园林类专业高等学校教学需要的系列教材是十分必要的。

重庆大学出版社从 2007 年开始跟踪、调研全国风景园林专业的教学状况，2008 年决定启动"普通高等教育风景园林专业系列规划教材"的编写工作，并于 2008 年 12 月组织召开了普通高等学校风景园林类专业系列教材编写研讨会。研讨会汇集南北各地园林、景观、环境艺术领域的专业教师，就风景园林类专业的教学状况、教材大纲等进行交流和研讨，为确保系列教材的编写质量与顺利出版奠定了基础。经过重庆大学出版社和主编们两年多的精心策划，以及广大参编人员的精诚协作与不懈努力，"普通高等教育风景园林专业系列规划教材"将于 2011 年陆续问世，真是可喜可贺！

这套系列教材的编写广泛吸收了有关专家、教师及风景园林工作者的意见和建议，立足于培养具有综合创新能力的普通本科风景园林专业人才，精心选择内容，既考虑到了相关知识和技能的科学体系的全面系统性，又结合了广大编写人员多年来教学与规划设计的实践经验，汲取国内外最新研究成果编写而成。教材理论深度合适，注重对实践经验与成就的推介，内容翔实，图文并茂，是一套风景园林学科领域内的详尽、系统的教学系列用书，具有较高的学术价值和使用价值。这套系列教材适应性广，不仅可供风景园林类及相关专业学生学习风景园林理论知识与专业技能使用，也是专业工作者和广大业余爱好者学习专业基础理论、提高设计能力的有效参考书。

相信这套系列教材的出版，能更好地适应我国风景园林事业发展的需要，能为推动我国风景园林学科的建设、提高风景园林教育总体水平起到积极的作用。

愿风景园林之树常青！

编委会
2010 年 8 月

前　言

　　随着园林景观设计思潮的繁荣、工程技术的创新与可持续发展观念的强化，园林景观材料逐步脱离建筑材料与室内装饰材料的范畴，成为具有明显园林景观自身属性特质的材料范畴。同时呈现出多样与多变的需求趋势及生态与环保的发展趋势。

　　随着园林景观营造对于人性化与个性化追求的演进，传统的先设计后选材与材料选择符合施工要求的模式，被先选材后设计与施工工艺符合材料特性的模式所取代。因此，园林景观材料在园林景观营造中的地位越发重要。

　　本书针对园林景观材料的认知与应用，突出了实践性、创新性与时效性三大原则：

　　实践性原则：由于该课程所涉及内容具有很强的实践性，为了达到良好的教学效果，教材的编写集合了高等院校与设计、施工企业共同之力，注重书本理论紧密结合实践案例的示范性教学方式，分类详尽、思路明确、条理清晰，具有全面性、实用性和针对性，便于学生理解。

　　创新性原则：由于该课程通常所用的教材为建筑学专业教材，为了达到与风景园林专业良好的契合性，本教材的编写将材料类别适应不同使用需求作为主轴线，整合了大量实物样板与实际案例图片，以图文结合、新颖直观的方式增强学生自行阅读的效果，特别强调以表格方式形成大量知识的精简总结，同时将园林景观工程施工的工艺、质量验收规范与教材内容做了较大整合。

　　时效性原则：由于该课程与工程实践的紧密关联性，为了达到理论建构以最新的规范为依据、类型归纳以最新的标准为依据、材料类型归纳以最新的实践为依据，教材的编写紧贴一线施工现场，将施工现场最基本、最实用的知识和技能进行筛选与优化整合，案例的选用均以时效作为依据，充分展示了当代最新材料的应用，以便学生能充分认识相关实践，从而有效地应对今后的职业工作。

　　本书针对园林景观材料的认知与应用，分为九章进行编写：第1章梳理了中外古典园林景观材料的历史发展，归纳了现代园林景观材料的应用；第2章对于材料的组成、结构与构造以及主要性质进行了总结；第3章按照墙体和屋面两个构筑部位介绍了各种砖、砌块、板材、瓦材等；第4章按照气硬性、水硬性与有机性介绍了胶凝材料与混凝土材料；第5章是本书的重点，对石材与石料的组成、结构、性质和分类做了介绍，同时将其各种应用进行了详细分析；第6章对木材、竹材与茅草进行了介绍；第7章针对玻璃与金属材料的特质与应用进行了综合介绍；第8章对有机高分子材料进行了特性介绍，并就涂料、塑料与胶黏剂的不同应用做了梳理；第9章为形制成品材料，介绍了建筑小品和装饰小品两类中形制成品材料的不同应用。

本书参加编写人员：主编董莉莉（重庆交通大学建筑与城市规划学院）；副主编郁雯雯（重庆艾特兰斯园林建筑规划设计有限公司）、郭瑞芳（聊城大学建筑工程学院）；参编胡俊琦（重庆大学建筑与城市规划学院）、彭芸霓（重庆交通大学建筑与城市规划学院）、曾晓泉（广西艺术学院建筑艺术学院）、雷晶（重庆艾特蓝德园林建设集团有限公司）、汪杰（重庆尚源建筑景观设计有限公司）、龙赟（成都景虎景观设计有限公司）。

本书由重庆大学杜春兰教授主审。陶勇（苏州侨联景观工程有限公司）、梁艮（北京大通方正景观设计资讯有限公司）、白建平（北京万树缘园林工程设计有限公司）、熊大荣（重庆艾特蓝德园林建设集团有限公司）、刘强（重庆艾特蓝德园林建设集团有限公司）、娄飞（重庆艾特蓝德园林建设集团有限公司）等参与了案例图片的拍摄与整理工作。在编写过程中，承蒙有关院校和设计、施工单位的大力支持，谨此表示感谢！

编　者
2015 年 10 月

目　录

1 园林景观材料的历史发展

本章导读 本章按照历史发展顺序，介绍了中外古典园林材料的发展变化：中国古典园林的殷周时期，秦汉时期，魏晋南北朝时期，两宋时期，元、明、清时期；外国古典园林的古埃及园林、古希腊园林、古罗马园林、欧洲中世纪园林、伊斯兰地区园林、意大利文艺复兴园林、巴洛克园林、法国古典园林、英国自然园林及18世纪至19世纪末欧美园林。重点通过列表概述了现代的园林景观材料，并分析了园林景观材料的发展趋势。要求掌握中国古典园林几个时期的代表材料，熟悉外国园林中几种典型园林风格材料的运用。

1.1 园林景观材料的内涵

《材料科学与工程基础》[1]一书在序言中写道："我们周围到处都是材料，它们不仅存在于我们的现实生活中，而且扎根于我们的文化和思想领域。"材料是人类从事建设活动的物质基础，长期以来随着人类经验的积累，使用的材料不断演变。事实上，材料与人类的出现和进化有着密切的关系。因而，它们的名字已作为我们人类文明的标志，如石器时代、青铜器时代等。从天然材料到人造材料，人类文明得以进步，天然材料和人造材料也成为我们生活中不可分割的组成部分。

材料在园林景观设计中的作用举足轻重，设计概念实现于形式，而最终也将落实到材料。园林景观材料作为表达设计概念的基本单元和主要物质基础，与园林景观设计之间必然是相辅相成的关系。玛莎·舒瓦茨[2]认为，设计概念来自不同的尺度，不是一个真正的直线过程。"部分是整体的表达，而整体也是部分的表达。"材料表达出局部，众多的局部构成了大空间，甚至围绕一种材料也可以建立一个概念。如果材料的选用受到一定限制，如何选择材料或如何用有限的材料表达设计思想，是一个设计师需要解决的问题。

随着科技的进步和时代的发展，我国园林建设中园林景观材料种类不断更新和扩充，极大地丰

---

[1] 黄根哲.材料科学与工程基础 [M].北京：国防工业出版社，2010.
[2] 玛莎·舒瓦茨，1950年生，美国景观设计师。

富了园林的形式和内容，也促进了园林景观设计理念的发展。通过园林景观材料合理地选择和应用，可以深化园林景观的设计概念，体现园林景观的地方特色，创造出真正体现人性化的园林景观空间。

1.2　中国古典园林材料的发展

中国古典园林历史悠久，大约从公元前11世纪的奴隶社会末期到19世纪末封建社会解体为止，在3 000余年漫长而不间断地发展过程中，形成世界上独树一帜的风景式园林体系——中国园林体系[1]。

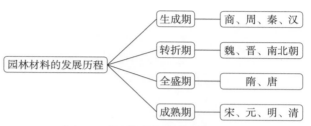

图1.1　中国园林材料的发展历程

中国园林材料与中国园林的发展相辅相成，园林材料随着园林的发展不断改变与更新，因此，材料的发展历程大致也可划分为生成期（商、周、秦、汉）、转折期（魏、晋、南北朝）、全盛期（隋、唐）、成熟期（宋、元、明、清）（图1.1）。需求导向、就地取材是我国古典园林中材料选用的基本原则。既师法自然又善添人作，是古典园林经常采用的描述方法。这种师法自然的造园艺术，既体现了人的自然化，又体现了自然的人文化。

1.2.1　殷周时期

中国古典园林起源的历史时期为殷末、周初，即中国园林产生和成长的幼年期。贵族宫苑是中国古典园林的雏形，也是皇家园林的前身。规模宏大、气魄恢宏，成为这个时期造园活动的主流。这时候的宫苑游观已经上升到主要地位，建筑、植物成为主要造园要素，建筑结合天然山水地貌而发挥其观赏作用，同时有了游赏为目的的水体。此时的园林材料多是以建筑材料为基础的延伸，并没有真正形成独立以观赏为目的的园林材料。

图1.2　沙丘苑台

中国有史可证最早的园林是商末纣王所建的沙丘苑台（图1.2）和周文王所建的灵囿、灵台、灵沼。灵囿是在植被茂盛、鸟兽孳繁的地段，掘沼筑台（灵沼、灵台），作为游憩、生活的境域。囿中的台是古代人们对山岳的模仿，高台有观景、操练、祭祀等多种功能。因此囿是中国古典园林的基本模型，其中的台、沼、植物等是园林中的基本要素，夯实的台是园林建筑和景观挡墙的雏形。此时的园林材料传统朴素地对自然材料进行加工。

殷王的都邑宫室遗址——殷墟，其建筑

---

[1] 世界三大园林体系包括中国园林体系、欧洲园林体系和伊斯兰园林体系。

基址的平面有方形、长方形、条状、凹形、凸形等。基址全部用夯土筑成（图1.3），很多基址上面尚残存着一定间距和直线行列的石柱础。所有础石都采用直径15～30 cm的天然卵石，个别的还留着若干盘状的铜盘——锧[1]，其中还隐约能看出盘面上的云霄纹饰。这些铜锧垫在柱脚下，起着取平、隔潮和装饰三重作用，并且在础石附近还发现木桩的烬余，可见商朝后期已经有了相当大的木构架建筑了。

图1.3 殷墟遗址

西周早期的凤雏宗庙遗址（图1.4）中出土了陶瓦，早期用于铺在草顶建筑的檐口，西周中期用于铺屋面。陕西岐山县凤雏早周遗址中曾发现土坯砖若干，砌叠于厅堂北面台基处，陶砖多为大块正方形，多用于室内铺地。西周早期散水常用卵石铺砌，也有经稍稍硬化的土质散水，道路除大多采用的硬土路面外，也有铺天然石材的。

图1.4 凤雏宗庙遗址

商周以来的木构架建筑早就以台基、屋身和屋顶作为房屋的三个主要组成部分，但战国时期出现了多层房屋及高大的台榭建筑，使这三部分的组合发生了很多变化。利用屋顶形式和各种瓦件所产生的装饰作用，成为中国古代建筑的一个突出特征。在装饰方面，已发现的战国时期燕下都的瓦当有20余种不同的花纹（图1.5）。战国晚期出现大块空心砖用于铺砌墓室的底、顶及四周，或台阶的踏跺（图1.6）。栏杆砖、陶制水管也见于战国时期的出土文物中。总而言之，商周时期的园林材料处于生成期，园林材料主要以自然材料为主，如夯土、木材、自然石材等，也出现了陶瓦、陶砖、陶管、铜制品等人工材料。

图1.5 燕下都瓦当

图1.6 战国铺地砖

---

[1] 锧——柱基上倒扣如盘样装饰。

1.2.2　秦汉时期

秦、西汉为中国园林发展的生成期，相应于中央集权政治体制的确立，出现了皇家园林。它的"宫""苑"两个类别，对后世的宫廷造园影响极为深远。东汉则是园林由生成期发展到转折期的过渡阶段。

1）秦代园林

秦汉时期是中央集权的封建帝国，开始出现规模宏大的皇家园林。秦始皇在渭水南岸兴建了上林苑（图1.7）以及众多离宫、别馆，同时也出现了人工开池与堆山活动，但造园的主旨与意趣依然很淡漠。但秦始皇神仙境界的理念长时期影响着中国皇家园林的造园宗旨和布局结构。

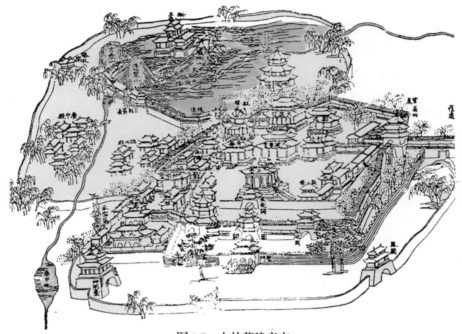

图1.7　上林苑建章宫

夯土工程在秦代仍占重要地位，如长城、墙垣、建筑台基、陵墓、道路、堤坝等。夯土的特点是夯筑层较薄、质地坚密、层次清晰。秦代陶制材料的进一步使用推动了秦代建筑及园林的发展，常用的陶质材料有砖、瓦、水管（图1.8）、井圈等数种。目前发现的秦瓦有板瓦和筒瓦两类，砖有空心砖、方砖、条砖和供特定用途的异形砖等多种，陶质水管和供给排水的陶漏斗也有使用。石材在秦代建筑遗址中发现不多，仅见于房屋的柱础、散水与若干部件，以及桥梁的桥墩，石质简化构件有石水道、凹槽条石等。秦代的金属材料有铜、铁两类，建筑中首次出现了铁钉。秦代也首次在建筑中出现了涂朱的地面。

图1.8　秦代陶水管

2）汉代园林

东汉称皇家园林为"宫苑"，园林的游赏功能已上升到主要地位，因而比较注意造景的效果。

汉武帝建元三年（公元前138年）上林苑又加以扩建。上林苑地域辽阔、地形复杂，苑墙160 km，设苑门12座，其占地之广可谓空前绝后，是中国历史上最大的一座皇家园林。其间，有天然河流、湖泊，也有人工开凿的昆明池、影娥池、琳池、太液池，极其壮观。天然植被极为丰富，同时，开始了人工栽植大量的树木。

汉代的材料发展因为大木结构的运用使建筑比秦更进一步，斗拱的出现与使用成为我国古代建筑的突出构件。东汉时出现了全部石造的建筑物，如石祠、石阙和完全石构的石墓。西汉瓦作包括以陶砖砌造的地面、壁体、拱券、穹窿、陶瓦覆兽的屋顶，陶管铺设的地下排水通道及井壁等。所使用的材料有陶质空心砖（图1.9）、小砖、铺地方砖、楔形砖、刀形砖、异形企口砖、板瓦、附瓦当或不附之筒瓦、下水道陶管及陶井圈等。汉代使用的金属材料为数不多，已出土的多属建筑中的零配件，如铺首、套件、纹页、钉等。

秦汉时期园林的功能由狩猎、通神、求仙、生产为主，逐渐转化为游憩、观赏为主。秦砖汉瓦园林材料的制造工艺日臻成熟。同时开始注重运用不同材料组合产生的景观效果。

图1.9　汉玄武纹空心砖

1.2.3　魏晋南北朝时期

魏晋南北朝时期，思想和文化艺术的活跃与繁荣促进了园林艺术的发展，从再现自然到表现自然，从归属自然到高于自然，中国风景式园林开始形成，这一时期是中国古典园林发展史的一个转折时期。这一时期初步确立了再现自然山水的基本原则，逐步取消了狩猎、生产方面的内容，而把园林主要作为观赏艺术来对待，除皇家园林外，还出现了私家园林和寺庙园林，并开始出现公共园林的记载。

这时，山水艺术的各门类都有了很大的发展势头，包括山水文学、山水画、山水园林。相应的，人们对自然美的鉴赏取代了过去对自然所持的神秘、功利和伦理的态度。筑山理水的技艺达到一定水准，已有用石堆叠为山的做法，山石一般选用稀有的石材。水体形象多样化，理水与园林小品的雕刻物（如石雕、木雕、金属铸造等）相结合（图1.10），创造出景趣各异的水景。

魏晋南北朝时期园林材料的发展主要在砖瓦的产量和质量的提高与金属材料的运用方面。金属材料主要用作装饰，如塔刹上的铁链、金盘、

图1.10　龙门石窟

檐角和链上的金铎、门上的金钉等。台基外侧已有砖砌的散水。

1.2.4　隋唐时期

隋唐两代中央集权的封建帝国促成了中国经济、文化的迅速发展，社会繁荣、文化艺术高度发展的浓厚氛围必然促进园林的兴盛，隋唐园林在魏晋南北朝所奠定的风景式园林艺术的基础上，发展为全盛局面。

隋唐时期的园林还向平民化发展，出现了游春踏青、赏花泛舟、官民共赏的景象，城市公共园林已初见端倪。

在木构建筑中，柱列布局、斗拱形态等更加完善，彩画中的退晕、叠晕更为纯熟。砖瓦的制作工艺和应用逐步增加。瓦有灰瓦、黑瓦和琉璃瓦三种：灰瓦较为粗松，用于一般建筑；黑瓦质地紧密，经过打磨，表面光滑，多用于宫殿和寺庙上；长安大明宫出土的琉璃瓦以绿色居多，蓝色次之，并有绿琉璃砖，表面雕刻莲花。唐朝重要建筑的屋顶，常用叠瓦屋脊及鸱吻，鸱吻形式简洁秀拔。瓦当则多用莲瓣图案，还有用木做瓦（外涂油漆）和"镂铜为瓦"的。夯土技术在前代经验的基础上继续发展，应用范围除了一般城墙和地基外，宫殿的墙壁也用夯土筑造。砖的应用逐步增加，如唐末至五代，一些较大城市长安、江夏、成都、苏州、福州等相继用砖砌城墙，砖墓和砖塔（图 1.11）则更多。此外，用铜、铁铸造的塔、幢、纪念柱和造像等日益增多，如公元七世纪末，唐武则天在洛阳曾铸八角形天枢，高一百零五尺（约 31.5 m），径十二尺（约 3.6 m）。隋唐时期风景式园林创作技法有所提高，园林中的"置石"已经出现。人工造山虽不多见，但在文人士大夫中已有不少人认识到山石的审美价值，并将其"特置"于园林或供于盆中珍赏。例如，《旧唐书》载："乐天罢杭州刺史，得天竺石一"，"罢苏州刺史时得太湖石五"，并将他所得名石放置在洛阳城内的履道坊宅园中。

图 1.11　唐代密檐式砖塔—小雁塔

隋唐时期的园林硬质材料包括土、石、砖、瓦、琉璃、石灰、木、竹、铜、铁、矿物颜料和油漆等，这些材料的应用技术都已达到熟练的程度。

1.2.5　两宋时期

中国五千年的文明史中，无论经济、政治还是文化方面，两宋都占有及其重要的历史地位，而文化方面的发展最为突出。园林作为文化的重要内容之一，经历了千余年的发展也"造极于赵宋之世"，进入了完全成熟的时期。作为一个园林体系，它的内容和形式均趋于定型，造园的技术和艺术达到了历来的最高水平，是中国古典园林进入成熟期的第一个阶段。

宋代的文人墨客广泛参与园林设计，园林意境的创造已不局限于私家园林，皇家园林、寺观园林

也趋于同步、山水诗、山水画、山水园林相互渗透，完全成为一个整体。当时，还出现了许多有关园林的著作，如计成的《园治》反映了当时造园的盛况。他们不仅着眼于园林的整体布局，更注重某些细部或局部，如叠山、置石、建筑、小品、植物配置等，亦均刻画入微。

皇家园林也更多地受到民间的影响，相比隋唐时期，其规模变小了，皇家气派也有所削弱，规划设计则趋于清新、精致、细密。宋徽宗倦于朝政，却对营山造园乐此不疲，中国历史上最著名的皇家园林之一"艮岳"便是他较高的艺术造诣，注入了深层的文人内涵。艮岳有着"左山右水"的格局，著名的人工山水园十分丰富，有以建筑点景为主，也有以山、水、花木成景的。筑山、置石（图 1.12）、理水（园内一整套水系，几乎包罗了内陆天然水系形式）、植物配置、建筑技艺等都达到了较高水平。这是一座具有浓郁诗情画意且较少皇家气派的人工山水园，它代表了宋代皇家园林的风格特征和宫廷造园艺术的最高水平。

由于宋代砖的生产比唐代增加，因而有不少城市用砖砌城墙，城内道路也铺砌砖面，同时全国各地建造了很多规模巨大的砖塔，墓葬也多用砖建造。宋代的琉璃砖瓦（图 1.13），是宋代在材料、技术和艺术等方面发展预制贴面砖的一个重要成就。

图 1.12 北宋艮岳遗石——冠云峰

图 1.13 宋代琉璃砖

1.2.6 元明清时期

元代民族矛盾的尖锐带来了社会的不安定，使园林发展处于停滞状态，造园实践和理论均无进展。

到了明代，砖的生产大量增长，不仅民间建筑很多使用砖瓦，全国大部分州、县城的城墙都加砌砖面，特别是河北、山西二省内长达千余公里的万里长城。此外，夯土技术在明清时期有了更高成就，福建、四川、陕西等地有若干建于清代中叶的三四层楼房采用夯土墙承重，内加竹筋，虽经地震，仍极坚实。

图 1.14　琉璃佛塔——牌坊

明末清初，北方园林在引进江南技艺的基础上逐渐形成风格，不同的地方风格既蕴含于园林总体的艺术格调和审美意识中，也体现在造园手法和材料的使用上。

明清二代琉璃瓦的生产，无论数量或质量都超过过去任何朝代，不过瓦的颜色和装饰题材仍受到封建社会阶级制度的严格限制，其中黄色琉璃瓦仅用于宫殿、陵寝和高级祠庙。这时期贴面材料的琉璃砖多用于佛塔、牌坊、照壁、门、看面墙等处（图 1.14）。

从明代永乐年到清代康熙、雍正、乾隆三帝时期，继两宋造园的高潮后出现了第二次高潮，造园活动无论在数量、规模或类型方面都达到了空前的水平，造园艺术、技术日趋精致、完善，文人、画家积极投身于造园活动。一些专业匠师出现，同时出现了一些造园理论的著作与专书。此时，北方的皇家园林和南方的私家园林，成为中国古典园林后期历史上的两个高峰。

北方园林——建筑稳重、敦实，具有刚健之美；水资源匮乏，采用"旱园"的做法；叠石为假山的规模小，主要为北太湖石和青石（图 1.15）；以常绿和春、秋、夏更迭不断的灌木构成植物造景。

江南园林——叠石主要为太湖石和黄石，小型假山几乎全部叠石而成（图 1.16）；园林植物以落叶树为主，配合若干常绿树，再辅以藤、竹、花草等点缀；建筑以高度成熟的江南民间乡土建筑为主，兼具皖南、北方的风格；深厚的文化积淀、高雅的艺术格调和精湛的造园技巧，居三大风格之首。

岭南园林——园林规模比较小，庭院和庭园的组合；理水的手法多样丰富，不拘一格；植物品种繁多，以植物造景为主（图 1.17）。

自清末到民国，中国沦为半封建半殖民地社会，历史悠久的传统造园风格所赖以存在的社会基础不复存在，致使造园艺术的发展连续性中断。这一时期，叠石假山作为园林的重要元素，可用的石料品种有很多，只不过堆叠时"小仿云林，大宗子久"[1]。

从中国古典园林的发展来看，是汉文化为主体的中国文化在长期的发展和演变过程中，孕育了中国古典园林体系。早期造园者在探索园林内容和形式的同时，一直在探索和挖掘可用于造园的材料（表 1.1）。但中国园林的形式和内容在其数千年漫长封建社会中一直沿袭着同一条路，由于所用材料种类的相对匮乏，造园师们为了追求园林形式和内容的变化，不得已而为之的途径就是充分利用有限的材料：一方面变化它们的组合方式、放置地点、外形大小等外部特征；另一方面又努力挖

---

[1] 小仿云林，大宗子久——出自《园林》。云林、子久分别指元代画家倪瓒、黄公望。小处效仿倪瓒，大处宗法黄公望。可见造园中假山之美与绘画中山石之美有共同之处。

掘各种材料的内涵和寓意。但这些手法毕竟是有限的，材料种类在一定程度上限制了园林内容和形式的变化与创新。

图 1.15　承德避暑山庄青石　　　　图 1.16　扬州个园黄石　　　　图 1.17　顺德清晖园

表 1.1　中国古典园林材料发展

时　　期	天然材料	人工材料
殷商	夯土、石材、木材、植物 （组织形式逐渐多样化）	陶传、陶瓦、铜制品
秦汉		砖、瓦、水管、井圈、铜铁制品等
魏晋南北朝		砖、瓦、铜铁制品等
隋唐		砖、瓦（灰瓦、黑瓦、琉璃瓦）、铜铁制品、矿物颜料、油漆等
两宋		砖、瓦、金属制品、彩绘等
元明清		砖、二代琉璃瓦、金属制品、彩绘等

1.3　外国古典园林材料的发展

西方古典园林与中国古典园林一样，有着悠久的历史，是世界园林艺术的瑰宝。西方古典园林中的材料应用，也随着各个时期园林形式的变化而变化，而每个国家在不同时期都有各自的特点。材料的运用充分体现出鲜明的地域特征，与当时当地的园林形式所适应。材料在园林设计中的这种特性，一直延续到当代。

1.3.1　古埃及园林（公元前 2686 年—前 332 年）

古埃及特殊的地理环境，决定了其园林形式，在干旱炎热的环境里，人们以行列式种植的树木营造舒适的小气候环境，配以直线型的水池，所以古埃及的园林大都采用几何形式构图，以水渠划分空间。

树木和水体是古埃及园林中的主要材料，早期的园林中，很少种植花卉，但当古埃及与古希腊融合后，花卉逐渐成为园林中的材料。深受宗教思想的影响，古埃及园林中的动物、植物等材料的应用，体现出鲜明的民族特征。

与古埃及园林同时发展的还有古巴比伦园林。两河流域的肥沃土壤孕育出古巴比伦园林所独有的形式。人们很早就开始人工种植植物，引水蓄池，堆叠土丘设祭坛、神殿等。古巴比伦的"空中花园"（图1.18）可谓久负盛名，被誉为古代世界七大奇迹之一。花园建在数层平台之上，平台大都由石材砌筑，带有拱券外廊，平台上覆土层，可以种植树木花草。平台之间有阶梯相连。在空中花园中，屋顶的防渗是这一工程的重点问题。据史料推测，由重叠的芦苇、砖、铅皮和泥土组成植土层，是解决这一问题的关键。

此外，古巴比伦就连普通住宅中也有屋顶铺设泥土种植花草的习惯，甚至还有完备的灌溉系统，可以说是最早的垂直绿化雏形，显示出了古巴比伦人在工程技术和园艺水平的进步。

图1.18　古巴比伦空中花园

1.3.2　古希腊园林（公元前2100年—前146年）

园林艺术在古希腊时期得到继承和发展。古希腊园林属于建筑整体的一部分，因此建筑是几何形空间，园林布局也采用规则式以求得与建筑的协调。早在《荷马史诗》中就有对古希腊早期宫廷庭院的描述，"宫殿中所有的围墙用整块的青铜铸成，上边有蓝色的挑檐，柱子饰以白银，墙壁、门为青铜，面门环是金的……从院落中进入一个很大的花园，周围绿篱环绕，形成水池，供市民饮用……"古希腊初期的花园，主要是以实用为目的。

随着古希腊进入繁盛时期，人们也开始追求生活上的享乐，古希腊民主思想的活跃，推动了公共造园活动的发展，园林由实用性向装饰性和娱乐性过渡，花卉栽植开始流行。古希腊建筑的中庭是人们生活的中心，与中庭相邻的厅大都带有柱廊。中庭内以石材铺装地面，再装饰以雕塑、饰瓶、大理石喷泉等。随着古希腊城市的发展，中庭内开始种植各种花草，形成美丽的柱廊园（图1.19）。

图1.19　古希腊柱廊园

1.3.3 古罗马园林（公元前 753 年—公元 476 年）

古罗马园林艺术是古希腊的继续，而古罗马文明可谓是西方文明历史的开端。古罗马人早期的庄园大都建在风景优美的山坡上，耗费巨资，华丽异常。庄园中设有柱廊、露台、游泳池及运动场，甚至是剧场。常用大理石等石材制成的园林小品、水池和喷泉等规则地设置在庄园中。古罗马的庭院汲取了古希腊的柱廊园形式，中庭中增添了水池、水渠等，有时以小桥相连接。木本植物种在很大的陶盆或石盆中，草本植物则种在方形的花池或花坛中。柱廊围合的中庭内，铺装常采用大理石或马赛克镶嵌（图 1.20）。中庭内的水池常低于铺地，有时砌有大理石压顶的池岸高出铺地数英寸，此外，还设置一些与喷泉相呼应的大理石桌、雕像等。古罗马的花园也继承了古希腊的特征，在耐水性好的厚板石、马赛克上填植土层，种植花草，并用铅制或石制花瓶进行装饰。有时还将树木种在较大的种植箱内。另外，古罗马的广场也粗具规模，大都以石材铺装，结合植物，成为公共集会、交流娱乐以及美术陈列的场所，可以说是后来城市广场的雏形。

由于古罗马的园林大多建筑在高地之上，顺应地势形成几个高度不等的台地，这为后来意大利台地园的发展奠定了基础。园林中的花坛多为几何形，装饰有树木、雕塑、喷泉等。园路有时以沙砾铺设，设置在花坛周围，狭小的园路则用来划分花坛内的花床。园中的雕塑从栏杆、桌椅、柱廊到墙上浮雕、圆雕等，增加了环境的情趣，大都为各种石材所制。剪形树木（图 1.21）已经开始应用于园林中，并有专门的园丁进行培育，这种"绿色雕塑"从简单的几何图形，到后来的复杂文字、场景应有尽有。

图 1.20　哈德良别墅的马赛克铺地

图 1.21　古罗马园林中的剪形树木

另外，园中还出现了嵌着玻璃或透明石材（云母片）的温室，用来在冬季保护不耐寒的植物，并且对植物进行驯化。

古代西方园林通常被人们视为建筑的延续，所以构图上大多采用轴线式与规则的几何形构图，在地形的处理上，也是把自然的地形整理成规则的台地。园林材料的运用上，基本以植物、水体、石材、木材、马赛克、陶等当地材料为基础。这些都对以后西方园林的发展产生了深远的影响。

1.3.4 欧洲中世纪园林

欧洲从 5 世纪开始，进入了"黑暗时期"的中世纪。这段时间里，基督教统治着整个欧洲，同时也影响着园林艺术。这一时期的园林主要分为寺院庭园和城堡庭园两种。

寺院庭园的发展以意大利为中心，形成了早期巴西利卡式的寺院。这种寺院前面有拱廊围成的露天庭园，通常以砾石或石材铺设成十字交叉的路，把庭园分为四块，道路交叉点处设有雕刻大理石的喷泉、水池或水井。四块园地上以植物及草坪为主，点缀为僧侣们提供生活所需要的物资，随后发展成为装饰教堂的花卉园。

城堡庭园比寺院庭园更具有装饰性和游乐性。史料《玫瑰传奇》中描述："果园四周环绕着高墙，墙上只开有一扇小门；以墙及沟壕周围围绕的庭院里有木格子墙，将庭院划分为几个部分；两旁种满蔷薇和薄荷的小径，将人们引导小牧场，这里是唱歌跳舞的场地；草地中央有喷泉，水由铜狮口中吐出，落至圆形的水盘中；喷泉周围是纤细的天鹅绒般的草地，草地上散生着雏菊；园内还有修剪过的果树及花坛，处处有流水带来的欢快气氛；此外，还有一些小动物，更增添了田园牧歌式的情趣。"（图1.22）

由此可以看出，在中世纪园林中，植物是庭园中的主要材料。随着庭园由实用性向装饰

图1.22 《玫瑰传奇》插图

性发展，花卉材料在庭园中的应用逐渐增多，园林材料的运用也越发丰富。这时期，花园的外围墙主要由石、砖及灰泥等材料制成，划分园内区域的是编枝栅栏和木桩栅栏。花台是庭院中的重要元素，分为两种：一种是中世纪所特有的，即用砖或木构造成两英尺或两英尺以上的边缘，在上面铺草坪，再种鲜花；另一种是直接将花卉密密地栽种在花台的土中，这种方式实质上与近代庭园中的花台无甚区别。台的边缘有的用海石柱和黄杨，也有的采用铅板、骨、瓷砖、石等人造材料。还有一种重要的造园要素是三面开敞的龛座；或者是在庭园中心，用石或砖将三边围起，一面靠着墙壁的座椅；或者在树木周围堆土，用圆形的编枝掩土制成的座椅。此外，还有用低矮的绿篱组成的花结花坛，将耐修剪的植物造型成各种几何图形或者是徽章纹样，中间的空地填充各种颜色碎石、土、碎砖，或者中间种植花卉。这种极富装饰性的花结花坛，以后也不断地应用于各个时期的园林中。

1.3.5 伊斯兰地区园林

公元8世纪，阿拉伯人征服西班牙后，为西班牙半岛带来了伊斯兰的园林文化。中世纪的伊斯兰造园，主要分为波斯伊斯兰园林与西班牙伊斯兰园林（图1.23）两个部分。

炎热干旱的沙漠环境决定了波斯园林的特征。水在庭园中显得极为珍贵，虽然没有大型的跌水，但盘式的涌泉却同样可以给庭园带来生机。在水池之间，以坡度很小的狭窄明渠连接。庭园面积虽小，但空间尺度非常舒适。十字形抬高的园路，将庭园分成四块，园路上设有水渠，一系列的小庭园围绕建筑组成园林，庭园之间以一些小门相通，有时也可以隔墙看到其他相邻的院落。园中的植物材料以修剪整齐的绿篱为主，花卉并不占庭园的主要部分，院落之间的树木种类相同或相似。此外，在庭园的装饰材料方面，彩色的马赛克被广泛应用，这些陶瓷制成的小方块大量用于水池和水渠底部，水池池壁及地面铺装等细节中，装饰着庭园的台阶和踢脚。有时还大量用于桌椅等小品的表面，形成极富特色的装饰效果。

随着园林艺术的不断进步，中世纪园林在材料的运用上，逐渐由实用性向装饰性发展。不仅加

图 1.23　**西班牙伊斯兰园林——阿尔罕布拉宫**

工工艺与以往相比有很大提高，而且在材料运用的种类上也不断丰富起来。中世纪园林以精巧的装饰材料，简洁、宁静的空间效果，为以后的西方园林留下了宝贵财富。

1.3.6　意大利文艺复兴园林

文艺复兴时期，意大利的园林艺术也同样被赋予了新的活力，为后来的欧洲园林发展奠定了基础。由于意大利地处丘陵地带，所以其园林也呈现出多建于台地上的特征。从一些保存完好的园林作品来看，这一时期的园林，不仅材料的应用多种多样，而且加工工艺也有很大提高。石材上，大理石、石灰岩、砂岩等石材多用于园林建筑、小品的建造中，植物的种类也在文艺复兴园林发展的不同时期，不断增加，逐渐丰富。更值得一提的是，随着技术的不断发展，这时期园林中的理水工艺达到了前所未有的高度，无论是从材料的工艺上还是水景的形式上，都运用得炉火纯青（图1.24）。意大利文艺复兴时期园林分为初期、中期和后期三部分，每个时期材料的运用都有不同之处，园林也呈现其不同的特点。

著名的建筑师、诗人阿尔贝蒂的《论建筑》一书中提到，"在一个正方形庭园中，以直线将其分为几个部分，并将这些小区造成草坪地，用长方形密生团

图 1.24　**兰特庄园水景**

状的剪枝造型，黄杨、夹竹桃及月桂等种植在它们的边缘；树木无论是一行还是三行均需种植成直线形；在园路的尽端，将月桂、西洋杉、杜松编织成古雅的凉亭；沿园路而造的平顶绿廊支承在爬

满藤蔓的圆石柱上，为园路洒下一片绿荫；在园路上点缀石或陶制的花瓶；在画坛中用黄杨树种植拼写出主人的名字；每隔一定距离就将树篱修剪成壁龛形式，其内安放雕塑品，下置大理石坐凳；在中央园路的相交处建造造型月桂树的祈祷堂；祈祷堂附近设迷园，旁边建造缠绕着大马士革草、玫瑰藤蔓的拱形绿廊；在流水潺潺的山腰筑造灰岩的洞窟，并在其对面设置鱼池、草地、果园、菜园。"这一时期的园林，选址已经开始注重周围环境，顺应地势，形成独立的台层。在材料的运用上普遍选用石材做装饰，形式简洁、朴素、大方。水景通常结合大理石的水盘、雕塑，虽是庭园的中心，但并不复杂。灌木被修剪成绿丛植坛，富于装饰效果，但图案并不烦琐。这一时期的植物园发展，已逐渐趋于成熟，开始引种植物。

文艺复兴鼎盛时期，意大利园林艺术的发展体现出当时人们的审美理想，即追求和谐、对称、均衡和秩序。台地园多建在山坡上，依山就势形成重叠的台层，与周围环境浑然一体，埃斯特庄园（图1.25）是意大利台地园的典范。这时期的园林大都布局严谨，采用轴线对称式构图，加以水池、喷泉、雕塑及弧形台阶运用，对水景的打造可谓炉火纯青，设计师和建造者不仅能将水流的设计与地形紧密结合，而且擅长通过水的变化讲述整个园林设计的思想。水景设计强调水与植物及自然环境背景的关系，以及色彩、明暗上的对比，而且注重水的光影和音响效果，可以水为主题形成形态各异的水景。此外，在石材的运用上，形式更为多种多样，加工工艺十分娴熟，一些园林运用了卵石铺地，如用灰色、黑色石子组成图案，或在白色或黑色的地面上用蔷薇色小石子镶嵌。园中还运用了马赛克镶嵌铺装等做法，增强了花园的装饰性。一些庄园为了避暑，在园中建造了许多人工岩洞，表面以粗糙的毛石砌筑，给人以整块岩石开凿出的效果，内侧四壁用一种被称为"酒石"的材料装饰着，独特的材质与精细工艺结合，提升了庭园品位。另外，园林中丰富的石材装饰，如石杯、瓶饰、雕像、浮雕等，以及青铜装饰与雕塑，设置在栏杆、台阶及挡土墙上，使园林既有复古的情调，又开创了巴洛克风格的先河。

图 1.25　意大利埃斯特庄园

1.3.7　巴洛克园林

自16世纪末开始，欧洲的园林艺术同建筑一样进入巴洛克时期，在园林材料的运用上也体现出了这一阶段的特征。由于巴洛克艺术追求自由奔放的形式，所以在材料应用等细节装饰上也体现出繁多、复杂，整体华丽恢宏的效果。装饰上大量使用灰泥雕刻、镀金的小五金器具、彩色大理石等。

这一时期随着园中装饰小品的不断增加，园林艺术体现出新奇、烦琐的表现手法。整体布局仍

采用沿轴线分布，除建筑外，还设有花架、绿廊、拱廊等。在材料的运用上，仍以水体、物料和石材为主，细节处装饰以贝壳、马赛克、陶、金属等材料（图1.26），工艺水平已登峰造极。理水的形式越发复杂、精巧，水剧场、水阶梯、水花园等工艺，以喷水技巧结合水的音响效果使园林更加华丽。植物的修剪技术已十分发达，绿色植物雕塑和丛植坛的花纹形式也日益烦琐精致。园中有时配以陶制的雕塑或装饰小品，在一些庭园台层间的挡土墙上，以色彩丰富的马赛克图案作为装饰，在台层间的阶梯栏杆上加以石雕瓶饰。此外，设计者也将植物作为塑造空间庭园的材料，代替石材起围栏的作用。不同于中世纪栽植植物的使用目的，人们开始从造园的角度欣赏植物，除了形成绿篱、绿丛、种植坛外，还可修剪出内部可设座椅或雕塑的壁龛、拱门、围墙、露天剧场的背景等（图1.27）。绿色雕塑充斥着庭园，与白色的大理石雕塑相映衬。黄杨等植物被修剪成矮篱，在矩形的园地上组成各种各样繁复的图案或花纹（图1.28）。

图1.26　穹顶上的马赛克镶嵌画及金属装饰

图1.27　植物修剪的拱门、围墙

图1.28　黄杨修剪的图案

综上所述，意大利文艺复兴时期园林材料主要以植物、水体、石材等自然材料为主，充分体现这一时期的人文主义精神，材料的加工水平及施工工艺已达到历史顶峰，观念的转变与对材料特性的挖掘和应用，不断丰富着园林景观，对欧洲其他国家园林产生了很大影响。

1.3.8 法国古典园林（17世纪）

随着法国资本主义经济的发展，法国的园林艺术也在17世纪达到了一个前所未有的高度。勒·诺特[1]式园林的出现，标志着法国园林单纯模仿意大利形式的结束，同时也成为风靡欧洲造园的一大样式，为欧洲现代园林的发展奠定了良好的基础。

勒·诺特式园林不仅集成了法国古典主义园林形式的精髓，并且将造园要素运用得更加彻底、更加协调（图1.29）。勒·诺特式的造园摒弃了巴洛克式后期园林的繁复、琐碎，而呈现出典雅、宏大的气势，可谓时代精神的体现。勒·诺特式园林的主要建筑大都占据在中心轴线上，起到统帅作用。通过轴线上不同造园要素的不断变化，景观序列也随之展开，轴线两侧的景观不再是单纯的几何对称，而是在整体中富于变化。横向的走线对称在主要的中轴两侧，被分割的小庭院则以均衡适度的

图1.29 法国索园

原则布置。虽然勒·诺特式园林继承了传统的造园要素，但材料表达方式上的不同，体现出其独特的魅力。

首先，在植物材料的运用上，以突出轴线布局，注重透视效果为原则，在道路两侧都有整齐列植的林荫树木。这些视线狭长而深远的林荫道与开敞的空间形成了强烈的对比（图1.30）。此外，丛林在勒·诺特式园林中占有重要的地位。它是穿插在轴线空间之间的较为私密的空间（图1.31）。

图1.30 凡尔赛宫林荫道

图1.31 凡尔赛宫丛林

花坛也是勒·诺特式园林的重要装饰要素。勒·诺特设计的花坛大致可分为六种类型："刺绣花坛""组合式花坛""英式花坛""分区花坛""柑橘花坛""水花坛"（图1.32）。多以修剪的黄杨勾勒线条图案，配以花卉水景，地面以彩色石砾、碎砖或大理石屑相衬托。人们站在建筑或高

---

[1] 勒·诺特，法国古典主义园林设计大师，代表作凡尔赛宫花园。

图 1.32　勒·诺特式园林中不同类型花坛

地上欣赏时，花坛会有良好的俯视效果，极富装饰意味，为整体园林景观增添精美、华丽的视觉效果。

其次，水体作为园林中不可缺少的要素，在勒·诺特式园林中主要表现为喷泉、跌水、瀑布、池、湖及水渠。喷泉与雕塑相结合（图 1.33），有时在水盘底部用彩色瓷砖和砾石加以装饰，布置在轴线中，仿佛是被穿起的粒粒珍珠。此外，在高差较大的地方置以跌水、瀑布，因地制宜，增加了园林的灵动。水渠是勒·诺特式造园的重要特征，宽阔的水面使园林显得开敞而庄重，不仅如此水渠还是贵族们开展水上游乐的场所。园中的池、湖等水面都是人工开凿的几何形式，平静、简洁的水面也增加了勒·诺特式园林的古典主义的凝重气息。

再次，石材的运用主要表现在园林建筑小品及雕塑上，与人工修剪整理后的植物形成质感上的相互映衬（图 1.34）。雕塑大都取自神话传说或有所象征，它们有的与水景结合，与庭园的氛围相融合。白色大理石雕像和瓶饰，丰富了庭园中的竖向要素，增加了空间的秩序感，与自然的绿色相搭配，更加烘托了勒·诺特式园林庄重典雅的气氛。还有一些彩色大理石，也被用于园林建筑及小品中。

此外，意大利文艺复兴时期园林中常见的岩洞或壁龛也传入法国。在勒·诺特式园林中的岩洞，

图 1.33　喷泉与雕塑结合

图 1.34　雕塑与植物相互映衬

以仿造自然形式的石材制成，大多因借地形，从挡土墙开挖进去，形成一个自然情趣的洞中天地，也有以天然岩石堆叠成的岩洞，里面有钟乳石、石笋等。

最后，在勒·诺特式园林中，还包括了其他许多材料。例如，木质花格墙也是勒·诺特式园林常用的造园要素（图1.35）。在文艺复兴时期，法国园林受意大利园林的影响，在庭园中出现了许多由意大利设计师设计的石质的亭、廊、栏杆、棚架等，代替了法国过去简陋的木隔墙。但自17世纪末开始，这种隔墙又逐渐被改造成精巧的庭园建筑，引入园林，成为勒·诺特时期的一种常

图 1.35　木质花隔墙

用造园要素，木制的隔墙盘绕以植物，形成园林中的亭、厅、门、廊，既可分隔空间，又带有透景效果。木制材料廉价而又容易制作，所以成为盛行一时的园林小品。陶瓷等材料也在勒·诺特式园林中有所应用，在凡尔赛园林中，曾经建有富于东方情调的镶嵌瓷砖的"瓷宫"，但后来被粉红色大理石所造的新宫所取代。在一些植物的种植箱、种植盆上也会镶嵌瓷片。金属材料也广泛应用于勒·诺特式园林的细部装饰上，例如镀金的喷泉雕塑，青铜制造的雕塑小品等（图1.36）。

图 1.36　金属雕塑

所以，法国勒·诺特式园林依然继承了文艺复兴时期的传统材料，虽然在造园的要素上并没有什么创新，但通过设计师因地制宜的创造，加上对材料特性淋漓尽致地发挥，造就出了典雅、壮观、辉煌的17世纪法国园林。勒·诺特式园林不仅是古典主义美学思想的体现，而且对后来欧洲的几何式园林产生深远的影响。

1.3.9　英国风自然园林（18世纪）

17、18世纪的欧洲涌现出许多描绘自然风景的画家和一些描写田园文学的作家，这些热衷于表现自然的艺术形式为英国的自然式造园奠定了基础。18世纪英国自然式风景园的出现，改变了欧洲自古希腊以来规则式园林统治数千年的历史（图1.37）。

英国本身的自然地理及气候条件，决定了风景式园林的盛行。英国多为丘陵地带，而气候又潮湿多雨，植物自然生长十分迅速。所以在园林材料的运用上，以表现自然的植物、水体为主，在园

林中配置一些体现田园风格的建筑小品，以及环形的凉棚（图 1.38）、喷泉、瀑布等。许多巴洛克风格的园林被这一时期的设计师改造成为崇尚自然的风景园，几何形状的水面被改为不规则的曲线形，植物的种植更是效法自然。在改造的同时，风景园林设计师保留了许多优秀的巴洛克式景点，因地制宜与后来的风景式园林很好地融合。一些认为风景式与规则式可以相结合的设计师，主张在建筑与园林之间的过渡空间内保留平台、栏杆、台阶、规则式的花坛及草坪。于是，在许多园林中出现了规则式花园与自然式风景园相结合的情景，同一种材料，施以不同的工艺，在质感上形成了鲜明的对比，产生了更加丰富的造园效果。

图 1.37　斯陀园

图 1.38　金属凉亭

　　这个时期的园林建筑常常设置在山谷间以或弯曲的园路旁等意想不到的地方，建筑大都赋予仿古气息，掩映在植物丛中。还有些反映田园风格的小屋，以及用石灰岩、坚固的石材堆成的洞室，这些都尽可能地与自然相融合而丝毫不露出人工雕琢的痕迹。

　　此外，这个时期关于中国古典园林的接触和赞颂，对英国风景园的发展产生了重要的影响及推动作用。虽然出现了一些所谓"英中式"园林[1]，但这些园林大都只是在英国自然风景园中加进了一些所谓中国式的建筑，如亭、桥、塔等（图 1.39），以及堆砌一些假山、叠石、岩洞而已。

　　18 世纪英国风景园的产生和发展，充满了当时的浪漫主义色彩，可以说是欧洲古典园林的又一次根本性变革，并且对以后近代园林的发展产生了巨大的影响。

图 1.39　邱园内的"中国塔"

1.3.10　18 世纪至 19 世纪末欧美园林

　　18 世纪末至 19 世纪初，西方各国相继掀起了生产革命的热潮。工业时代的来临和资产阶级的崛起，使各国城市人口剧增。这些变革都赋予园林以全新的形式，产生了在传统园林影响之下，却又具有与之不同内容与形式的新型园林。

　　随着城市的发展，除皇家园林对平民开放以外，城市公共绿地也相继诞生，出现了真正为居民设计，供居民游乐、休息的花园甚至大型公园。这类公园中有供市民划船娱乐的大水面，也有溪流、

[1]　"英中式"园林——18 世纪下半叶，在欧洲兴起了一场模仿中国园林的造园热潮，它对欧洲人造园观念的转变及西方园林的发展产生了深远的影响。

瀑布、水景；有绿树成荫的园路，也有用来举行各种比赛、集会的开阔大草坪。虽然以满足城市居民的生活需要为主，但多数园林仍然是在旧有的基础上进行改造，形式多沿袭过去英式的自然风景园为主。

19世纪，美国园林事业开始有所发展，纽约中央公园的成功设计体现出一种全新概念的城市公园兴起。这种公园更加满足居民的生活需要，为地处喧嚣、紧张的城市人们保留下一片绿色。国家公园是诞生于美国的另一种新型园林。主要宗旨在于保护自然，为人们提供认识自然的学习与休息场所。公园中各种自然景观、天然湖泊、森林植被等与人工建造的景观相结合，为游人带来丰富的感受。材料的自然形态与人工工艺相互对比，增加了景观的趣味。美国园林的发展对近、现代园林的发展产生十分重大的影响。

随着园林艺术的发展，各种造园形式的不断涌现，园林材料的应用形式也在不断地推陈出新（表1.2）。虽然在材料的种类上，每个时期的园林并没有很大差异，但在加工技艺和细部处理上，每个时期的作品都会留下各自的痕迹。从这些痕迹中，可以看到不同材料的应用和进步伴随着整个园林艺术的推进。

表1.2　西方古典园林材料发展

代表园林	天然石材	人工石材
古埃及园林	植物、石材、泥土	砖、铅皮
古希腊园林	植物、石材	砖、雕塑、金属制品
古罗马园林	植物、石材、木材	砖、陶制品、马赛克、铅制品
欧洲中世纪园林	植物、石材、灰泥	砖、铅版、骨、瓷砖
伊斯兰地区园林	植物、石材	马赛克、陶瓷砖
意大利文艺复兴园林	植物、石材	陶制品、雕塑、马赛克
巴洛克古典园林	植物、石材、贝壳	雕塑、马赛克、金属制品、陶制品
法国自然园林	植物、石材、木材	砖、瓷砖、雕塑、陶制品、金属制品
英国风景园林	植物、石材、木材	砖、雕塑、金属制品
18世纪至19世纪末欧美园林	植物、石材、木材	砖、雕塑、金属制品等

1.4　现代园林材料的应用

现代社会，由于文明的进步与科技的飞速发展，再加上各个国家、民族所继承下来的文化传统，使得当代园林景观设计的理论、观点与风格呈现出前所未有的多样化。在现代园林景观设计中，一方面，选择材料种类的余地大大增加了，这使得现代园林景观的外在形象由于所用材料的不同而呈现出百花争艳的趋势；另一方面，材料种类的极大丰富，使得园林景观设计理念能通过材料很好地被体现和表达，设计师可根据光影、色彩、声音、质感等不同的方面自由地选择各种材料来创造景观作品，而欣赏者则可能以眼观、耳闻、触觉、心灵等各种途径去领略现代园林景观的魅力。

1.4.1　现代园林景观常用材料分类

按照使用部位的不同，通常把园林景观材料分为三大类：结构材料、装饰材料和形制材料（表1.3）。

表 1.3　现代园林景观常用材料分类表

使用部位	类　别	材　料	应用形式
结构材料	混凝土或钢筋混凝土	预制（钢筋）混凝土、现浇（钢筋）混凝土	常用于梁、柱、板等部位
	金属材料	黑色金属材料（钢铁及其合金等）、有色金属材料（铜、镍、铝、锌等及其合金）不锈钢等	常用种类有型材、带材、板材、管材、线材
	砖	烧结普通砖、烧结多孔砖、烧结空心砖、灰砂砖、粉煤灰砖、煤渣砖	用于园林的砖以烧结普通砖（红砖、青砖）为主
	砌块	加气混凝土砌块、粉煤灰砌块、混凝土小型空心砌块、GRC 等	
	石材	花岗岩、石灰岩、砂岩、板岩等	园林结构用石材以天然石材为主
	木材	防腐木、塑木、竹木等	园林结构用木材以防腐木为主
	烧制瓦	小青瓦、筒瓦、琉璃瓦、平板瓦、波纹瓦等	
	水泥类	混凝土瓦、纤维增强水泥瓦、钢丝网水泥大波瓦	
	高分子复合瓦材	玻璃钢波形瓦、塑料瓦楞板、木质纤维波形瓦、玻璃纤维沥青瓦	
	轻型复合板材	EPS 轻型板、硬质聚氨酯夹芯板、塑钢瓦、玻纤瓦、阳光板等	
	防水材料	防水卷材、防水涂料、防水毯等	膨润土防水毯、土工膜等
装饰材料	石材	花岗岩、石灰岩、砂岩、板岩、卵石等	用于地面、墙面、构筑物等装饰面层
	人造石材	仿真石材、水洗石、机制石、方解石、水磨石等	用于地面、墙面、构筑物等装饰面层
	木材	防腐木、塑木、竹木等	园林铺地用木材以防腐木和塑木为主，常用于地面及构筑物
	涂料	普通外墙漆、氟碳漆、真石漆、质感喷涂颗粒等	
	玻璃	清水玻璃、中空玻璃、钢化玻璃、夹胶玻璃、镀膜玻璃、马赛克等	
	金属材料	彩铝、钢板等	
	其他材料	塑胶地坪、人工草坪、塑胶地垫、草屋顶、仿草屋顶、张拉膜压印地坪、沥青、植草格等	
形制材料	竹木形制小品	竹材、木材	竹花架、竹亭、竹构椅凳、木构亭、木廊、木花架、木质树池、木质座椅等
	混凝土形制小品	水泥、砂、石等	景墙、平顶亭、蘑菇亭、花架长廊、庭园桌凳等
	砖石形制小品	砖、石材	花墙、铺地、石桌凳等
	金属形制小品	金属材料（钢、铁、铝、铜及合金材料等）	金属椅凳、护栏、指示牌、园灯、雕塑、垃圾箱等
	植物形制小品	园林植物	剪形树木、植物雕塑等
	陶瓷形制小品	红泥、高岭土等	花钵饰瓶、景观灯等
	其他形制小品	塑料、玻璃与玻璃钢、纤维及其他混合材料	儿童游戏小品、雕塑、各种绳网篷架等

1.4.2　现代园林景观材料的发展趋势

19 世纪工业革命之后，随着科学技术的发展，材料也变得多种多样。钢铁、金属、水泥、混凝土等材料的出现，引起了建筑与园林界翻天覆地的变化（图 1.40），设计师们不再局限于植物、木材、沙石等自然材料，而是随着园林景观设计形式的不断变化应用不同的材料进行表达。进入 20 世纪以后，又出现了诸如塑料、树脂、有机玻璃、合金等可用于园林设计中的新型材料（图 1.41）。

随着工业技术和加工工艺的提高，园林中所应用的材料不仅求"新"，而且逐渐以经济环保、生态型为主（图 1.42）。

图 1.40　金属、混凝土在建筑与园林中的应用

图 1.41　塑料、有机玻璃在园林中的应用

图 1.42　石材铺装

因此，现代园林材料运用与发展的基本特点为：

1）传统材料的继承与扬弃

传统材料，是指沿袭和继承古典园林中较常使用的材料，如石材、土、植物等。这些常见又普通的材料在现代园林中不但依然焕发着旺盛的生命力，而且应用的领域越来越广泛。

我国园林中石材的应用有着悠久的历史，从掇山、置石到园林建筑的营造，石材的应用都比较广泛。除了继承和保留传统功能外，现代工程技术的发展使石材还被广泛应用到各种建筑、道路、小品等的面层装饰，或者根据需要直接加工制作成景观小品（图1.43）。但是，随着钢筋混凝土等现代工程材料的出现，作为结构工程材料而应用在园林中的石材已经逐渐地减少了。

图1.43　石材应用于景观小品

2）新材料、新工艺的不断涌现

近年来，陶瓷制品的种类可谓应有尽有、目不暇接，应用于园林道路广场铺装中，产生较好效果的主要种类有麻面砖、劈离砖等；应用于建筑、小品、景墙立面装饰的材料有彩釉砖、无釉砖、玻花砖、陶瓷艺术砖、金属光泽釉面砖、黑瓷装饰板、大型陶瓷装饰面板等。另外由陶瓷面砖、陶板、锦砖等镶拼制作而成的陶瓷壁画，表面可以做成平滑或各种浮雕花纹图案，兼具绘画、书法、雕刻等艺术于一体，具有较高的艺术价值，目前，已逐步被推广使用。运用不同色彩的陶瓷砖在水池底铺成的图案，大大增强了水池的景观表现力。座凳水洗石面层上镶嵌了当地产的陶瓷片，粗糙的水洗石与光洁、亮丽的瓷片形成鲜明的对比，增添了景观的特色。

近年来开发研制出的陶瓷透水砖（图1.44），由其铺设的场地在下雨时能使雨水快速渗透到地下，增加地下水含量，调节空气湿度，净化空气，对缺水地区尤其具有应用价值。目前，应用于园林中的有环保透水砖和高强度陶瓷透水砖两种类型。前者不适应载重车通行，一般用于公园休闲无重承

图1.44　陶瓷透水砖铺装效果图　　　　图1.45　美国达拉斯贝克公园的混凝土景墙

载场所以及园林游步道等。后者采用了两次高温煅烧，强度高、耐磨、防滑性能佳，可用于停车场、人行道、步行街等处。

混凝土也由于其良好的可塑性和经济实用的优点，受到各方建设者的青睐（图1.45）。运用于装饰路面的彩色混凝土（图1.46），较好地活跃了环境的气氛。压印混凝土（图1.47），又称"压印地坪"，是在施工阶段对未硬化混凝土运用彩色强化剂、彩色脱模剂、无色密封剂三种化学原料进行固色、配色和表面强化处理。其强度优于其他材料的路面，甚至优于一般的混凝土路面。其图案、色彩的可选择性强，可根据需要压印出各种图案，产生较为完美的视觉效果。此外，其他的混凝土制品，诸如混凝土路面砖、彩色混凝土连锁砖、仿毛石砌块等品种也较多，再加上不同的外形、尺寸、色彩等，其可选择的范围相当广泛。

图1.46　彩色混凝土　　　　　　　　　　　图1.47　压印混凝土

除上述出现不久或刚研制开发出的材料外，还有一些以前较少在园林中被运用的材料，也开始在园林中使用了，如金属材料，除作为结构材料被广泛运用外，许多园林中还出现了金属材料加工制作而成的小品（图1.48）。

图1.48　金属园林小品

3）材料与现代科技的有机融合

随着现代科技的发展与进步，越来越多的先进技术被应用到园林中，无论在施工工艺还是在创造景观方面，材料与现代科技的有机融合，大大增强了材料的景观表现力，使现代园林景观更富生机与活力。

以水景的营造为例，古代园林中的水，大都作为一种独立的造园要素，但随着现代材料的丰富和现代科技的发展，使得水景艺术更为突出。令当时人们叹为观止的圆明园大水法等喷泉水景，与现代水景相比，实在是一种"雕虫小技"了。现代科技的引入，不但使人们在都市中就能感受到巨瀑飞流直下的轰鸣、喷高数百米的喷泉，而且在手法上也是异常丰富，形与色、动与静等水的特性和作用被发挥得淋漓尽致（图1.49）。喷泉的种类也是应有尽有，既丰富了园林景观，可供观赏，又鼓励人们参与到其中，已非古代园林中水景类型所能相比。

图 1.49　现代水景艺术

表面用树脂粘附荧光玻璃珠的沥青路面，在夜晚不但有助于行车的安全，还使原本平淡的道路景观增色不少，丰富了城市夜景的魅力（图1.50）。

园林中所选用材料种类的变化和发展是一种必然的趋势。这就要求园林建设者在选用材料的过程中，既不故步自封，怀疑和排斥新材料的使用和推广；也不盲目追新求奇，铺张浪费。一方面，园林建设者要坚持因地制宜、因材构景、就地取材的基本原则，优先选用本地的材料来造园构景，这既能较好地体现出园林建设的经济性，又有助于体现园林景观的地方特色；另一方面，园林建设者要有勇于探索的精神。如现代园林中使用的复合木材（图1.51），既克服了天然木材强度较差，易于腐烂的缺点，也相应减少了天然木材的使用量，有助于保护森林资源。又如，以火力发电厂排出的粉煤灰为主要原料烧制的粉煤灰砖和以煤矸石为原料烧制的煤矸石砖（图1.52），焙制时基本不

图 1.50　会发光的道路

需要煤，这两种砖材的使用，不但可以利用工业废物，减少工业废渣的堆放和污染，而且又节省能耗，也克服了黏土砖生产对土地资源的破坏，可以说是一举三得。

因此，我们在现代园林建设中，对材料的选择与运用，既要立足于因地选材的基本原则，也要具有与时俱进的精神和眼光。勇于推陈出新，探索和尝试新材料的使用。

图1.51　复合木材

图1.52　煤矸石砖

思考与练习

1. 什么是园林材料的内涵？其在园林设计中有何作用？

2. 中国古典园林材料的发展经历了哪几个时期？每个时期的代表材料有哪些？

3. 外国古典园林有哪几种代表风格？其材料运用的特点是什么？

4. 现代园林景观建设中常用的材料有哪些？

5. 简述我国现代园林中材料运用与发展的基本特点。

2 园林景观材料的基本性质

本章导读 在构成园林景观的物质环境中，所有建（构）筑物、道路、广场、花池、坐凳、景墙、栏杆等所用基层及饰面材料及其制品统称为园林景观材料，它是一切园林景观工程的物质基础。

各种园林景观都是在合理设计的基础上由各种材料建造而成。所用园林景观材料的种类、规格及质量都直接关系到景观的艺术性、耐久性与适用性，也直接关系到园林景观工程的成本。

本章就园林景观材料的组成、结构、构造特点进行综述，重点将其主要性质进行分类归纳。

2.1 组成、结构与构造

2.1.1 组 成

1）化学组成

化学组成是指组成材料的化学元素及化合物的种类和数量，材料的化学组成是造成其性能差异的主要原因。如黏土和由其烧结而成的陶瓷中都含有 SiO_2 和 Al_2O_3 两种矿物质，其所含化学元素相同，但黏土在焙烧过程中由 SiO_2 和 Al_2O_3 分子团结合生成的 $3SiO_2 \cdot Al_2O_3$ 矿物，即莫来石晶体[1]，使陶瓷具有了强度、硬度等特性。

①金属材料：用化学元素含量百分数表示。例如，25Mn。

②无机非金属材料：用元素的氧化物含量表示。例如，$15SiO_2$。

③有机高分子材料：用构成高分子材料的一种或几种低分子化合物表示。例如，$—(CH_2—CH_2)_n—$。

2）矿物组成

矿物组成是指组成材料的矿物种类和数量，材料的矿物组成直接影响无机非金属材料的性质。

矿物是指具有特定化学成分、特定结构及物理力学性质的物质或单质，是构成岩石及各类无机

---

[1] 莫来石晶体——利用天然高铝材料加入部分黏土制成的 Al_2O_3 含量大于 48% 的铝硅系耐火制品。

非金属材料的基本单元。如花岗岩的矿物组成主要是石英和长石,石灰岩的矿物组成为方解石(图2.1)。

图2.1 石英、长石和方解石

2.1.2 结 构

结构主要是指材料在原子、离子、分子层次上的组成形式。园林景观常用材料的结构主要有晶体、玻璃体和胶体等形式(图2.2)。材料的许多性质与其结构都有着密切的关系。例如,金刚石与石墨都由碳元素组成,结构却不同:前者为无色透明的正八面体固体,硬度大,不导电;后者为深灰色不透明的细鳞片状固体,硬度小,导电性良好。

图2.2 混凝土的微观结构

2.1.3 构 造

构造是指材料的宏观组织状况,按照材料宏观组织和空隙状态的不同可将材料的构造分为以下类型:致密状构造、多孔状构造、微孔状构造、颗粒状构造、纤维状构造、层状构造(表2.1)。如岩石的层理、木材的纹理,以及钢材中的裂纹等。

表2.1 材料的构造

类 型	特 点	代表材料
致密状构造	材料内部基本无孔隙,强度、硬度较高,吸水性小,抗渗性、抗冻性和耐磨性较好,绝热性较差	石材　玻璃
多孔状构造	材料内部孔隙率较大,强度较低,抗渗性和抗冻性较差,吸水性较大,绝热性较好	石膏　多孔砖
微孔状构造	具有众多直径微小的孔隙,密度和导热系数较小,隔声性、吸声性和吸水性较好,抗渗性较差	烧结砖　加气混凝土

续表

类　型	特　点	代表材料
颗粒状构造	密实颗粒材料强度高，适合做承重的混凝土骨料；轻质多孔颗粒材料孔隙率大，适合做绝热材料	砂　　　　石子
纤维状构造	内部组成具有方向性，纵向较紧密，横向较疏松，平行纤维方向强度较高，导热性较好	木材　　　石棉板
层状构造	每层材料性质不同，叠合后获得平面各向同性，材料的强度、硬度、绝热性显著提高	纸面石膏板　　胶合板

材料的性质与其构造有密切关系。例如，构造致密的材料强度高；疏松多孔的材料密度低，强度也较低。所以石材比烧结普通砖的强度高。

2.2　主要性质

2.2.1　物理性质

物理性质主要包括与质量有关的性质：密度、表观密度、堆积密度、密实度、空隙率、填充率、孔隙率等；与水有关的性质：亲水性、吸水性、耐水性、抗渗性、抗冻性等；与热有关的性质：导热性、热容量、比热、温度变形性等。

1）密度

密度是指物质单位体积的质量，单位为 g/cm^3 或 kg/m^3。由于材料所处的体积状况不同，故有实际密度（密度）、表观密度和堆积密度之分。

（1）实际密度

实际密度也称比重、真实密度，简称密度。实际密度是指材料在绝对密实状态下，单位体积所具有的质量，其计算式为：$\rho = \dfrac{m}{V}$。

式中：ρ——实际密度，g/cm^3；m——材料在干燥状态下的质量，g；V——材料在绝对密实状态下的体积，cm^3。

（2）表观密度

表现密度也称容重，有的也称毛体积密度。表观密度是指材料在自然状态下，单位体积所具有的质量，其计算式为：$\rho_0 = \dfrac{m}{V_0}$。

式中：ρ_0——表观密度，g/cm^3 或 kg/m^3；m——材料的质量，g 或 kg；V_0——材料在自然状态下

的体积，或称表观体积，cm^3 或 m^3。

（3）堆积密度

散粒材料在自然堆积状态下单位体积的质量称为堆积密度。其计算式为：$\rho_0' = \dfrac{m}{V_0'}$。

式中：ρ_0'——堆积密度，kg/m^3；m——材料的质量，kg；V_0'——材料的堆积体积，m^3。

2）密实度与孔隙率

（1）密实度

密实度是指材料的固体物质部分的体积占总体积的比例，说明材料体积内被固体物质所充填的程度，即反映了材料的致密程度，其计算式为：$D = \dfrac{V}{V_0} \times 100\% = \dfrac{\rho_0}{\rho} \times 100\%$。

（2）孔隙率

孔隙率 P 是指材料体积内孔隙体积（$V_0 - V$）占据材料总体积 V_0 的百分数。其计算式为：

$$P = \dfrac{V_0 - V}{V_0} \times 100\% = \left(1 - \dfrac{\rho_0'}{\rho_0}\right) \times 100\%$$

（3）孔隙率与密实度的关系

孔隙率与密实度的关系为：$P + D = 1$。

（4）空隙率

空隙率是指散粒材料在某容器的堆积体积中，颗粒之间的空隙体积 V_a 占堆积体积的百分数，以 P' 表示，因 $V_a = V_0' - V_0$，则 P' 值可用下式计算：$P' = \dfrac{V_0' - V_0}{V_0'} \times 100\% = \left(1 - \dfrac{\rho_0'}{\rho_0}\right) \times 100\%$。

3）亲水性与憎水性

当材料与水接触时，在材料、水、空气三相的交界点，做一条沿水滴表面的切线，此切线与材料和水接触面的夹角 θ，称为润湿边角（图2.3）。

θ 角越小，表明材料越易被水润湿。当 $\theta < 90°$ 时，材料表面吸附水，材料能被水润湿而表现出亲水性，这种材料称亲水性材料 [图2.4（a）]，例如，砖、石料、混凝土、木材等。$\theta > 90°$ 时，材料表面不吸附水，称为憎水性材料 [图2.4（b）]，例如，沥青、石蜡、塑料等。当 $\theta = 0°$ 时，表明材料完全被水润湿。

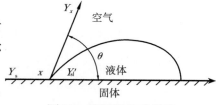

图2.3　润湿边角示意图

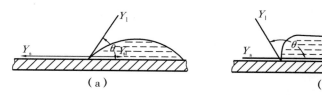

（a）　　　　　　　　　　（b）

图2.4　材料亲水性与憎水性示意图

4）吸水性与吸湿性

（1）吸水性

材料在水中能吸收水分的性质称吸水性。材料的吸水性用吸水率表示，有质量吸水率与体积吸水率两种表示方法。

①质量吸水率：是指材料在吸水饱和时内部所吸水分的质量占干燥材料质量的百分数。

②体积吸水率：是指材料在吸水饱和时内部所吸水分的体积占干燥材料自然体积的百分数。

（2）吸湿性

材料在潮湿空气中吸收水分的性质称为吸湿性。材料的吸湿性用含水率表示。含水率是指材料内部所含水的质量占干燥材料质量的百分数。

5）耐水性

材料长期在水作用下不被破坏，强度也不显著降低的性质称为耐水性。材料的耐水性用软化系数表示，如下式：$K_{软} = \dfrac{f_{饱}}{f_{干}}$。

式中：$K_{软}$——材料的软化系数；$f_{饱}$——材料在饱水状态下的抗压强度，MPa；$f_{干}$——材料在干燥状态下的抗压强度，MPa。软化系数大于 0.80 的材料，通常可认为是耐水材料。

6）抗渗性

材料抵抗压力水渗透的性质称为抗渗性，或称不透水性。材料的抗渗性通常用渗透系数 K 表示。

渗透系数的物理意义是：一定厚度的材料，在一定水压力下，在单位时间内透过单位面积的水量。用公式表示为：$K = \dfrac{WD}{ATH}$。

式中：W——透过材料试件的水量，mL；T——透水时间，s；A——透水面积，cm^2；H——静水压力水头，cm；D——试件厚度，cm。K 值越大，表示材料渗透的水量越多，即抗渗性越差。

7）抗冻性

抗冻性是指材料在水饱和状态下，能经受多次冻融循环作用而不破坏，也不严重降低强度的性质。材料的抗冻性用抗冻等级表示。

冰冻对材料的破坏作用如图 2.5 所示。

（1）冰胀压力作用

当材料孔隙中充满水并快速结冰时，在孔隙内将产生很大的冰胀压力，使毛细管壁受到拉应力，导致材料破坏。

（2）水压力作用

大多数材料内部含有各种类型的孔隙，其充水程度不尽相同，当受冻降温时，某些孔隙内已结冰的水体积增大，迫使尚未结冰的水移近试件边缘，产生水压力，使孔壁受到拉应力。

图 2.5　混凝土受冻融破坏

（3）显微析冰作用

材料孔隙中的水一旦结冰，由于内部结构、浓度、温度的差异，若存在尚未结冰的区域，水则向已结冰区域迁移并迅速结冰，并使已结的冰晶增大。

材料抗冻等级是指标准尺寸的材料试件，在水饱和状态下，经受标准的冻融作用后，其强度不严重降低、质量不显著损失、性能不明显下降时所经受的冻融循环次数。

8）导热性

当材料两侧存在温度差时，热量从材料的一侧传递至另一侧的性质，称为材料的导热性。导热性大小可用导热系数 λ 表示。

导热系数是评定材料保温隔热性能的重要指标，导热系数越小，材料的保温隔热性能越好。通常把 $\lambda < 0.23\ W/(m \cdot K)$ 的材料称为绝热材料。

9）热稳定性

材料抵抗急冷急热交替作用，保持其原有性质的能力，又称材料的抗热震性、耐急冷急热性。许多无机非金属材料在急冷急热交替作用下，易产生巨大的温度应力而使材料开裂或炸裂破坏，如塑料饰面材料，它的耐急冷急热性差，因此，在冬天易变形、开裂。

2.2.2 力学性质

力学性质是指材料在外力作用下，抵抗破坏的能力和变形方面的性质，它对建筑物、构筑物的正常安全使用至关重要。

1）变形

变形是指材料在荷载作用下发生形状及体积变化的有关性质。主要有弹性变形、塑性变形、徐变及松弛等。

①弹性变形：是指在外荷作用下产生、卸荷之后可以自行消失的变形。

②塑性变形：是指在外力去除后，材料不能自行恢复到原来的形状，而保留的变形，也称为残余变形。

③徐变：是指固体材料在外力作用下，变形随时间的延长而逐渐增长的现象。

2）强度

（1）定义

材料在外力作用下抵抗破坏的能力，称为材料的强度。根据外力作用形式的不同，材料的强度有抗压强度、抗拉强度、抗弯强度及抗剪强度等，均以材料受外力破坏时单位面积上所承受的力的大小来表示。 材料的这些强度是通过静力试验来测定的，故总称为静力强度（图2.6）。材料在各种外力作用下的示意图。

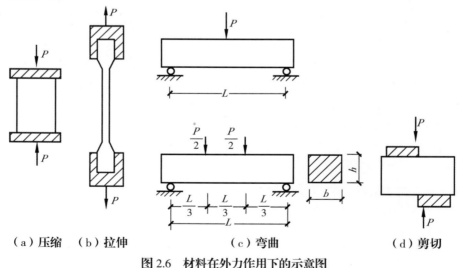

（a）压缩　（b）拉伸　　　　（c）弯曲　　　　　（d）剪切

图2.6　材料在外力作用下的示意图

（2）材料强度的等级

大部分材料根据其极限强度的大小，可划分为若干不同的强度等级。如烧结普通砖按抗压强度从小到大分为5个等级：MU10，MU15，MU20，MU25，MU30；硅酸盐水泥按抗压和抗折强度从小到大分为6个等级：42.5，42.5R，52.5，52.5R，62.5，62.5R；混凝土按其抗压强度从小到大分为12

个等级：C7.5，C10，…，C80 等；碳素结构钢按其抗拉强度从小到大分为 5 个等级：Q195，Q215，Q235，Q255，Q275。强度等级是人为划分的，是不连续的，根据强度划分强度等级时，规定的各项指标都合格，才能定为某强度等级。

（3）比强度

比强度是按单位质量计算的材料强度，其值等于材料强度与其表观密度之比，是衡量材质轻质高强性能的指标，见表 2.2。

表 2.2 钢材、木材和混凝土的强度值

材 料	表观密度 ρ_0/(kg·m^{-2})	抗压强度 f_c/MPa	比强度 f_c/ρ_0
低碳钢	7 860	415	0.053
松木	500	34.3（顺纹）	0.069
普通混凝土	2 400	29.4	0.012

3）弹性与塑性

（1）弹性

材料在外力作用下产生变形，当外力取消后，材料变形即可消失并能完全恢复原来形状的性质，称为弹性。

材料的这种当外力取消后瞬间即可完全消失的变形，称为弹性变形。弹性变形属可逆变形，其数值大小与外力成正比，其比例系数 E 称为材料的弹性模量。材料在弹性变形范围内，弹性模量 E 为常数，其值等于应力 σ 与应变 ε 的比值，即 $E=\sigma/\varepsilon$。

（2）塑性

在外力作用下材料产生变形，如果取消外力，仍保持变形后的形状尺寸，并且不产生裂缝的性质，称为塑性。这种不能恢复的变形称为塑性变形。塑性变形为不可逆变形，是永久变形。

4）脆性和韧性

（1）脆性

脆性是指材料在外力达到一定程度时，突然发生破坏，并无明显塑性变形的性质。具有这种性质的材料称为脆性材料。大部分无机非金属材料均属脆性材料。如天然石材、烧结普通砖、陶瓷、普通混凝土等。脆性材料抵抗变形或冲击振动荷载的能力差，所以仅用于承受静压力作用的结构或构件，如柱子等。

（2）韧性

韧性是指材料在冲击或动力荷载作用下，能吸收较大能量而不被破坏的性质。如低碳钢、低合金钢、木材、钢筋混凝土、橡胶、玻璃钢等都属于韧性材料。在工程中，对于要求承受冲击和振动荷载作用的结构，如桥梁、路面及有抗震要求的结构要求使用具有较高冲击韧性的材料。

5）硬度和耐磨性

（1）硬度

硬度是指材料表面的坚硬程度，是抵抗其他物体刻画、压入其表面的能力。通常用刻痕法和压痕法来测定和表示。通常硬度大的材料耐磨性较强，不易加工。

（2）耐磨性

耐磨性是指材料表面抵抗磨损的能力，用磨损率表示。磨损率表示一定尺寸的试件，在一定压

力作用下，在磨损实验机上磨一定次数后，试件单位面积上的质量损失。

2.2.3　化学性质

化学性质是物质在化学变化中表现出来的性质。如酸性、碱性、氧化性、还原性、热稳定性及一些其他特性。

1）耐腐蚀性

（1）定义

金属材料抵抗周围介质腐蚀破坏作用的能力称为耐腐蚀性。由材料的成分、化学性能、组织形态等决定。如钢中加入可以形成保护膜的铬、镍、铝、钛，改变电极电位的铜以及改善晶间腐蚀的钛、铌等，可提高耐腐蚀性。

化学腐蚀是金属与周围介质直接化学作用的结果。它包括气体腐蚀和金属在非电解质中的腐蚀两种形式。其特点是腐蚀过程不产生电流，而且腐蚀产物沉积在金属表面。

（2）金属的抗腐蚀作用

对金属材料进行抗腐蚀处理可延长其使用寿命，通常有多种表面处理方法：

①加入铬（Cr）：表面会很光亮，一般作为外露金属件的镀层，很美观。切忌六价铬。

②加入镍（Ni）：防腐蚀，与铬配用，一般按百分比表示。

③加入锌（Zn）：有 Fe，Zn^{8+} 锌镀层，也有 Fe，Zn，Fe^{2+} 锌铁镀层，可选择镀完后厚层钝化，切忌六价铬。

④电泳漆[1]：E-Goat（电泳涂装），便宜且抗腐蚀性能很好的镀层，但缺陷是磨损后容易成块脱落。

⑤发黑[2]：在发黑液中浸泡，此方法最简单、便宜，防腐效果最差。

⑥达克罗[3]：较昂贵，工艺复杂，防腐性能非常好。

⑦ Delta seal 和 Delta Tone[4]：较昂贵，工艺复杂，防腐性能非常好，在国内常采用达克罗替代，如果要求降低，多采用镀锌。

2）耐燃性和耐火性

耐燃性是指材料在火焰或高温作用下可否燃烧的性质。按材料的耐燃性可分为非燃烧性材料（如钢铁、砖、石等）、难燃材料（如石膏板、水泥刨花板等）、可燃材料（如木材、竹材等）、易燃材料（如塑料、纤维织物等），见表2.3。

表2.3　材料按其燃烧性能分类

等级	燃烧性能	燃烧特征	图例
A	不燃性	在空气中受到火烧或高温作用时不起火、不燃烧、不碳化的材料，如金属材料及无机矿物材料等	
B1	难燃性	在空气中受到火烧或高温作用时难起火、难燃烧、难碳化，当离开火源后，燃烧或微燃立即停止的材料，如沥青混凝土、水泥刨花板等	

[1] 电泳漆——一种水性漆，通过电泳工艺在工件表面形成保护漆膜，从而起到防腐蚀作用。
[2] 发黑——钢铁表面处理的一种方法。
[3] 达克罗——以锌粉、铝粉、铬酸和去离子水为主要成分的新型防腐涂料。
[4] Delta seal 和 Delta Tone——一种有机高耦合面漆和非电解应用的锌盐涂料。

等 级	燃烧性能	燃烧特征	图 例
B2	可燃性	在空气中受到火烧或高温作用时立即起火或微燃，且离开火源后还继续燃烧或微燃的材料，如木材、部分塑料制品等	
B3	易燃性	在空气中受到火烧或高温作用时立即起火，并迅速燃烧，且离开火源后仍继续迅速燃烧的材料，如部分未经阻燃处理的塑料、纤维织物等	

耐火性是指材料在火焰或高温作用下，保持其不破坏、性能不明显下降的能力，用其耐受时间来表示。耐燃的材料不一定耐火，耐火的一般都耐燃。

2.2.4 声学性质

1）吸声性

当声波传到材料表面时，一部分被反射，一部分穿透材料，其余部分被材料吸收。声波能穿透材料和被材料消耗的性质称为材料的吸声性。

2）隔声性

声波在结构中的传播主要通过空气和固体来实现，因而隔声分为隔空气声和隔固体声。

2.2.5 耐久性

材料在使用过程中，会受到自然环境中各种因素的作用，使其性能逐渐降低，甚至破坏（图 2.7）。耐久性是指材料长期抵抗各种内外破坏、腐蚀介质的作用，保持其原有性质的能力。耐久性是材料的一种综合性质，一般包括耐水性、抗渗性、抗冻性、抗风化性、抗老化性、耐腐蚀性、耐磨性等。这些破坏作用可分为物理作用、化学作用及生物作用等。

物理作用包括干湿变化、温度变化及冻融作用等。化学作用包括酸、碱、盐等物质的水溶液或气体对材料的侵蚀破坏。生物作用是指材料被昆虫、菌类等蛀蚀及腐朽。

一般矿物质材料，如石料、砖、混凝土等，当暴露于大气中或处于水位变化区时，主要是发生

图 2.7 材料的破坏

物理破坏作用，当处于水中时，除了物理作用外还可能发生化学侵蚀作用。金属材料，引起破坏的原因主要是化学腐蚀及电化学腐蚀作用。木材及由植物纤维组成的有机质材料，常由于生物作用而破坏。沥青质材料及合成高分子材料，大多是由于阳光、空气及热的作用而逐渐老化破坏。

思考与练习

1. 材料的物理性质有哪些？

2. 简述材料的孔隙率与密度的关系。

3. 冰冻对材料有哪些破坏作用？

4. 材料的化学性质有哪些？

5. 简述材料的耐燃性和耐火性之间的关系。

6. 材料的耐久性越高越好吗？如何理解材料的耐久性与其应用价值之间的关系？

3 墙体材料与屋面材料

本章导读　本章按照园林工程中常用的墙体及屋面材料，分别介绍其特点与性质，重点介绍材料的尺寸、构造要点及其实际应用。采用图文并茂的形式进行分类归纳，达到让学生认知并熟记的教学效果，并起到课后资料查询的作用。

　　园林景观中的建筑物与构筑物大多采用砌体结构来完成其墙体的建造。砌体结构（Masonry Structure）是指由块材和砂浆砌筑而成的墙、柱作为建筑物、构筑物主要受力构件的结构，包括砖砌体、砌块砌体、石砌体和墙板砌体（图3.1），分为无筋砌体结构和配筋砌体结构（图3.2）。砌体结构在我国应用广泛，原因是它可以就地取材，具有很好的耐久性及较好的化学稳定性和大气稳定性。

　　常用于墙体的材料主要有砌墙砖、砌块和板材三类（图3.3）。砌墙砖可分为普通砖和空心砖两大类；砌块是用于砌筑的，一种体积比砖大、比大板小的新型墙体材料；板材可分为混凝土板、石膏板、加气混凝土板、玻纤水泥板、植物纤维板及各种复合墙板等。

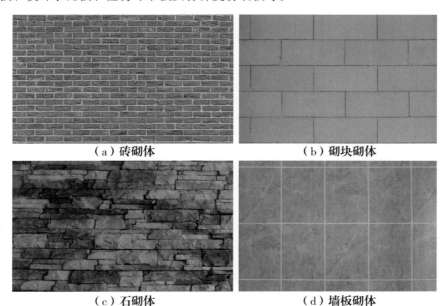

（a）砖砌体　　　　　　　　　　　　　（b）砌块砌体

（c）石砌体　　　　　　　　　　　　　（d）墙板砌体

图3.1　砌体结构分类

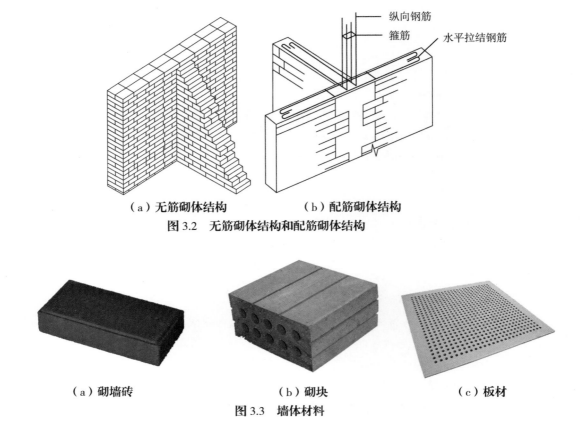

（a）无筋砌体结构　　　　（b）配筋砌体结构

图 3.2　无筋砌体结构和配筋砌体结构

（a）砌墙砖　　　　　　　（b）砌块　　　　　　　（c）板材

图 3.3　墙体材料

3.1　砌墙砖

凡是由黏土、工业废料或其他地方资源为主要原料，以不同工艺制成的在建筑物、构筑物中用于承重墙和非承重墙的砖统称为砌墙砖。

根据孔洞率的大小，砌墙砖可分为普通砖、多孔砖和空心砖。其中孔洞率 < 15% 的砖为普通砖，15% ≤ 孔洞率 < 35% 的砖为多孔砖，孔洞率 ≥ 35% 的砖为空心砖。根据生产工艺的不同，砌墙砖分为烧结砖与非烧结砖。经焙烧制成的砖为烧结砖，主要有黏土砖（N）、页岩砖（Y）、煤矸石砖（M）、粉煤灰砖（F）等（图 3.4）。非烧结砖有碳化砖、常压蒸汽养护（或高压蒸汽养护）硬化而成的蒸养（压）砖（如粉煤灰砖、炉渣砖、灰砂砖等），如图 3.5 所示。

（a）黏土砖　　　　　（b）页岩砖　　　　　（c）煤矸石砖　　　　（d）粉煤灰砖

图 3.4　常见烧结砖

（a）碳化砖　　　　　　　　　　　（b）蒸压砖

图 3.5　常见非烧结砖

3.1.1　烧结普通砖

烧结普通砖是以黏土、页岩、煤矸石、粉煤灰为主要原料，经焙烧而成的普通砖。

1）分类

按主要原料分为烧结黏土砖（N）、烧结页岩砖（Y）、烧结粉煤灰砖（F）和烧结煤矸石砖（M）。

①烧结黏土砖——以黏土为主要原料，经配料、制坯、干燥、焙烧而成的烧结普通砖。

②烧结页岩砖——页岩经破碎、粉磨、配料、成型、干燥和焙烧等工艺制成的砖。

③烧结粉煤灰砖——以火力发电厂排出的粉煤灰，掺入适量黏土经搅拌成型、干燥和焙烧而成的承重砌体材料。

④烧结煤矸石砖——以采煤和洗煤时剔除的大量煤矸石为原料，经粉碎后，根据其含碳量和可塑性进行适当配料，即可制砖，焙烧时基本不需外投煤。

2）技术性能指标

根据《烧结普通砖》（GB / T 5101—1998）的规定，强度和抗风化性能合格的砖，根据砖的尺寸偏差、外观质量、泛霜和石灰爆裂的程度将其分为优等品（A）、一等品（B）和合格品（C）三个质量等级。

（1）尺寸

烧结普通砖的外形为直角六面体，公称尺寸是 240 mm × 115 mm × 53 mm，如图 3.6 所示，砖的尺寸允许偏差应符合相应的规定。

图 3.6　烧结普通砖的尺寸

（2）外观质量

烧结普通砖的外观质量包括两条面高度差、弯曲、杂质凸出高度、缺棱掉角、裂纹、完整面、颜色等内容。

（3）强度等级

烧结普通砖是通过取十块砖样进行抗压强度试验，根据抗压强度平均值和标准值方法或抗压强度平均值和最小值方法来评定砖的强度等级。各等级应满足的强度指标，见表 3.1。

（4）泛霜和石灰爆裂

泛霜是指在新砌筑的砖砌体表面，有时会出现一层白色的粉状物（图 3.7）。国家标准严格规定烧结制品中优等产品不允许出现泛霜，一等产品不允许出现中等泛霜，合格产品不允许出现严重泛霜。

石灰爆裂是烧结砖的原料中夹杂着石灰石，焙烧时石灰石被烧成生石灰块，在使用过程中生石

表 3.1　烧结普通砖的强度等级（GB/T 5101—1998）　　　　　　　　单位：MPa

强度等级	抗压强度平均值≥	变异系数 δ ≤ 0.21	变异系数 δ > 0.21
		强度标准值 f_k ≥	单块最小抗压强度值 f_{min} ≥
MU30	30.0	22.0	25.0
MU25	25.0	18.0	22.0
MU20	20.0	14.0	16.0
MU15	15.0	10.0	12.0
MU10	10.0	6.5	7.5

灰吸水熟化转变为熟石灰，故其体积增大近一倍造成制品爆裂的现象，如图 3.8 所示。

图 3.7　烧结砖泛霜现象　　　　　图 3.8　石灰爆裂现象

（5）抗风化性能

风化指数是指日气温从正温降至负温或从负温升至正温的每年平均天数，与每年从霜冻之日起至消失霜冻之日止，这一期间降雨总量（以 mm 计）的平均值的乘积。抗风化性能是指材料在干湿变化、温度变化、冻融变化等物理因素作用下不破坏并保持原有性质的能力。

我国按风化指数将各省市划分为严重风化区和非严重风化区（表 3.2），黄河以北区域属严重风化区，风化指数 ≥ 12 700；黄河以南地区属非严重风化区，风化指数 < 12 700。

表 3.2　风化区的划分（GB/T 5101—1998）

严重风化区		非严重风化区		
1. 黑龙江省	7. 甘肃省	1. 山东省	9. 贵州省	16. 云南省
2. 吉林省	8. 青海省	2. 河南省	10. 湖南省	17. 西藏自治区
3. 辽宁省	9. 陕西省	3. 安徽省	11. 福建省	18. 上海市
4. 内蒙古自治区	10. 山西省	4. 江苏省	12. 台湾省	19. 重庆市
5. 新疆维吾尔自治区	11. 河北省	5. 湖北省	13. 广东省	
6. 宁夏回族自治区	12. 北京市	6. 江西省	14. 广西壮族自治区	
	13. 天津市	7. 浙江省	15. 海南省	
		8. 四川省		

3）产品标记

烧结普通砖的产品标记按产品名称、规格、品种、强度等级、质量等级和标准编号的顺序编写。例如，规格 240 mm × 115 mm × 53 mm，强度等级 MU15，一等品的烧结粉煤灰砖，其标记为：烧结粉煤灰砖 F MU15 B GB/T 5101。

4）应用

烧结普通砖具有较高的强度、较好的耐久性、保温、隔热、隔声、不结露、价格低廉等优点，加之原料广泛、工艺简单，因此是应用历史最久、应用范围最广的墙体材料。可用于建筑维护结构；可砌筑基础、柱、拱及沟道等；可与隔热材料配套使用，砌成轻体墙；可配置适当的钢筋代替钢筋

混凝土柱、过梁等。

　　在园林景观中，烧结普通砖优等品适用于清水墙和墙体装饰，也可应用于地面铺贴（图 3.9）。一等品、合格品可用于混水墙；中等泛霜的砖不能用于潮湿部位。

　　阿尔托[1]在 1953 年完成的莫拉特塞罗夏季别墅，其著名的砖墙就是采用的砖贴面（图 3.10）。在夏季别墅中，阿尔托开始意识到了砖的表皮特性，在之后的建筑实践中，他不但大量运用砖，甚至还研制出了一种特制曲面砖。

图 3.9　园林景观中的烧结砖墙面、地面

图 3.10　莫拉特塞罗夏季别墅的砖墙

3.1.2　烧结多孔砖和烧结空心砖

　　用多孔砖或空心砖代替实心砖可使建筑物自重减轻 1/3 左右，节约原料 20% ~ 30%，节省燃料 10% ~ 20%，且烧成率高，造价降低 20%，施工效率提高 40%，并能改善砖的绝热和隔声性能，在相同的热工性能要求下，用空心砖砌筑的墙体厚度可减薄半砖左右。

[1] 阿尔托，苏兰建筑师，人情化建筑理论的倡导者。

1）烧结多孔砖

烧结多孔砖以黏土、页岩、煤矸石和粉煤灰为主要原料，经焙烧而成，孔洞率不大于35%，砖内孔洞内径不大于22 mm，是主要用于承重部位的砖。

根据《烧结多孔砖》（GB 13544—2000）的规定，强度和抗风化性能合格的烧结多孔砖，根据尺寸偏差、外观质量、孔形及孔洞排列、泛霜、石灰爆裂情况分为优等品（A）、一等品（B）和合格品（C）三个质量等级。

图 3.11　烧结多孔砖

（1）外形尺寸

烧结多孔砖的外形为直角六面体，孔多而小，孔洞垂直于受压面（图3.11）。砖的主要规格有 M 形：（190 mm × 190 mm × 90 mm）与 P 形：（240 mm × 115 mm × 90 mm）。

烧结多孔砖砌筑时孔洞应垂直于承压面，砖的尺寸偏差应符合表3.3的要求。

表 3.3　烧结多孔砖的尺寸偏差

单位：mm

尺　寸	优等品		一等品		合格品	
	样本平均偏差	样本极差≤	样本平均偏差	样本极差≤	样本平均偏差	样本极差≤
290，240	±2.0	6	±2.5	7	±3.0	8
190，180，175，140，115	±1.5	5	±2.0	6	±2.5	7
90	±1.5	4	±1.7	5	±2.0	6

（2）外观质量

烧结多孔砖的外观质量应符合表3.4的规定。

表 3.4　烧结多孔砖外观质量

单位：mm

项　目	优等品	一等品	合格品
①颜色（一条面和一顶面）	一致	基本一致	—
②完整面不得少于	一条面和一顶面	一条面和一顶面	—
③缺棱掉角的3个破坏尺寸不得同时大于	15	20	30
④裂纹长度不大于			
a.大面上深入孔壁15 mm以上，宽度方向及其延伸到条面的长度	60	80	100
b.大面上深入孔壁15 mm以上，长度方向及其延伸到顶面的长度	60	100	120
c.条、顶面上的水平裂纹	80	100	120
⑤杂质在砖面上造成的凸出高度不大于	3	4	5

（3）孔形孔洞率及孔洞排列

孔形孔洞率及孔洞排列应符合表3.5的规定。

表 3.5　烧结多孔砖的孔形孔洞率及孔洞排列（GB 13544—2000）

产品等级	孔　形	孔洞率/% ≥	孔洞排列
优等品	矩形条孔或矩形孔	25	交错排列，有序
一等品			
合格品	矩形孔或其他孔形		—

（4）强度等级

强度等级与烧结普通砖相同，其具体指标参见表3.1。烧结多孔砖的技术要求也包括泛霜、石灰爆裂及抗风化性能。

（5）产品标记

烧结多孔砖的产品标记按产品名称、品种、规格、强度等级、质量等级和标准编号的顺序编写。例如，规格尺寸290 mm×140 mm×90 mm、强度等级MU25、优等品的粉煤灰砖，其标记为：烧结多孔砖 F 290×140×90 25 A GB 13544。

2）烧结空心砖

烧结空心砖是以黏土、页岩、煤矸石或粉煤灰为主要原料，经焙烧而成的具有竖向孔洞（孔洞率不小于25%，孔的尺寸小而数量多）的砖。主要用于非承重墙体。

（1）外形尺寸

根据《烧结空心砖和空心砌块》（GB 13545—1992）的规定，烧结空心砖的外形为直角六面体，在与砂浆的接合面上应设有增加结合力的深度1 mm以上的凹线槽（图3.12），其尺寸有290 mm×190 mm×90 mm 和240 mm×180 mm×115 mm 两种。

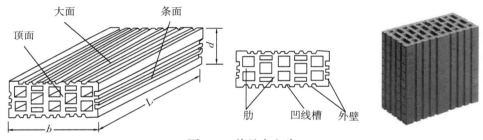

图3.12　烧结空心砖
L—长度；b—宽度；d—高度

（2）强度等级

烧结空心砖根据表观密度分为800，900，1 100三个密度级别。每个密度级别根据孔洞及其排数、尺寸偏差、外观质量、强度等级和物理性能情况分为优等品（A）、一等品（B）和合格品（C）三个产品等级，各产品等级对应的强度等级及具体指标要求见表3.6。

表3.6　烧结空心砖的强度等级（GB 13545—1992）

等　级	强度等级	大面抗压强度 /MPa		条面抗压强度 /MPa	
		五块平均值≥	单块最小值≥	五块平均值≥	单块最小值≥
优等品	5.0	5.0	3.7	3.4	3.3
一等品	3.0	3.0	2.2	2.2	1.4
合格品	2.0	2.0	1.4	1.6	0.9

3）烧结多孔砖与烧结空心砖的应用

烧结多孔砖与烧结空心砖都具有质地轻、强度高、保温性能好、节能降耗、隔声性能好、组砌灵活、施工工效高、造价较低等诸多优点，在园林景观工程中应用广泛。常应用于园林景观非承重墙体的砌筑，可减轻自重，用以减轻车库顶板上的荷载，甚至可利用多孔造型，设计出独特效果的墙体（图3.13）。

图 3.13　空心砖砌筑墙体

3.1.3　非烧结砖

不经焙烧而制成的砖均为非烧结砖，如碳化砖、免烧免蒸砖、蒸压（养）砖等。目前应用较广的是蒸压（养）砖。

蒸压（养）砖是以含钙材料（石灰、电石渣等）和含硅材料（沙子、粉煤灰、煤矸石、灰渣、炉渣等）与水拌和，经压制成型，在自然条件下或人工热合成条件下（常压或高压蒸汽养护）反应生成以水化硅酸钙、水化铝酸钙为主要胶结料的硅酸盐建筑制品。主要品种有灰砂砖、粉煤灰砖、煤渣砖等。

1）蒸压灰砂砖

蒸压灰砂砖是用磨细生石灰和天然砂，经混合、搅拌、陈化（使生石灰充分熟化）、轮碾、加压成型、蒸压养护（175 ~ 191 ℃，0.8 ~ 1.2 MPa 的饱和蒸汽）而成（图 3.14）。灰砂砖的外形尺寸与烧结普通砖相同，颜色有彩色（Co）和本色（N）两类。

根据《蒸压灰砂砖》（GB 11945—1999）的规定，灰砂砖按其抗压强度和抗折强度由大到小分为 MU25，MU20，MU15 及 MU10 四个级别。

2）蒸压粉煤灰砖

蒸压粉煤灰砖是以粉煤灰、石灰和水泥为主要原料，掺入适量的石膏、外加剂、颜料和骨料，经坯料制备、压制成型、高压或常压蒸汽养护而制成的实心砖（图 3.15）。

根据《粉煤灰砖》（JC 239—2001）中的规定：按抗压强度和抗折强度由大到小划分为 MU30，MU25，MU20，MU15，MU10 5 个强度等级。按外观质量、尺寸偏差、强度和干燥收缩值可分为优等品（A）、一等品（B）和合格品（C）。

3）煤渣砖

煤渣砖是以煤渣为主要原料，加入适量石灰、石膏等材料，经混合、压制成型、蒸汽或蒸压养护而制成的实心砖，颜色呈黑灰色（图 3.16）。

图 3.14　蒸压灰砂砖　　　　图 3.15　蒸压粉煤灰砖　　　　图 3.16　煤渣砖

根据《煤渣砖》（JC 525—1993）中的规定，煤渣砖的公称尺寸为 240 mm × 115 mm × 53 mm，按其抗压强度和抗折强度由大到小分为 MU20，MU15，MU10，MU7.5 四个强度级别，各级别的强度指标应满足表 3.7 的规定。

表 3.7　煤渣砖的强度指标（JC 525—1993）

强度级别	抗压强度 /MPa		抗折强度 /MPa	
	10 块平均值≥	单块值≥	10 块平均值≥	单块值≥
20	20.0	15.0	4.0	3.0
15	15.0	11.2	3.2	2.4
10	10.0	7.5	2.5	1.9
7.5	7.5	5.6	2.0	1.5

3.1.4　砖墙的砌法

砖墙的厚度多以砖的倍数称呼，由于砖的长度为 240 mm，因此厚度为一砖的墙又称为"二四"墙，厚度为一砖半的墙又称为"三七"墙，厚度为半砖的墙又称"一二"墙或半砖墙。砖墙的水平灰缝厚度和竖向灰缝宽度一般为 10 mm，不应小于 8 mm，也不应大于 12 mm。灰缝的砂浆应饱满，水平灰缝的砂浆饱满度不得低于 80%。

常用砌法有一顺一丁（图 3.17）、三顺一丁（图 3.18）、梅花丁、条砌法（图 3.19）等。

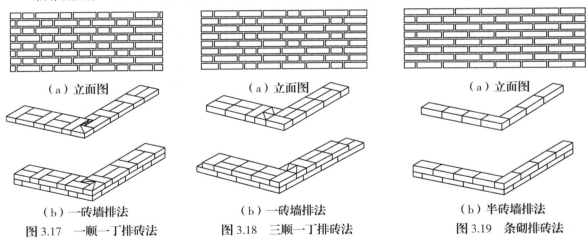

图 3.17　一顺一丁排砖法　　　图 3.18　三顺一丁排砖法　　　图 3.19　条砌排砖法

图 3.20　高淳区诗人住宅砖砌外墙

南京高淳区的诗人住宅兼工作室中，砖的外表皮是设计的重点。建筑表皮全部用砖严实地包裹起来，每一处墙面都是空洞、砍半砖和凸半砖中 2～3 种砌法的混合，即用三种砌砖法进行立体主义式的抽象编织，三种密度的砖肌理和无规律的窗洞一起进行蒙德里安式的几何划分（图 3.20）。

3.2　砌　块

砌块是用于砌筑，一种体积比砖大、比大板小的新型墙体材料，其外形多为直角六面体，也有各种异形。

按产品的主要规格可分为大型砌块（高度大于 980 mm）、中型砌块（高度为 380～980 mm）、小型砌块（高度大于 115 mm，小于 380 mm）；按用途可分为承重砌块和非承重砌块；按孔洞率分为实心砌块、空心砌块；按原料可分为硅酸盐混凝土砌块、普通混凝土砌块、轻骨料混凝土砌块。砌块高度一般不大于长度或宽度的 6 倍，长度不超过高度的 3 倍，也可根据需要生产各种异形砌块。

3.2.1　蒸压加气混凝土砌块

蒸压加气混凝土砌块，简称加气混凝土砌块，代号 ACB，是以钙质材料和硅质材料为基本原料，经过磨细，并以铝粉为发气剂，按一定比例配合，再经过料浆浇筑、发气成型、坯体切割和蒸压养护等工艺制成的一种轻质、多孔的建筑材料（图 3.21）。

如以粉煤灰、石灰、石膏和水泥等为基本原料制成的砌块，称为蒸压粉煤灰加气混凝土砌块；以磨细砂、矿渣粉和水泥等为基本原料制成的砌块，称为蒸压矿渣砂加气混凝土砌块。

图 3.21　蒸压加气混凝土切块

1）规格尺寸

根据《蒸压加气混凝土砌块》（GB/T 11968—1997）的规定，加气混凝土砌块一般有 a，b 两个系列，其公称尺寸见表 3.8。

表 3.8　蒸压加气混凝土砌块的规格尺寸（GB/T 11968—1997）

	a 系列	b 系列
长度 /mm	600	600
高度 /mm	200，250，300	200，250，300
宽度 /mm	100，125，150，200，250，300	120，180，240

2）应用

蒸压加气混凝土砌块质量轻，表观密度约为黏土砖的 1/3，具有保温、隔热、隔音性能好、抗震性强、耐火性好、易于加工、施工方便等特点，是应用较多的轻质墙体材料之一。适用于低层建筑的承重墙、多层建筑的间隔墙和高层框架结构的填充墙，也可用于一般工业建筑的围护墙，作为保温隔热材料也可用于复合墙板和屋面结构中。

3.2.2　蒸压粉煤灰砌块

粉煤灰砌块（代号 FB）是硅酸盐砌块中常用品种之一。它是以粉煤灰、石灰为主要原料，掺加适量石膏、外加剂和集料等，经坯料配制、轮碾碾练、机械成型、水化和水热合成反应而制成的实心砌块。

1）主要技术性能指标

根据《粉煤灰砌块》（JC 238—1991）的规定，粉煤灰砌块的主要规格尺寸有 880 mm×380 mm×240 mm 和 880 mm×430 mm×240 mm 两种。砌块端面应加灌浆槽，坐浆面宜设抗剪槽，砌块各部位名称（图 3.22）。砌块的强度等级按立方体抗压强度分为 10 和 13 两个强度等级。按其外观质量、尺寸偏差和干缩性能分为一等品（B）和合格品（C）。砌块的立方体抗压强度、碳化后强度、抗冻性能和密度及干缩值应符合相应的规定。

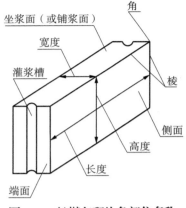

图 3.22　粉煤灰砌块各部位名称

2）应用

粉煤灰砌块的干缩值比水泥混凝土大，弹性模量低于同强度的水泥混凝土制品。可用于耐久性要求不高的一般工业和民用建筑的围护结构和基础，但不适用于有酸性介质侵蚀、长期受高温影响和经受较大振动影响的建筑物。

3.2.3　混凝土小型空心砌块

1）普通混凝土小型空心砌块

普通混凝土小型砌块（代号 NHB）是以水泥为胶结材料，砂、碎石或卵石为集料，加水搅拌，振动加压成型，养护而成的小型砌块。

根据《普通混凝土小型空心砌块》（GB 8239—1997）的规定：砌块的主规格尺寸为 390 mm×190 mm×190 mm，辅助规格尺寸可由供需双方协商，即可组成墙用砌块基本系列（图 3.23）。

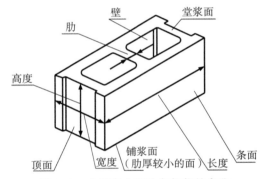

图 3.23　小型空心砌块各部位的名称

表 3.9　普通混凝土小型砌块的尺寸偏差和外观质量

项　目			优等品（A）	一等品（B）	合格品（C）
尺寸允许偏差 /mm		长度	±2	±3	±3
		宽度	±2	±3	±3
		高度	±2	±3	±3,−4
外观质量		弯曲 /mm ≤	2	2	2
	缺棱掉角	个数 / 个 ≤	0	2	2
		三个方向投影尺寸最小值 /mm ≤	0	20	30
	裂纹延伸的投影尺寸累计 /mm ≤		0	20	30

砌块按尺寸偏差和外观质量分为优等品（A）、一等品（B）和合格品（C）三个质量等级，其具体要求见表 3.9。砌块的主要技术要求包括外观质量、强度等级、相对含水率、抗渗性及抗冻性。

按抗压强度分为 MU3.5，MU5.0，MU7.5，MU10.0，MU15.0，MU20.0 六个强度等级，具体要求见表 3.10。

表 3.10　普通混凝土小型空心砌块的强度等级（GB 8239—1997）

强度等级		MU3.5	MU5.0	MU7.5	MU10	MU15	MU20
砌块抗压强度 /MPa	平均值≥	3.5	5.0	7.5	10.0	15.0	20.0
	单块最小值≥	2.8	4.0	6.0	8.0	12.0	16.0

2）轻骨料混凝土小型空心砌块

轻骨料混凝土小型空心砌块（代号 LHB），是由水泥、砂（轻砂或普通砂）、轻质粗骨料、水等经搅拌、成型而得。

根据《轻骨料混凝土小型空心砌块》（GB/T 15229—2002）的规定，轻骨料混凝土小型空心砌块按砌块的孔洞排数分为五类：实心（0）、单排孔（1）、双排孔（2）、三排孔（3）和四排孔（4）。按其密度可分为 500，600，700，800，900，1 000，1 200，1 400 八个等级；按其强度可分为 1.5，2.5，3.5，5.0，7.5，10.0 六个等级；按尺寸允许偏差和外观质量分为一等品（B）和合格品（C）两个等级。主要用于保温墙体（＜ 3.5 MPa）或非承重墙体、承重保温墙体（≥ 3.5 MPa）。

3.3　板　材

墙用板材是框架结构建筑的组成部分。墙板起围护和分隔作用。墙用板材一般分为内、外两种。内墙板材常见品种有纸面石膏板、纤维增强硅酸钙板、水泥木屑板、水泥刨花板等。外墙大多用石膏空心条板、加气混凝土空心条板和轻质空心隔墙板、复合板及各种玻璃钢板等。

轻质复合墙板一般由强度和耐久性较好的普通混凝土板或金属板作结构层或外墙面板，采用矿棉、聚氨酯棉和聚苯乙烯泡沫塑料、加气混凝土作保温层，采用各类轻质板材做面板或内墙面板。由于板材多用于建筑工程中，故本节仅简略介绍几种具有代表性的板材。

3.3.1　内墙板材

1）石膏类墙板

由于石膏具有防火、轻质、隔声、抗震性好等特点，石膏类板材在内墙板中占有较大的比例。

（1）纸面石膏板

纸面石膏板以熟石膏为主要原料，掺入适量的添加剂和纤维作板芯，以特制的纸板做护面，连续成型、切割、干燥等工艺加工而成。根据其使用性能分为普通纸面石膏板、耐水纸面石膏板、耐火纸面石膏板三种。

纸面石膏板表面平整、尺寸稳定，具有自重轻、保温隔热、隔声、防火、抗震、可调节室内湿度、加工性好、施工简便等优点，但用纸量较大、成本较高。

纸面石膏板适用于建筑物的非承重墙、内隔墙和吊顶，也可用于活动房、民用住宅、商店、办公楼等。

①普通纸面石膏板：普通纸面石膏板（图 3.24）是以建筑石膏为主要原料，加入适量纤维类增强材料以及少量外加剂，经加水搅拌成料浆，浇筑在纸面上，成型后覆以上层面纸，再经固化、切割、烘干、切边而成。

普通纸面石膏板可用于一般工程的内隔墙、复合墙体面板、天花板和预制石膏板、复合隔墙板。

在厨房、厕所以及空气相对湿度经常大于 70% 的潮湿环境中使用时，必须采取相应的防潮措施。

②防水纸面石膏板：防水纸面石膏板（图 3.25）可用于相对湿度大于 75% 的浴室厕所、盥洗室等潮湿环境下的吊顶和隔墙，如表面再做防水处理，效果更好。

③防火纸面石膏板：防火纸面石膏板（图 3.26）主要用于对防火要求较高的房屋建筑中。防火纸面石膏板可与石膏龙骨或轻钢龙骨共同组成隔墙，这类墙体可大幅度减少建筑物自重，增加建筑的使用面积，提高建筑物中房间布局的灵活性，提高抗震性，缩短施工周期等。

④吸声纸面石膏板：纸面石膏板本身并不具有良好的吸声性能，但石膏板穿孔后，石膏板上的小孔与石膏板自身及原建筑结构的面层形成了共振腔体，声音与穿孔石膏板发生作用后，圆孔处的空气柱产生强烈的共振，空气分子与石膏板孔壁剧烈摩擦，从而大量地消耗声音能量，进行吸声。穿孔纸面石膏板（图 3.27）吸声对声音频率具有一定选择性，吸声频率特性曲线呈山峰形，当声音频率与共振频率接近时，吸声系数大；当声音频率远离共振频率时，吸声系数小。纸面穿孔石膏板的规格有 1 220 mm × 2 440 mm × 9 mm 或 1 220 mm × 2 440 mm × 12 mm，穿孔率可定做。

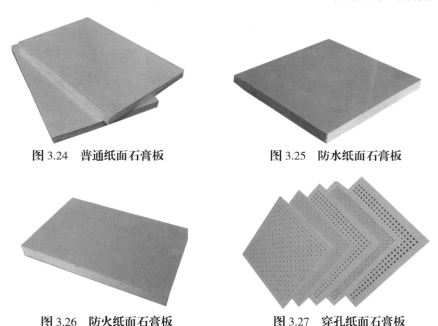

图 3.24　普通纸面石膏板　　　　　　图 3.25　防水纸面石膏板

图 3.26　防火纸面石膏板　　　　　　图 3.27　穿孔纸面石膏板

（2）装饰石膏板

装饰石膏板是以建筑石膏为主要原料，掺入适量纤维增强材料和外加剂，与水一起搅拌成均匀的料浆，经浇筑成型、干燥而制成的不带护面纸的建筑装饰板材。板面可制成平面型，也可制成浮雕图案，以及带有小空洞的装饰石膏板（图 3.28）。装饰石膏板为正方形，其棱边形式有直角形、倒角形。其规格主要有 500 mm × 500 mm × 9 mm 和 600 mm × 600 mm × 11 mm 两种。

（3）纤维石膏板

纤维石膏板（图 3.29）是以石膏为主要原料，以玻璃纤维或纸筋等为增强材料，经过铺浆、脱水、成型、烘干等加工而成。一般用于非承重内隔墙、天棚吊顶、内墙贴面等。

（4）石膏空心板

石膏空心板（图 3.30）是以石膏为主要原料，加入少量增强纤维，并以水泥、石灰、粉煤灰等

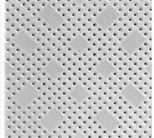

图 3.28　装饰石膏板

图 3.29　纤维石膏板　　　　图 3.30　石膏空心板　　　　图 3.31　纸面板材

为辅助材料，经浇筑成型、脱水烘干制成。适用于高层建筑、框架轻板建筑及其他各类建筑的非承重内隔墙。

2）纸面板材

纸面板材（图 3.31）是以洁净的稻草为基材，配以脲醛树脂胶料和纸板而制得的制品。这种板材有较高强度和刚度，表观密度小，隔热保温性能好、隔声好、抗震好。在工程中用于各类建筑物的内隔墙、外墙内填充墙、顶棚等。

3.3.2　外墙板材

1）玻璃纤维增强水泥（GRC）轻质多孔隔墙条板

该条板是以低碱水泥为胶结料，耐碱玻璃纤维或其网格布为增强材料，膨胀珍珠岩为轻骨料（也可用炉渣、粉煤灰等），并配以发泡剂和防水剂等，经配料、搅拌、浇筑、振动成型、脱水、养护而成（图 3.32）。

该板具有质量轻，强度高，防火性好，防水、防潮性好，抗震性好，干缩变形小，制作简便，安装快捷等特点。可用于一般的工业和民用建筑物的内隔墙。

2）纤维增强低碱度水泥建筑平板

该建筑平板是以温石棉、抗碱玻璃纤维等为增强材料，以低碱水泥为胶结材料，加水混合成浆，经制坯、压制、蒸养而成的薄型平板（图 3.33）。按石棉掺入量分为掺石棉纤维增强低碱度水泥建筑平板（代

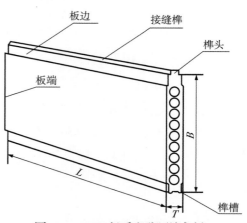

图 3.32　GRC 轻质多孔隔墙条板

号为 TK）与无石棉纤维增强低碱度水泥建筑平板（代号为 NTK）。

平板质量轻，强度高，防潮，防火，不易变形，可加工性好，适用于各类建筑物室内的非承重内隔墙和吊顶平板等。

3）SP 预应力空心墙板

SP 预应力空心墙板是以高强度的预应力钢绞线用先张法制成的预应力混凝土墙板。可用于承重或非承重的内外墙板、楼板、屋面板、阳台板和雨棚等（图 3.34）。

4）蒸压加气混凝土板

蒸压加气混凝土板以粉煤灰、砂与石灰、水泥、石膏等加入少量的发泡剂、外加剂和水，经搅拌后浇筑在预先制好的钢筋网的模具中，经成型、切割、蒸压养护而成（图 3.35）。一般用于工业和民用建筑物的内、外墙和屋面。

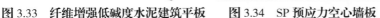

图 3.33 纤维增强低碱度水泥建筑平板   图 3.34 SP 预应力空心墙板   图 3.35 蒸压加气混凝土板

3.3.3 复合墙板

轻型复合板是以绝热材料为芯材，以金属材料、非金属材料为面材，经不同方式复合而成，可分为工厂预制和现场复合两种。

1）塑网夹芯板

塑网夹芯板是由镀锌钢丝形成骨架，中间填以阻燃的泡沫聚苯乙烯组成的一种复合墙体材料，以芯材不同分为聚苯乙烯泡沫板、岩板、矿渣板、膨胀珍珠岩板，面层都以水泥砂浆抹面（图 3.36）。主要用于宾馆、办公楼的内隔墙。

2）轻质隔热夹芯板

轻质隔热夹芯板由内、外两层材料黏结而成。外层是高强度材料，内层是阻燃材料（图 3.37）。隔热保温性能好，可用于工业和民用建筑物的内外墙板、屋面板、楼板。

图 3.36 塑网夹芯板   图 3.37 轻质隔热夹芯板

3.4 屋面材料

常用的屋面材料为多种瓦材和板材，其组成、主要特性及应用见表 3.11。

表 3.11 常用屋面材料主要组成、特性及应用

品 种		主要组成材料	主要特性	主要应用	图 例
水泥类	混凝土瓦	水泥、砂或无机硬质细骨料	成本低、耐久性好，但质量大	民用建筑波形屋面防水	
	纤维增强水泥瓦	水泥、增强纤维	防水、防潮、防腐、绝缘	厂房、库房、堆货棚、凉棚	
	钢丝网水泥大波瓦	水泥、砂、钢丝网	尺寸和质量大	工厂散热车间、仓库、临时性围护结构	
高分子复合类瓦材	玻璃钢波形瓦	不饱和聚酯树脂、玻璃纤维	轻质、高强、耐冲击、耐热、耐蚀、透光率高、制作简单	遮阳、车站站台、售货亭、凉棚等屋面	
	塑料瓦楞板	聚氯乙烯树脂、配合剂	轻质、高强、防水、耐蚀、透光率高、色彩鲜艳	凉棚、遮阳板、简易建筑屋面	
	木质纤维波形瓦	木纤维、酚醛树脂防水剂	防水、耐热、耐寒	活动房屋、轻结构房屋屋面、车间、仓库、临时设施等屋面	
	玻璃纤维沥青瓦	玻璃纤维薄毡、改性沥青	轻质、黏结性强、抗风化、施工方便	民用建筑波形屋面	
轻型复合板材	EPS 轻型板	彩色涂层钢板、自熄聚苯乙烯、热固化胶	集承重、保温、隔热、防水为一体，且施工方便	体育馆、展览厅、冷库等大跨度屋面结构	
	硬质聚氨酯夹芯板	镀锌彩色压型钢板、硬质聚氨酯泡沫塑料	集承重、保温、防水为一体，且耐候性极强	大型工业厂房、仓库、公共设施大跨度屋面结构和高层建筑屋面结构	

3.4.1 烧结类瓦材

1）黏土瓦

黏土瓦是以黏土为主要原料，加适量水搅拌均匀后，经模压成型或挤出成型，再经干燥、焙烧而成。制瓦的黏土应杂质含量少、塑性好。

黏土瓦按颜色分为红瓦和青瓦两种（图3.38）。按用途分为平瓦和脊瓦两种，平瓦用于屋面，脊瓦用于屋脊（图3.39）。

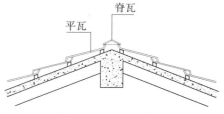

图3.38 红瓦和青瓦　　　　　　　　　　图3.39 平瓦和脊瓦

黏土瓦的规格尺寸有Ⅰ，Ⅱ和Ⅲ三个型号，分别为 400 mm×240 mm，380 mm×225 mm 和 360 mm×220 mm。黏土瓦按尺寸偏差、外观质量和物理、力学性能分优等品、一等品和合格品三个产品等级。单片平瓦最小抗折荷载不得小于 680 N，覆盖 1 m² 屋面的瓦吸水后质量不得超过 55 kg，抗冻性要求经 15 次冻融循环后无分层、开裂和剥落等损伤，抗渗性要求不得出现水滴。脊瓦分为一等品

图3.40 瓦屋顶　　　　　　　　　　　图3.41 瓦片墙

图3.42 黏土瓦在园林景观中的应用

和合格品两个产品等级，脊瓦的规格尺寸要求长度大于或等于300 mm，宽度大于或等于180 mm。单片脊瓦最小抗折荷重不得低于680 N，抗冻性等要求与平瓦相同。

王澍[1]曾经说过"瓦在我眼中它并不仅仅是种建筑材料，它代表了一种境界，也代表了我的建筑观"。在他的作品中国美术学院象山校区中，黏土瓦被运用得淋漓尽致。层叠的瓦檐、波浪般的瓦顶（图3.40）和沉淀历史的瓦片墙，呈现出瓦温润而朴实、内敛而淡然的气质。瓦与砖、石在墙面重新聚合、斑驳错落，构成一道独特的风景（图3.41）。

黏土瓦除了应用于建筑以外，还被赋予新的装饰意义而用于现代园林景观中。如花盆、铺地、灯、景墙等（图3.42）。

2）琉璃瓦

琉璃瓦是由陶土或瓷土制坯，经干燥、上釉后焙烧而成。这种瓦表面光滑、质地坚密、色彩艳丽，常用的有黄、绿、黑、蓝、青、紫、翡翠等颜色。其造型多样，主要有板瓦、筒瓦、滴水、勾头等，有时还制成飞禽、走兽、龙飞凤舞等形象作为檐头和屋脊的装饰，是一种富有中国传统民族特色的屋面防水与装饰材料。

琉璃瓦耐久性好，但成本高，一般只在古建筑修复、纪念性建筑及园林建筑中的亭、台、楼、阁上使用（图3.43）。

图3.43　琉璃瓦

3.4.2　水泥类屋面瓦材

1）混凝土瓦

混凝土瓦的标准尺寸有400 mm×240 mm和385 mm×235 mm两种。单片瓦的抗折荷载不得低于600 N，抗渗性、抗冻性应符合要求。

混凝土瓦耐久性好、成本低，但自重大于黏土瓦。在配料中可加入耐碱颜料，制成彩色混凝土瓦（图3.44）。

2）纤维增强水泥瓦

纤维增强水泥瓦是以增强纤维和水泥为主要原料，经配料、打浆、成型、养护而成（图3.45）。主要有石棉水泥瓦，分大波、中波、小波三种类型。该瓦具有防水、防潮、防腐、绝缘等性能。石棉瓦主要用于工业建筑，如厂房、库房、堆货棚、凉棚等，因饰面纤维可能带有致癌物，所以已开始使用其他增强材料。

---

[1] 王澍，建筑师、艺术家，普利兹克建筑奖首位中国籍获奖得主。

图3.44 混凝土瓦　　图3.45 纤维增强水泥瓦　　图3.46 低碳钢丝网

3）钢丝网水泥大波瓦

　　钢丝网水泥大波瓦是用普通水泥和砂加水拌和后浇模，中间放置一层冷拔低碳钢丝网（图3.46），成型后再经养护而成的大波波形瓦。这种瓦的尺寸为1700 mm×830 mm×14 mm，块重较大（50±5 kg/块），适宜用作工厂车间、仓库、临时性建筑的屋面或中式围墙顶，有时也可用作这些建筑的围护结构。

3.4.3　高分子类复合瓦材

1）聚氯乙烯波纹瓦

　　聚氯乙烯波纹瓦又称塑料瓦楞板（图3.47），它是以聚氯乙烯树脂为主体，加入其他配合剂，经塑化、压延、压波而制成的波形瓦，其规格尺寸为2 100 mm×（1 100～1 300）mm×（1.5～2）mm。这种瓦质轻、防水、耐腐、透光、有色泽，常用作车棚、凉棚、果棚等简易建筑的屋面，另外也可用作遮阳板。

2）玻璃钢波形瓦

　　玻璃钢波形瓦也称纤维增强塑料波形瓦（图3.48），是用不饱和聚酯树脂和玻璃纤维为原料，经手工糊制而成的波形瓦，其尺寸为：长1 800～3 000 mm，宽700～800 mm，厚0.5～1.5 mm。这种波形瓦质量轻、强度大、耐冲击、耐高温、透光、有色泽，适用于建筑遮阳板及车站月台、凉棚等的屋面（图3.49）。

图3.47 聚氯乙烯波纹瓦　　图3.48 玻璃钢波形瓦　　图3.49 玻璃钢波形瓦的应用

3.4.4　轻型复合屋面板材

1）可发性聚苯乙烯

　　可发性聚苯乙烯（EPS）通称聚苯乙烯和苯乙烯系共聚物，是一种树脂与物理性发泡剂和其他添加剂的混合物。可发性PS可被加工成低密度（0.7～10.0 ib/ft³）的泡沫塑料制品。最常见的可发性聚苯乙烯是含有作为发泡剂的戊烷的透明PS粒料。由可发性聚苯乙烯制出泡沫塑料制品有几个专门步骤，这也是许多塑料树脂（包括可成型泡沫的聚烯烃及其共聚物）的一种特性。可发性PS可用来制造 EPS 保温板，用于屋顶保温与护面（图 3.50）。

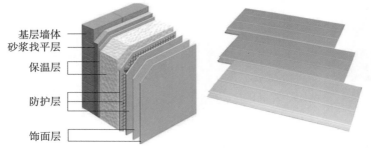

基层墙体
砂浆找平层
保温层
防护层
饰面层

图 3.50　EPS 保温板

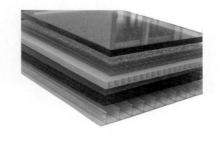

图 3.51　PC 阳光板

2）阳光板

PC 阳光板，又称聚碳酸酯中空板、玻璃卡普隆板、PC 单层或多层中空板。聚碳酸酯板（图 3.51），是以高性能的工程塑料——聚碳酸酯（PC）树脂加工而成，具有透明度高、质轻、抗冲击、隔音、隔热、难燃、抗老化等特点，但不耐酸、不耐碱，是一种高科技、综合性能极其卓越、节能环保的塑料板材。

PC 阳光板是目前国际上普遍采用的塑料建筑材料，具有其他建筑装饰材料（如玻璃、有机玻璃等）无法比拟的优点，有"不碎玻璃"之称。广泛应用于温室、工业厂房、装潢、广告招牌、停车棚、通道采光雨棚、商厦采光天幕、展览采光、游泳池、仓库采光顶、体育场馆的采光天棚和遮阳雨棚、农业温室、养殖业和花卉大棚、电话亭、书报亭、车站等公用设施、高速公路隔音、广告装饰领域，（图 3.52）。

图 3.52　PC 阳光板的应用

思考与练习

1. 简述烧结普通砖的定义及分类。

2. 简述烧结普通砖的优点及主要应用。

3. 简述非烧结砖的定义及种类。

4. 简述蒸压加气混凝土砌块的定义及主要应用。

5. 简述板材的分类及应用。

6. 简述水泥类屋面瓦材的分类及应用。

7. 简述阳光板的优点及应用。

4 胶凝材料与混凝土材料

本章导读 胶凝材料在建筑、景观工程中的应用广泛，根据其化学成分的不同，可分为无机胶凝材料和有机胶凝材料。常见的无机胶凝材料有石灰、石膏、水泥等；有机胶凝材料有沥青、橡胶、树脂等。本章介绍了常见胶凝材料的基本特性及其工程应用。图文并茂，易于理解。

胶凝材料又称胶结料。在物理、化学作用下，能从浆体变成固体，并能胶结其他物料，制成有一定机械强度的复合固体物质。胶凝材料的发展有着悠久的历史，人们使用最早的胶凝材料——黏土来抹砌简易的建筑物。接着出现的水泥等建筑材料都与胶凝材料有着很大的关系，而且胶凝材料具有一些优异的性能，在日常生活中应用较为广泛。随着科学的发展，胶凝材料及其制品必将在材料应用领域大放异彩。

根据化学组成的不同，胶凝材料可分为无机胶凝材料与有机胶凝材料两大类，见表4.1。石灰、石膏、水泥等工地上俗称为"灰"的建筑材料属于无机胶凝材料；而沥青、橡胶、天然或合成树脂等属于有机胶凝材料。

表 4.1 常用胶凝材料

名　称	分　类	定　义	内　容
胶凝材料	无机胶凝材料	气硬性胶凝材料——只能在空气中硬化，也只能在空气中保持和发展其强度的胶凝材料	石灰、石膏、水玻璃等
		水硬性胶凝材料——和水成浆后，既能在空气中硬化，又能在水中硬化，保持和继续发展其强度的胶凝材料	硅酸盐水泥、铝酸盐水泥、其他水泥
	有机胶凝材料	有机胶凝材料——以天然或人工合成高分子化合物为基本组成的一类胶凝材料	沥青类、橡胶类、天然或合成树脂类等

无机胶凝材料按其硬化条件的不同又可分为气硬性和水硬性两类。气硬性胶凝材料：只能在空气中硬化，也只能在空气中保持和发展其强度的称气硬性胶凝材料，如石灰、石膏和水玻璃等。气硬性胶凝材料一般只适用于干燥环境中，而不宜用于潮湿环境，更不可用于水中。例如，块状石灰放置太久，会吸收空气中的水分而自动熟化成消石灰粉，再与空气中的二氧化碳作用还原为碳酸钙，

失去胶结能力，因此不能用于潮湿环境。水硬性胶凝材料：和水成浆后，既能在空气中硬化，又能在水中硬化、保持和继续发展其强度的称水硬性胶凝材料。这类材料通称为水泥，如硅酸盐水泥、铝酸盐水泥、硫铝酸盐水泥等。

4.1 气硬性胶凝材料

4.1.1 石 灰

石灰是一种以氧化钙为主要成分的气硬性无机胶凝材料。石灰是用石灰石、白云石、白垩、贝壳等碳酸钙含量高的原料，经 900～1 100 ℃ 煅烧而成，又称生石灰。生石灰呈白色或灰色块状，生石灰粉是由块状生石灰磨细而得到的细粉，其主要成分是 CaO（图 4.1）；消石灰粉是块状生石灰用适量水熟化而得到的粉末，又称熟石灰，其主要成分是 $Ca(OH)_2$；石灰膏是块状生石灰用较多的水（为生石灰体积的 3～4 倍）熟化而得到的膏状物，也称石灰浆，其主要成分也是 $Ca(OH)_2$。

图 4.1 生石灰

石灰是一种古老的建筑材料，也是人类最早应用的胶凝材料，其原料分布很广，生产工艺简单，成本低廉，使用方便，因此，石灰被广泛应用于建筑工程中，也是建筑材料工业中重要的原材料。如石灰乳涂料可用于要求不高的室内粉刷或树木刷白防虫（图 4.2），石灰砂浆或水泥石灰混合砂浆可用于抹灰和砌筑（图 4.3），碳化石灰板适合做非承重的内隔墙板和顶棚（图 4.4）等。

图 4.2 树木刷白防虫

图 4.3 水泥石灰混合砂浆抹灰

图 4.4 碳化石灰板内墙隔板

1）石灰的生产

石灰岩受热分解：

$$CaCO_3 \xrightarrow{900 \sim 1\,200\ ℃} CaO+CO_2-178\ kJ/mol$$

（1）欠火石灰

在煅烧过程中，由于石灰石原料的尺寸大、煅烧时窑中温度分布不匀或煅烧时间不足等原因，使得 $CaCO_3$ 不能完全分解，将会生成"欠火石灰"。其含有较多的碳酸钙，表观密度大，氧化钙含量低，使用时缺乏黏结力，降低了质量等级和石灰的利用率（图 4.5）。

（2）过火石灰

煅烧温度过高，时间过长，原料中的 SiO_2 与 Al_2O_3 杂质发生熔结，生成褐色的玻璃质物质，包围在石灰块的表面，质地密实，延缓石灰熟化（图 4.6）。

图 4.5　欠火石灰　　　　　　　　　图 4.6　过火石灰

（3）外观鉴别

欠火石灰块断面的中部颜色深于边缘，中部硬于边缘，比新鲜烧透的灰块重，投入盐内发生沸腾作用，并排出碳酸气；过火石灰块呈玻璃状结晶，质硬难化，色泽为暗淡灰黑色。

2）石灰的熟化（消解、淋灰）

生石灰（CaO）与水反应生成氢氧化钙，这个过程称为石灰的"消化"，又称"熟化"。反应生成的产物氢氧化钙，又称为熟石灰或消石灰。

$$CaO+H_2O \longrightarrow Ca（OH）_2+64.8\ kJ/mol$$

石灰熟化时放出大量的热，体积增大。煅烧良好、氧化钙含量高的石灰熟化较快，放热量和体积增大也较多，体积膨胀一般为 3 ~ 3.5 倍；含有杂质或煅烧不良的石灰熟化较慢，体积增大 1.5 ~ 2 倍。石灰中 CaO 纯度不同，熟化快慢不同，见表 4.2。根据石灰的熟化速度，可将石灰分为快熟石灰、中熟石灰和慢熟石灰，见表 4.3。

根据加水量的不同，石灰可熟化成消石灰粉或石灰膏。石灰熟化的理论需水量为石灰质量的 32%。若在生石灰中均匀加入 60% ~ 80% 的水，可得到颗粒细小、分散均匀的消石灰粉。若用过量

表 4.2　石灰的熟化速度比较

石灰成分	CaO 含量较高	CaO 比 MgO 含量高	过火或欠火石灰	杂质含量较高
熟化速度	较快	快	慢	慢

表 4.3　石灰的熟化速度分类表

石灰分类	快熟石灰	中熟石灰	慢熟石灰
熟化时间 /min	10 min 以内	10 ~ 30	30 以上

的水熟化，将得到具有一定稠度的石灰膏。石灰中一般都含有过火石灰，过火石灰熟化慢。若在石灰浆体硬化后再发生熟化，会因熟化产生的膨胀而引起隆起和开裂，这种现象称为崩裂或鼓泡（图4.7）。为了消除过火石灰的这种危害，石灰在熟化后，还应在坑中保存两个星期以上，为了防止石灰碳化，应在其表面保留一层水，这一保护措施称为陈伏。

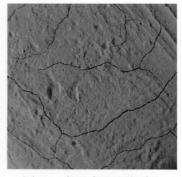

图 4.7　熟化产生膨胀裂纹

3）石灰的硬化

石灰浆体在空气中会逐渐硬化，石灰浆体的硬化包括干燥结晶和碳化两个同时进行的过程。

（1）结晶

石灰浆在干燥环境中，多余的游离水逐渐蒸发，使颗粒聚结在一起，同时生石灰浆体的内部形成大量的毛细孔隙，使石灰颗粒更加紧密而获得强度。这种强度类似于黏土失水而获得的强度，其值不大，遇水会丧失。另外，当水分蒸发时，液体中氢氧化钙达到一定程度的过饱和，从而会产生氢氧化钙的析晶过程，加强了石灰浆中原来的氢氧化钙颗粒之间的结合。

（2）碳化

在大气环境中，氢氧化钙在潮湿状态下会与空气中的二氧化碳反应生成碳酸钙，并释放出水分，即发生碳化。碳化所生成的碳酸钙晶体相互交叉连生或与氢氧化钙共生，形成紧密交织的结晶网，使硬化石灰浆体的强度进一步提高。但是，由于空气中的二氧化碳含量很低，表面形成的碳酸钙层结构较致密，会阻碍二氧化碳的进一步渗入，因此，碳化过程是十分缓慢的。

$$Ca(OH)_2 + CO_2 + nH_2O \Longrightarrow CaCO_3 + (n+1)H_2O$$

碳酸钙的固相体积比氢氧化钙的固相体积稍微增大一些，使石灰浆体的结构更加致密，因此碳化也是石灰硬化的原因之一。

石灰浆在凝结硬化过程中收缩极大且发生开裂，因此，石灰浆不能单独使用，而必须掺入一些骨料，最常用的是砂。石灰砂浆中的砂就像是砂浆中的骨架，它可减少和防止开裂。掺砂可节省石灰用量，降低成本。此外，砂可使砂浆形成较多的孔隙，以利于石灰浆内部水分的排除和二氧化碳的吸收。

4）石灰的主要技术性质

国家建材行业将建筑生石灰、建筑生石灰粉和建筑消石灰粉分为优等品、一等品和合格品三个等级。对于优质石灰有如下要求：

（1）可塑性好

生石灰熟化为石灰浆时，能自动形成颗粒极微细的呈胶体分散状态的氢氧化钙，表面吸附一层厚的水膜。因此，用石灰调成的石灰砂浆，其突出优点是具有良好的可塑性，若在水泥砂浆中掺入石灰膏，可使砂浆的可塑性显著提高。

（2）生石灰吸湿性强，保水性好，可做干燥剂

块状生石灰在放置过程中，会缓慢吸收空气中的水分而自动熟化成消石灰粉，再与空气中的二氧化碳作用生成碳酸钙，失去胶结能力。因此，在储存生石灰时，不但要防止受潮，而且不宜储存过久。

（3）凝结硬化慢，强度低

从石灰浆体的硬化过程可知，由于空气中二氧化碳稀薄，碳化甚为缓慢，而且表面碳化后，形

成的紧密外壳不利于碳化作用进一步深入和内部水分的蒸发。因此，石灰是一种硬化缓慢的胶凝材料。1∶3石灰砂浆28 d的抗压强度为0.2 ~ 0.5 MPa，硬化后的强度不高。受潮后石灰中的氧化钙及氢氧化钙会溶解，强度更低，在水中会溃散。因此，石灰不宜在潮湿的环境中使用，也不宜单独用于建筑物的基础。

（4）体积收缩大

石灰在硬化过程中，由于大量的游离水蒸发，从而引起显著的体积收缩。因此，除调成石灰乳做薄层涂刷外，石灰不宜单独使用。工程中常在其中掺入骨料和各种纤维材料，以减少石灰硬化时的体积收缩。

5）石灰的保管及应用

（1）保管应注意的问题

保管应注意的问题如下：①防潮，防雨；②不应与易燃、易爆物共存；③保管期不宜超过一个月。

（2）石灰的应用

①石灰乳涂料：石灰加大量的水所得的稀浆，即为石灰乳。主要用于要求不高的室内粉刷（图4.8）。

②砂浆：利用石灰膏或消石灰粉可配制成石灰砂浆或水泥石灰混合砂浆，用于抹灰和砌筑（图4.9）。

③灰土和三合土：消石灰粉与黏土拌和后称为灰土，再加砂或石屑、炉渣等即成三合土。灰土和三合土广泛用于建筑物的基础和道路的垫层（图4.10）。

④硅酸盐混凝土及其制品：常用的硅酸盐混凝土制品有经过蒸汽养护和压蒸养护的各种粉煤灰砖、灰砂砖、砌块及加气混凝土等（图4.11）。此外，还有常见的人造石材，以石灰与硅质材料（如石英砂、粉煤灰、矿渣等）为主要原料，经磨细、配料、拌和、成型、养护（蒸汽养护或压蒸养护）等工序得到的人造石材。

⑤碳化石灰板：将磨细生石灰、纤维状填料（如玻璃纤维）或轻质骨料加水搅拌成型为坯体，然后再通入二氧化碳进行人工碳化（一般为12 ~ 24 h）而成的一种轻质板材。

图4.8 石灰乳涂料粉刷墙面

图4.9 水泥石灰砂浆抹灰

图4.10 三合土道路垫层

图4.11 粉煤灰砖

4.1.2 石 膏

石膏是以硫酸钙为主要成分的矿物,当石膏中含有的结晶水不同时,可形成多种性能不同的石膏。

1)石膏的原料、分类及生产

根据石膏中含有结晶水的多少可分为无水石膏（$CaSO_4$）、天然石膏（$CaSO_4 \cdot 2H_2O$）、建筑石膏（$CaSO_4 \cdot \frac{1}{2}H_2O$）（图 4.12）。

①无水石膏（$CaSO_4$），也称硬石膏,它结晶紧密,质地较硬,是生产硬石膏水泥的原料。

②天然石膏（$CaSO_4 \cdot 2H_2O$），也称生石膏或二水石膏,大部分自然石膏矿为生石膏,是生产建筑石膏的主要原料。

③建筑石膏（$CaSO_4 \cdot \frac{1}{2}H_2O$），也称熟石膏或半水石膏。它是由生石膏加工而成的。建筑石膏通常是由天然石膏经压蒸或煅烧加热而成。常压下煅烧加热到 107 ~ 170 ℃。当加热温度超过 170 ℃时,可生成无水石膏,只要温度不超过 200 ℃,此无水石膏就具有良好的凝结硬化性能。

图 4.12　无水石膏、天然石膏和建筑石膏

2)石膏凝结与硬化

建筑石膏与适量水拌和后,能形成可塑性良好的浆体,随着石膏与水的反应,浆体的可塑性很快消失而发生凝结,此后进一步产生和发展强度而硬化。

3)石膏技术性质

①凝结速度快,建筑石膏的初凝时间一般只有 6 ~ 30 min。

②凝结时体积变化甚微,易浇注成型。

③强度较低、容重小、质量轻。

④吸湿性强、吸声性好、耐水性差。

⑤成品易发生塑性变形,不能用作承重结构。

⑥颜色洁白、质地细腻,加入颜料可调配成各种彩色膏浆,有良好的装饰效果。

4)石膏制品特性

①质量轻,有利于建筑物减轻自重和建筑物抗震。

②保温和隔声性能好。

③耐水性和抗冻性差。

④硬化时体积微膨胀。石灰和水泥等胶凝材料硬化时往往会收缩,而建筑石膏却略有膨胀（膨胀率约为 1%）,这能使石膏制品表面光滑饱满,棱角清晰,干燥时不开裂。

⑤硬化后孔隙率较大，表观密度和强度较低。

⑥防火性能好。遇火时，石膏硬化后的主要成分二水石膏中的结晶水蒸发并吸收热量，制品表面形成蒸汽幕，能有效阻止火的蔓延。

⑦制品有呼吸作用，能调节室内温度和湿度。

⑧加工性能好。石膏制品可锯、可刨、可钉、可打眼。

5）石膏的运用

石膏由于其具有优良的特性，在建筑装饰、景观中被广泛运用（图4.13）。

①建筑石膏粉系列产品，用于墙面粉刷、满批石膏、嵌缝石膏、黏结石膏等。

②建筑装饰石膏制品，石膏条、石膏板、石膏砌块等。

③制作装饰雕塑和模型等。

图4.13　石膏的运用

4.1.3　水玻璃

水玻璃俗称泡花碱，是一种水溶性硅酸盐，其水溶液俗称水玻璃，是一种矿物黏合剂，为无色、青绿色或棕色黏稠液体，冷却后即成固态水玻璃（图4.14）。水玻璃易溶于水，溶于稀氢氧化钠溶液，不溶于乙醇和酸。黏结力强，强度较高，耐酸性、耐热性好，耐碱性和耐水性差。

图4.14　液态和固态水玻璃

1）水玻璃的构成与硬化

水玻璃化学式为 $R_2O \cdot nSiO_2$，式中 R_2O 为碱金属氧化物，n 为二氧化硅与碱金属氧化物摩尔数的比值，称为水玻璃的摩数。建筑上常用的水玻璃是硅酸钠（$Na_2O \cdot nSiO_2$）的水溶液。

液体水玻璃在空气中吸收二氧化碳，形成无定形硅酸凝胶，并逐渐干燥而硬化。变质原理：

$$Na_2SiO_3 + CO_2 + H_2O \Longrightarrow H_2SiO_3 \downarrow + Na_2CO_3。$$

2）水玻璃的应用

水玻璃的用途非常广泛。在化工系统被用来制造各种硅酸盐类产品，是硅化合物的基本原料。在经济发达国家，以硅酸钠为原料的深加工产品已发展到 50 余种，有些已应用于高、精、尖科技领域；在建筑行业中用于制造快干水泥、耐酸水泥防水油、土壤固化剂、耐火材料等；另外用作耐高温材料、金属防腐剂、水软化剂、洗涤剂助剂、耐火材料和陶瓷原料、食品防腐以及制胶黏剂等。新型水玻璃被称为符合可持续发展的绿色环保型铸造黏结剂。

（1）提高抗风化能力

水玻璃溶液涂刷或浸渍材料后，能渗入缝隙和孔隙中，固化的硅凝胶能堵塞毛细孔通道，提高材料的密度和强度，从而提高抗风化能力。但水玻璃不得用来涂刷或浸渍石膏制品。因为水玻璃与石膏反应生成硫酸钠（Na_2SO_4），在制品孔隙内结晶膨胀，导致石膏制品开裂破坏。

（2）作为灌浆材料加固地基

将水玻璃与氯化钙溶液交替注入土壤中，两种溶液迅速反应生成硅胶和硅酸钙凝胶，起到胶结和填充孔隙的作用，使土壤的强度和承载能力提高。常用于粉土、砂土和填土的地基加固，称为双液注浆。

（3）配制速凝防水剂

水玻璃可与多种矾配制成速凝防水剂，用于堵漏、填缝等局部抢修。这种多矾防水剂的凝结速度很快，一般只要几分钟，其中四矾防水剂不超过 1 min，故工地上使用时必须做到即配即用。多矾防水剂常用胆矾（硫酸铜）、红矾（重铬酸钾 $K_2Cr_2O_7$）、明矾（也称白矾，硫酸铝钾）、紫矾四种矾。

（4）配制耐酸胶凝

耐酸胶凝是用水玻璃和耐酸粉料（常用石英粉）配制而成。与耐酸砂浆和混凝土一样，主要用于有耐酸要求的工程。如硫酸池等。

（5）配制耐热砂浆

水玻璃胶凝主要用于耐火材料的砌筑和修补。水玻璃耐热砂浆和混凝土主要用于高炉基础和其他有耐热要求的结构部位。

（6）防腐工程应用

改性水玻璃耐酸泥是耐酸腐蚀的重要材料，主要特性是耐酸、耐温、密实抗渗、价格低廉、使用方便。可拌和成耐酸胶泥、耐酸砂浆和耐酸混凝土，适用于化工、冶金、电力、煤炭、纺织等部门各种结构的防腐蚀工程，是防酸建筑结构贮酸池、耐酸地坪，以及耐酸表面砌筑的理想材料。

4.2 水硬性胶凝材料

水硬性胶凝材料统称水泥，指加水拌和成塑性浆后，能胶结砂、石等材料并能在空气和水中硬化的粉状胶凝材料。常用来制备混凝土、砂浆及水泥制品。

水泥的历史最早可追溯到 5 000 年前的中国秦安大地湾人，他们铺设了类似现代水泥的地面（图 4.15）。后来古罗马人在建筑中使用的石灰与火山灰的混合物，这种混合物与现代的石灰火山灰水泥很相似，用它胶结碎石制成的混凝土，硬化后不但强度较高，而且还能抵抗淡水或含盐水的侵蚀（以卡拉卡拉浴场为例，见图 4.16）。长期以来，水泥作为一种重要的胶凝材料，广泛应用于土木建筑、水利、国防等工程。

图 4.15　中国秦安大地湾遗址

图 4.16　古罗马卡拉卡拉浴场遗址

4.2.1　水泥的原料、分类及生产

1）原料

生产硅酸盐水泥的原料主要是石灰质原料（如石灰石、白垩等）和黏土质原料（如黏土、黄土和页岩等）两大类，一般常配以辅助原料（如铁矿石、砂岩等）（图 4.17）。

2）分类

水泥的分类见表 4.4。

（1）按其矿物组成分类

按矿物组成可分为硅酸盐水泥、铝酸盐水泥、硫铝酸盐水泥、氟铝酸盐水泥、铁铝酸盐水泥及少熟料或无熟料水泥等。

（2）按其用途和性能分类

①通用水泥：一般土木建筑工程通常采用的水泥。通用水泥主要是指《通用硅酸盐水泥》

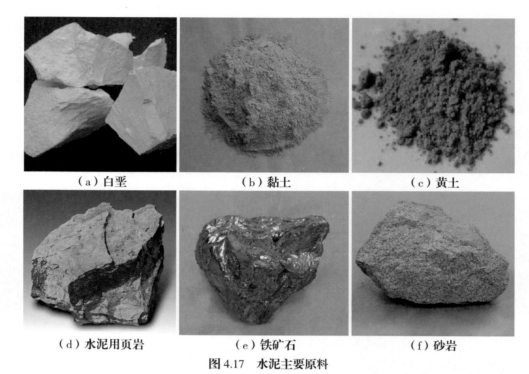

图 4.17　水泥主要原料

表 4.4　水泥的分类

水泥	按矿物组成分类		硅酸盐水泥、铝酸盐水泥、硫铝酸盐水泥、氟铝酸盐水泥、铁铝酸盐水泥及少熟料或无熟料水泥等
	按其用途和性能分类	通用水泥	硅酸盐水泥、普通硅酸盐水泥、矿渣硅酸盐水泥、火山灰质硅酸盐水泥、粉煤灰硅酸盐水泥和复合硅酸盐水泥
		专用水泥	油井水泥，道路硅酸盐水泥等
		特性水泥	低热矿渣硅酸盐水泥、快硬硅酸盐水泥、膨胀硫铝酸盐水泥、磷铝酸盐水泥、磷酸盐水泥和装饰水泥等

（GB 175—2007）规定的六大类水泥，即硅酸盐水泥、普通硅酸盐水泥、矿渣硅酸盐水泥、火山灰质硅酸盐水泥、粉煤灰硅酸盐水泥和复合硅酸盐水泥。

a. 硅酸盐水泥：由硅酸盐水泥熟料、0～5% 石灰石或粒化高炉矿渣、适量石膏磨细制成的水硬性胶凝材料，称为硅酸盐水泥，分 P.Ⅰ和 P.Ⅱ两种，即国外通称的波特兰水泥。

b. 普通硅酸盐水泥：由硅酸盐水泥熟料、6%～15% 混合材料，适量石膏磨细制成的水硬性胶凝材料，称为普通硅酸盐水泥（简称普通水泥），代号：P.O。

c. 矿渣硅酸盐水泥：由硅酸盐水泥熟料、粒化高炉矿渣和适量石膏磨细制成的水硬性胶凝材料，称为矿渣硅酸盐水泥，代号：P.S。

d. 火山灰质硅酸盐水泥：由硅酸盐水泥熟料、火山灰质混合材料和适量石膏磨细制成的水硬性胶凝材料，称为火山灰质硅酸盐水泥，代号：P.P。

e. 粉煤灰硅酸盐水泥：由硅酸盐水泥熟料、粉煤灰和适量石膏磨细制成的水硬性胶凝材料，称为粉煤灰硅酸盐水泥，代号：P.F。

f. 复合硅酸盐水泥：由硅酸盐水泥熟料、两种或两种以上规定的混合材料和适量石膏磨细制成的

水硬性胶凝材料，称为复合硅酸盐水泥（简称复合水泥），代号：P.C。

②专用水泥：专门用途的水泥。如油井水泥、道路硅酸盐水泥。

a. 油井水泥：由适当矿物组成的硅酸盐水泥熟料、适量石膏和混合材料等磨细制成的，适用于一定井温条件下，油气井固井工程用的水泥。

b. 道路硅酸盐水泥：由道路硅酸盐水泥熟料、0～10%活性混合材料和适量石膏磨细制成的水硬性胶凝材料，称为道路硅酸盐水泥，简称道路水泥。

③特性水泥：某种性能比较突出的水泥。如低热矿渣硅酸盐水泥、快硬硅酸盐水泥、膨胀硫铝酸盐水泥、磷铝酸盐水泥、磷酸盐水泥和装饰水泥等。

a. 低热矿渣硅酸盐水泥：以适当成分的硅酸盐水泥熟料，加入适量石膏磨细制成的具有低水化热作用的水硬性胶凝材料。

b. 快硬硅酸盐水泥：由硅酸盐水泥熟料加入适量石膏，磨细制成早强度高、以3天抗压强度表示标号的水泥。

c. 抗硫酸盐硅酸盐水泥：由硅酸盐水泥熟料，加入适量石膏磨细制成的抗硫酸盐腐蚀性能良好的水泥。

3）生产

（1）生产方法

硅酸盐类水泥的生产工艺在水泥生产中具有代表性，是以石灰石和黏土为主要原料，经破碎、配料、磨细制成生料，然后喂入水泥窑中煅烧成熟料，再将熟料加适量石膏（有时还掺加混合材料或外加剂）磨细而成。

水泥生产随生料制备方法的不同，可分为干法（包括半干法）与湿法（包括半湿法）两种。

①干法生产：将原料同时烘干并粉磨，或烘干后经粉磨成生料粉后送入干法窑内煅烧成熟料的方法。但也有将生料粉加入适量水制成生料球，送入立波尔窑内煅烧成熟料的方法，称为半干法，仍属干法生产的一种。

②湿法生产：将原料加水粉磨成生料浆后，送入湿法窑煅烧成熟料的方法。也有将湿法制备的生料浆脱水后，制成生料块入窑煅烧成熟料的方法，称为半湿法，仍属湿法生产的一种。

干法生产的主要优点是热耗低（如带有预热器的干法窑熟料热耗为3 140～3 768 J/kg），缺点是生料成分不易均匀，车间扬尘大，电耗较高。湿法生产具有操作简单，生料成分容易控制，产品质量好，料浆输送方便，车间扬尘少等优点，缺点是热耗高（熟料热耗通常为5 234～6 490 J/kg）。

（2）生产工序

水泥生产一般可分生料制备、熟料煅烧和水泥制成三个工序，整个生产过程可概括为"两磨一烧"（图4.18）。①将原料按一定比例配料并磨细成符合成分要求的生料；②将生料煅烧使之部分熔融形成熟料；③将熟料与适量的石膏共同磨细成为硅酸盐类水泥。水泥生产过程所用设备，如图4.19所示。

图4.18　水泥生产过程

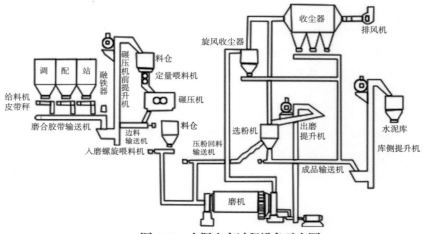

图 4.19　水泥生产过程设备示意图

4.2.2　硅酸盐水泥的水化与凝结硬化

1）水化

硅酸盐水泥遇水后，水泥中的各种矿物成分会很快发生水化反应，生成各种水化物。水泥中的石膏也很快与水化铝酸三钙反应生成难溶的水化硫铝酸钙针状结晶体，也称为钙矾石晶体。经过上述水化反应后，水泥浆中不断增加的水化产物主要有：水化硅酸钙（50%）、氢氧化钙（25%）、水化铝酸钙、水化铁酸钙及水化硫铝酸钙等新生矿物。

2）凝结与硬化

当水泥加水拌和后，在水泥颗粒表面即发生化学反应，产生的胶体水化产物聚集在颗粒表面，使化学反应减慢，并使水泥浆体具有可塑性。由于产生的胶体状水化产物不断增多并在某些点接触，构成疏松的网状结构，使水泥浆体失去流动性及可塑性，这就是水泥的凝结。此后由于生成的水化硅酸钙、氢氧化钙、水化铝酸钙和水化硫铝酸钙晶体等水化产物不断增多，它们相互接触连生，到一定程度建立起较为紧密的网状结晶结构，并在网状结构内部不断充实水化产物，使水泥具有初步的强度，此后水化产物不断增加，强度不断提高，最后形成具有较高强度的水泥石，这就是水泥的硬化（图4.20）。

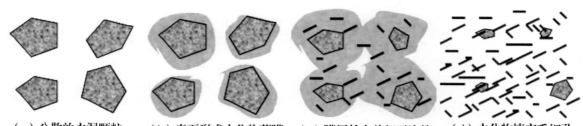

（a）分散的水泥颗粒　　（b）表面形成水化物薄膜　　（c）膜层长大并相互连接　　（d）水化物填充毛细孔

图 4.20　水泥凝结与硬化过程

4.2.3　水泥的技术指标

1）比重与容重

硅酸盐水泥的密度一般为 3.1～3.2 g/cm³，松散堆积的密度一般为 1 000～1 300 kg/m³，紧密堆

积的密度一般为 1 500 ~ 1 900 kg/m³。容重通常采用 3 100 kg/m³。

2）细度

细度是指水泥颗粒的粗细程度。水泥颗粒的粗细程度对水泥的使用有重要影响。水泥颗粒粒径一般为 7 ~ 200 μm。颗粒越细，硬化得越快，早期强度也越高。

3）标准稠度用水量

稠度是水泥浆达到一定流动程度时的需水量。国家标准规定检验水泥的凝结时间和体积安定性时须用"标准稠度"的水泥净浆。"标准稠度"是人为规定的稠度，其用水量采用水泥标准稠度测定仪测定。硅酸盐水泥的标准稠度用水量一般为 21% ~ 28%。

4）凝结时间

水泥从加水开始到失去其流动性，即从液体状态发展到较致密的固体状态的过程称为水泥的凝结过程，这个过程所需要的时间称为凝结时间。

凝结时间分初凝时间和终凝时间。初凝时间为水泥加水拌和至标准稠度的净浆完全失去可塑性所需的时间。终凝时间为水泥加水拌和至标准稠度的净浆完全失去可塑性并开始产生强度所需的时间。

国家标准规定，水泥的凝结时间是以标准稠度的水泥净浆，在规定温度及湿度环境下用水泥净浆凝结时间测定仪测定（图 4.21）。硅酸盐水泥的初凝时间不得早于 45 min，终凝时间不得迟于 6 个半小时。

5）体积安定性

水泥浆体硬化后体积变化的均匀性称为水泥的体积安定性，即水泥硬化浆体能保持一定形状，不开裂、不变形、不溃散的性质。体积安定性不良的水泥应作废品处理，不得应用于工程中，否则可能导致严重后果。安定性测定的方法为煮沸法，煮沸箱（图 4.22）。

图 4.21　水泥标准稠度及凝结时间测定仪　　**图 4.22　FZ-31A 型全不锈钢煮沸箱**

6）强度

强度是评价硅酸盐水泥质量的又一个重要指标。水泥的强度是按照《水泥胶砂强度检验方法（ISO）法》（GB/T 17961—1999）的标准方法制作的水泥胶砂试件，在（20±1）℃温度的水中，养护到规定龄期时检测的强度值。其中标准试件尺寸为 4 cm×4 cm×16 cm，胶砂中水泥与标准砂之比为 1∶3（W/C=0.5），标准试验龄期分别为 3 d 和 28 d。分别检验其抗压强度和抗折强度。

按照测定结果，将硅酸盐水泥分为 42.5，42.5R，52.5，52.5R，62.5，62.5R 六个强度等级，R 表示早强型水泥，见表 4.5。六大水泥新标准规定的水泥强度龄期均为 3，28d 两个龄期，每个龄期均有抗折与抗压强度指标要求。

普通硅酸盐水泥的强度等级分为 42.5，42.5R，52.5，52.5R 四个等级，五大通用水泥强度指标见表 4.6。

表 4.5　硅酸盐水泥的强度指标（依据 GB 175—1999）

强度等级	抗压强度 /MPa		抗折强度 /MPa	
	3 d	28 d	3 d	28 d
42.5	17.0	42.5	3.5	6.5
42.5R	22.0	42.5	4.0	6.5
52.5	23	52.5	4.0	7.0
52.5R	27	52.5	5.0	7.0
62.5	28	62.5	5.0	8.0
62.5R	32	62.5	5.5	8.0

表 4.6　五大通用水泥强度指标

品　种	强度等级	抗压强度 /MPa		抗折强度 /MPa	
		3 d	28 d	3 d	28 d
普通水泥	42.5	16	42.5	3.5	6.5
	42.5R	21	42.5	4.0	6.5
	52.5	22	52.5	4.0	7.0
	52.5R	26	52.5	5.0	7.0
矿渣水泥、火山灰水泥、粉煤灰水泥	32.5	10.0	32.5	2.5	5.5
	32.5R	15.0	32.5	3.5	5.5
	42.5	15.0	42.5	3.5	6.5
	42.5R	19.0	42.5	4.0	6.5
	52.5	21.0	52.5	4.0	7.0
	52.5R	23.0	52.5	4.5	7.0
复合水泥	32.5	11.0	32.5	2.5	5.5
	32.5R	16.0	32.5	3.5	5.5
	42.5	16.0	42.5	3.5	6.5
	42.5R	21.0	42.5	4.0	6.5
	52.5	22.0	52.5	4.0	7.0
	52.5R	26.0	52.5	5.0	7.0

7）不溶物和烧失量

不溶物是指水泥经酸和碱处理，不能被溶解的残留物。其主要成分是结晶 SiO_2，其次是 R_2O_3。烧失量是指水泥在 950 ~ 1 000 ℃高温下煅烧失去的质量百分数。

8）水化热

水泥与水作用会产生放热反应，在水泥硬化过程中，不断放出的热量称为水化热。

4.2.4　硅酸盐水泥的腐蚀及防腐方法

对于水泥耐久性有害的环境介质主要有淡水、酸和酸性水、硫酸盐溶液和碱溶液等。

在环境介质的侵蚀作用下,硬化的水泥结构会发生一系列物理化学变化,强度降低,甚至溃裂破坏。环境介质对硬化水泥浆体的侵蚀作用可分为三类,见表4.7。

表4.7　环境介质对硬化水泥浆体的侵蚀作用分类及特点

类　别	侵蚀类型	侵蚀特点	防腐措施
I	溶出性侵蚀（淡水侵蚀）	由于水的侵蚀作用,使水泥中固相组成逐渐溶解并被水带走,使水泥石结构遭受破坏	根据腐蚀环境特点,合理运用水泥品种;通过各种途径提高水泥石的密实度,防止侵蚀性介质渗入;在水泥石表面设耐蚀保护层,隔离侵蚀介质与水泥石接触
II	离子交换侵蚀(包括碳酸、有机酸及无机酸侵蚀,镁盐侵蚀等)	水泥石的组成与水介质发生了离子交换反应,其产物或者易溶解并被水所带走,或者是一些没有胶结能力的无定型物质,破坏了原有结构	
III	硫酸盐侵蚀	侵蚀性介质与水泥石互相作用并在水泥石内部气孔和毛细管内形成难溶的盐类,体积膨胀,使水泥石内部产生有害应力	

4.2.5　硅酸盐水泥的性能特点与应用

1）性能特点与应用

（1）凝结硬化快

早期及后期强度均高,适用于有早强快凝要求的工程（如冬季施工、预制、现浇等工程）,高强度混凝土工程（如预应力钢筋混凝土、大坝溢流面部位混凝土）（图4.23）。

（a）预应力钢筋混凝土　　　　　　　　（b）大坝溢流面部位混凝土

图4.23　高强度混凝土工程

（2）抗冻性好

适合水工混凝土和抗冻性要求高的工程。

（3）抗水性差

耐腐蚀性差,因水化后氢氧化钙和水化铝酸钙的含量较多。适用于一般地上工程和不受侵蚀作用的地下工程以及不受水压作用的工程和无腐蚀性水中的受压工程。

（4）水化热高

不宜用于大体积混凝土工程,有利于低温季节蓄热法施工。

（5）抗碳化性好

因水化后氢氧化钙含量较多，故水泥石的碱度不易降低，对钢筋的保护作用强。适用于空气中二氧化碳浓度高的环境。

（6）耐热性差

因水化后氢氧化钙含量高，适用于承受高温作用的混凝土工程。

（7）耐磨性好

适用于高速公路、道路和地面工程（图 4.24）。

硅酸盐水泥普遍应用于建筑装饰工程中，作为外墙、隔墙等装饰材料（图 4.25）。除了用于建筑外，还可创造成园林小品运用于景观中，增添景观的趣味性，如座椅、花盆、铺装等（图 4.26）。硅酸盐水泥景观小品与石材、木材相比具有更高的经济性，且坚固耐用。

不同品种水泥的特性及使用范围见表 4.8。

图 4.24 混凝土高速公路及道路

图 4.25 水泥在建筑装饰中的应用

图4.26　水泥在景观中的应用

表4.8　五大通用水泥的特性和使用范围

水泥品种	特　性		使用范围	
	优　点	缺　点	适用于	不适用于
普通水泥	1. 早期强度较高； 2. 凝结硬化较快； 3. 抗冻性好； 4. 硅酸盐水泥和普通水泥在相同强度等级下，前者为3～7 d的强度高3%～7%	1. 水化热较高； 2. 抗水性差； 3. 耐酸碱和硫酸盐类的化学侵蚀能力差	1. 一般地上工程和不受侵蚀性作用的地下工程及不受水压作用的工程； 2. 无腐蚀性水中的受冻工程； 3. 早期强度要求较高的工程； 4. 在低温条件下需要强度发展较快的工程，但每日平均气温在4 ℃以下或最低气温在-3 ℃以下时，应按冬季施工规定办理	1. 水利工程的水中部分； 2. 大体积混凝土工程； 3. 受化学侵蚀的工程

续表

水泥品种	特性		使用范围	
	优点	缺点	适用于	不适用于
矿渣水泥	1. 对硫酸盐类侵蚀的抵抗能力及抗水性较好； 2. 耐热性好； 3. 水化热低； 4. 在蒸汽养护中强度发展较快； 5. 在潮湿环境中后期强度增进率较大	1. 早期强度低，凝结较慢，在低湿环境中尤甚； 2. 耐冻性较差； 3. 干缩性大，有泌水现象	1. 地下、水中及海水中的工程以及经常受高水压的工程； 2. 大体积混凝土工程； 3. 蒸汽养护的工程； 4. 受热工程； 5. 代替普通硅酸盐水泥用于地上工程，但应加强养护，也可用于不常受冻融交替作用的受冻工程	1. 对早期强度要求高的工程； 2. 低温环境中施工而无保温措施的工程
火山灰水泥、粉煤灰水泥	1. 对硫酸盐类侵蚀的抵抗能力强； 2. 抗水性好； 3. 水化热较低； 4. 在湿润环境中后期强度的增进率大； 5. 在蒸汽养护中强度发展较快	1. 早期强度低，凝结较慢，在低温环境中尤甚； 2. 耐冻性差； 3. 吸水性大； 4. 干缩性较大	1. 地下、水中工程及经常受高水压的工程； 2. 受海水及含硫酸盐类溶液侵蚀的工程； 3. 大体积混凝土工程； 4. 蒸汽养护的工程； 5. 远距离运输的砂浆和混凝土	1. 气候干热地区或难以维持 20～30 d 内经常湿润的工程； 2. 早期强度要求高的工程； 3. 受冻工程
复合水泥	1. 与所掺混合材料的品种和数量有关，如矿渣掺量大，其特性接近矿渣水泥，掺火山灰配其他混合材，掺量大，其特性接近火山灰水泥，各类混合材搭配时，其特点接近普通水泥； 2. 复合水泥性能可通过混合材料相互搭配并调整掺加量予以改善		广泛应用于工业和民用建筑工程中	

2）使用注意事项

（1）忌受潮结硬

受潮结硬的水泥会降低甚至丧失原有强度，所以规范规定，出厂超过 3 个月的水泥应复查试验，按试验结果使用。对已受潮成团或结硬的水泥，须过筛后使用，筛出的团块搓细或碾细后一般用于次要工程的砌筑砂浆或抹灰砂浆。对一触或一捏即粉的水泥团块，可适当降低强度等级使用。

（2）忌暴晒速干

混凝土或抹灰如遭暴晒，随着水分的迅速蒸发，其强度会有所降低，甚至完全丧失。因此，施工前必须严格清扫并充分湿润基层；施工后应严加覆盖，并按规范规定浇水养护。

（3）忌负温受冻

混凝土或砂浆拌成后，如果受冻，其水泥不能进行水化，兼之水分结冰膨胀，则混凝土或砂浆就会遭到由表及里逐渐加深的粉酥破坏，因此，应严格遵照《建筑工程冬期施工规程》（JGJ 104—97）进行施工。

（4）忌高温酷热

凝固后的砂浆层或混凝土构件，如经常处于高温酷热条件下会有强度损失，这是由于高温条件下水泥石中的氢氧化钙会分解；另外，某些骨料在高温条件下也会分解或体积膨胀。

对于长期处于较高温度的场合，可使用耐火砖对普通砂浆或混凝土进行隔离防护。遇到更高的温度，应采用特制的耐热混凝土浇筑，也可在混凝土中掺入一定数量的磨细耐热材料。

（5）忌基层脏软

水泥能与坚硬、洁净的基层牢固地黏结或握裹在一起，但其黏结握裹强度与基层面部的光洁程度有关。在光滑的基层上施工，必须预先凿毛砸麻刷净，方能使水泥与基层牢固黏结。基层上的尘垢、油腻、酸碱等物质，都会起隔离作用，必须认真清除洗净，之后先刷一道素水泥浆，再抹砂浆或浇筑混凝土。

水泥在凝固过程中要产生收缩，且在干湿、冷热变化过程中，它与松散、软弱基层的体积变化极不适应，必然发生空鼓或出现裂缝，从而难以牢固黏结。因此，木材、炉渣垫层和灰土垫层等都不能与砂浆或混凝土牢固黏结。

（6）忌骨料不纯

作为混凝土或水泥砂浆骨料的砂石，如果有尘土、黏土或其他有机杂质，都会影响水泥与砂、石之间的黏结握裹强度，因而最终会降低抗压强度。所以，如果杂质含量超过标准规定，必须经过清洗后方可使用。

（7）忌水多灰稠

人们常常忽视用水量对混凝土强度的影响，施工中为便于浇捣，有时不认真执行配合比，而把混凝土拌得很稀。由于水化所需要的水分仅为水泥质量的20%左右，多余的水分蒸发后便会在混凝土中留下很多孔隙，这些孔隙会使混凝土强度降低。因此，在保障浇筑密实的前提下，应最大限度地减少拌和用水。

有观点认为抹灰所用的水泥，其用量越多抹灰层就越坚固。其实，水泥用量越多，砂浆越稠，抹灰层体积的收缩量就越大，从而产生的裂缝就越多。一般情况下，抹灰时应先用 1∶3 ~ 1∶5 的粗砂浆抹找平层，再用 1∶1.5 ~ 1∶2.5 的水泥砂浆抹很薄的面层，切忌使用过多的水泥。

（8）忌受酸腐蚀

酸性物质与水泥中的氢氧化钙会发生中和反应，生成物体积松散、膨胀，遇水后极易水解粉化。致使混凝土或抹灰层逐渐被腐蚀解体，故水泥忌受酸腐蚀。

在接触酸性物质的场合或容器中，应使用耐酸砂浆和耐酸混凝土。矿渣水泥、火山灰水泥和粉煤灰水泥均有较好耐酸性能，应优先选用这三种水泥配制耐酸砂浆和混凝土。严格要求耐酸腐蚀的工程不允许使用普通水泥。

4.3 装饰水泥

4.3.1 白色硅酸盐水泥

根据《白色硅酸盐水泥》（GB 2015—91）的规定：凡以适当成分的生料烧至部分熔融，所得以硅酸钙为主要成分，氧化铁含量较少的熟料为白色硅酸盐水泥熟料。由白色硅酸盐水泥熟料加入适量石膏，磨细制成的白色水硬性胶凝材料，称为白色硅酸盐水泥（简称白水泥）（图4.27）。

图 4.27 白色硅酸盐水泥

1）白水泥生产制造原理

白水泥与普通硅酸盐水泥的生产方法基本相同，由于使普通水泥着色的主要化学成分是氧化铁（Fe_2O_3），因此，白水泥与普通水泥生产制造上的主要区别在于氧化铁（Fe_2O_3）的含量，白水泥中氧化铁（Fe_2O_3）的含量只有普通水泥的 1/10 左右。水泥中含铁量与颜色的关系见表4.9，因此，严格控制水泥中的含铁量是白水泥生产中的一项主要技术措施。

表4.9　水泥中含铁量与颜色的关系

水泥熟料中 Fe_2O_3 含量 /%	3 ~ 4	0.45 ~ 0.70	0.35 ~ 0.45
熟料颜色	暗灰色	淡绿色	白色（略带淡绿色）

2）白水泥的技术要求

（1）白水泥物理化学指标

白水泥物理化学指标见表4.10。

表4.10　白水泥物理化学指标（GB 2015）

项目	熟料中氧化镁含量 /%	水泥中三氧化硫含量 /%	细度 (0.080 mm 方孔筛筛)/%	安定性（沸煮法）	凝结时间 初凝时间 /min	凝结时间 终凝时间 /h
指标	≤ 4.5	≤ 3.5	≤ 10	合格	≥ 45	≤ 12

（2）白水泥的强度等级

白色水泥分 32.5，42.5，52.5，62.5 四个强度等级，其强度指标见表4.11。

表4.11　白水泥的强度等级

强度等级	抗压强度 /MPa 3 d	抗压强度 /MPa 7 d	抗压强度 /MPa 28 d	抗折强度 /MPa 3 d	抗折强度 /MPa 7 d	抗折强度 /MPa 28 d
32.5	14.0	20.5	32.5	2.5	3.5	5.5
42.5	18.0	26.5	42.5	3.5	4.5	6.5
52.5	23.0	33.5	52.5	4.0	5.5	7.0
62.5	28.0	42.0	62.5	5.0	6.0	8.0

（3）白水泥的白度

白度是白水泥的一项重要技术性能指标。白度用白度计来测定，白度计的种类很多，目前白水泥的白度是用光电系统组成的白度计对可见光的反射程度来测定的。它是以纯白粉末状的氧化镁（MgO）为标准样，定其白度为100（即反射率定为100），将其压实密封于特制的玻璃盒内，测定光照反射面为一定厚度的透明玻璃，在这种条件下对可见光的反射率是88%，并作为测定生产样品的标准比色板，即为88度。在实际生产控制中都是以标准比色板作为衡量尺度的。在测定样品白度时，需要把水泥样品盛于透明玻璃器皿内，其材质、底面玻璃厚度与面积等都同标准比色板一致，以避免造成误差。仪器会把反射光变为电讯号，在刻度上显示出来。当测定样品时，先把标准比色板放在测定位置上，将指示讯号调到刻度尺88处，随即换上盛放样品的比色皿，这时刻度尺的读数便是样品的白度数值。

白水泥按其白度可分为特级、一级、二级、三级四个等级，各级白度不得低于表4.12的数值。

表4.12　白水泥白度等级

等级	特级	一级	二级	三级
白度/%	86	84	80	75

（4）细度、凝结时间及体积安定性

白色硅酸盐水泥的细度要求为0.080 mm，方孔筛筛余量不得超过10%；凝结时间要求为初凝不早于45 min，终凝不迟于12 h；体积安定性要求用沸煮法检验必须合格；同时熟料中氧化镁的含量不得超过4.5%，水泥中三氧化硫的含量不得超过3.5%。

（5）白水泥的产品等级

根据白度等级和强度等级的不同，产品等级可分为优等品、一等品、合格品，见表4.13。

表4.13　白水泥产品等级

白水泥产品等级	白度等级	白水泥强度等级
优等品	特级	62.5，52.5
一等品	一级	52.5，42.5
	二级	52.5，42.5
合格品	二级	42.5，32.5
	三级	32.5

3）其他品种白水泥

以石灰石、白泥、泥土、石膏为主要原料，MgO 和 CaF₂ 为辅助原料，配得适当成分的生料经窑内煅烧（1 250 ~ 1 350 ℃），即得白色膨胀水泥熟料，经磨细为白色膨胀水泥。其特点为：既可单独使用，也可与其他水泥混合使用；可以克服白色硅酸盐水泥硬化后，随着时间延长，体积收缩使水泥石产生龟裂的缺点。

电炉还原渣为白色，可用来生产钢渣水泥。

4）白水泥在应用中的注意事项

①在制备混凝土时粗细骨料宜采用白色或彩色大理石、石灰石、石英砂和各种颜色的石屑，不能掺和其他杂质，以免影响其白度及色彩。

②白水泥的施工和养护方法与普通硅酸盐水泥相同，但施工时底层及搅拌工具必须清洗干净，否则将影响白色水泥的装饰效果。

③彩色水泥浆刷浆时，须保证基层湿润，并养护涂层。为加速涂层的凝固，可在水泥浆中加入1% ~ 2%（占水泥总重的）无水氯化钙，或再加入水泥总重7%的皮胶水，以提高水泥浆的黏结力，解决水泥浆脱粉、被冲洗脱落等问题。

④水泥在硬化过程中所形成的碱饱和溶液，经干燥作用便在水表面析出氢氧化钙、碳酸钙等白色晶体，称为白霜；低温和潮湿无风状态可助长白霜的出现，影响其白度及鲜艳度。

4.3.2　彩色水泥

凡以白色硅酸盐水泥熟料、优质白色石膏及矿物颜料、外加剂(防水剂、保水剂、增塑剂、促进剂等)共同研磨而成，或者在白水泥生料中加入金属氧化物的着色剂直接烧成的一种水硬性彩色胶凝材料，称为彩色硅酸盐水泥，简称彩色水泥。

1）彩色水泥的生产方法

彩色水泥根据其着色方法的不同，有两种生产方法。

（1）间接法生产

间接法是指白色硅酸盐水泥或普通水泥在粉磨时（或现场使用时）将彩色颜料掺入，混匀成为彩色水泥。其所用颜料不溶于水，分散性好，耐碱性强，抗大气稳定性好，掺入后不明显影响水泥的性能。

制造红色、褐色、黑色较深的彩色水泥，一般用硅酸盐水泥熟料；浅色的彩色水泥用白色硅酸盐水泥熟料。常用的无机颜料是以氧化铁为基础颜料。

（2）直接法生产

直接法是指在白水泥生料中加入着色物质，煅烧成彩色水泥熟料，然后再加适量石膏磨细制成彩色水泥。

着色物质为金属氧化物或氢氧化物。例如，加入氧化铬，可生产出绿色水泥；加入氧化钴在还原气氛中烧成浅蓝色，可生产出浅蓝色水泥，而在氧化气氛中烧成玫瑰红色，可生产出玫瑰红色水泥；加入氧化锰在还原气氛中烧成浅蓝色，可生产出浅蓝色水泥，在氧化气氛中烧成浅紫色，可生产出浅紫色水泥。

2）彩色水泥的应用

彩色水泥是一种全新的彩色混凝土装饰面层材料，其主要用于建筑装饰工程的装饰材料，也可用于混凝土、砖、石等的粉刷饰面，广泛应用于各种不同功能的道路及政府工程和各大城市的标志性建筑工程建设中。彩色水泥砂浆可运用于装饰饰面工程抹灰；在工厂中，可根据不同使用要求和形状制作成客户满意的彩色水泥制块；也可制成各种不同颜色的彩色水磨石、人造大理石、水刷石、斧剁石和干黏石等石材。

（1）彩色水泥砖瓦

彩色水泥砖瓦是将水泥、沙子等合理配比后，通过模具经高压压制而成。彩色混凝土瓦比一般窑烧瓦具有抗渗性强、承载力强、吸水率低等优点，是最近几年新型的屋面装饰建材（图 4.28）。

图 4.28　彩色水泥砖瓦

（2）彩色水泥混凝土地坪

彩色水泥混凝土地坪以粗骨料、细骨料、水泥、颜料和水按适当比例配合，拌制成混合物，经一定时间硬化而成人造石材——彩色水泥混凝土，混凝土的彩色效果主要是由颜料颗粒和水泥浆的固有颜色混合的结果。彩色水泥混凝土所使用的骨料，除一般骨料外还需使用昂贵的彩色骨料，宜

采用白色或彩色大理石、石灰石、石英砂和各种颜色的石屑，但不能掺和其他杂质，以免影响其白度及色彩。

彩色水泥混凝土可广泛应用于住宅、社区、商业、市政及文娱康乐等各种场合所需的人行道、公园、广场、游乐场、小区道路、停车场、庭院、地铁站台、游泳池等处的景观创造（图4.29），具有极高的安全性和耐用性。同时，它施工方便、无须压实机械，彩色也较为鲜艳，并可形成各种图案。更重要的是，它不受地形限制，可任意制作。装饰性、灵活性和表现力是彩色水泥混凝土的独特性格体现。

图4.29 彩色水泥混凝土地坪

（3）建筑物外墙饰面

彩色砂浆是以水泥砂浆、混合砂浆、白灰砂浆直接加入颜料配制而成，或以彩色水泥与砂配制而成。

彩色砂浆用于室外装饰，可增加建筑物的美观。它呈现各种色彩、线条和花样，具有特殊的表面效果（图4.30）。常用的胶凝材料有石膏、石灰、白水泥、普通水泥，或在水泥中掺加白色大理石粉，

图4.30 彩色水泥砂浆饰面

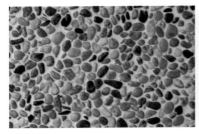

图4.31 水刷石、假面砖及人造大理石

使砂浆表面色彩更为明朗。集料多用白色、浅色或彩色的天然砂、石屑（如大理岩、花岗岩等）、陶瓷碎粒或特制的塑料色粒，有时为使表面获得闪光效果，可加入少量云母片、玻璃碎片或长石等。在沿海地区，也有在饰面砂浆中加入少量小贝壳，使表面产生银色闪光。彩色砂浆所用颜料必须具有耐碱、耐光、不溶的性质。彩色砂浆表面可进行各种艺术处理，制成水磨石、水刷石、斧剁石、拉假石、假面砖、拉毛、喷涂、滚涂、干黏石、喷黏石、拉条和人造大理石等（图 4.31）。

4.4 装饰砂浆

一般抹面砂浆虽也有装饰作用，但是非常单调。装饰砂浆是指专门用于建筑物室内外表面装饰，以增加建筑物外观美为主的砂浆。它是在抹面的同时，经各种艺术处理而获得的特殊表面形式，以满足艺术审美需要的一种表面装饰。

4.4.1 装饰砂浆的组成材料

装饰砂浆主要由胶凝材料、骨料和颜料组成。

1）胶凝材料

装饰砂浆所用的胶凝材料与普通抹面砂浆基本相同，只是更多地采用白水泥和彩色水泥。

2）骨料

装饰砂浆所用的骨料除普通砂外，还常使用石英砂、彩釉砂和着色砂，以及石碴、石屑、砾石及彩色瓷粒、玻璃珠等。

（1）石英砂

石英砂分天然石英砂、人造石英砂及机制石英砂三种（图 4.32）。人造石英砂和机制石英砂是将石英岩加以焙烧，经人工或机械破碎筛分而成，它们比天然石英砂质量好，纯净且二氧化硅含量高。除用于装饰工程外，石英砂还可用于配制耐腐蚀砂浆。

（a）天然石英砂　　　（b）人造石英砂　　　（c）机制石英砂

图 4.32　石英砂

（2）彩釉砂和着色砂

①彩釉砂：为 20 世纪 80 年代新兴的一种外墙装饰材料，是由各种不同粒径的石英砂或白云石粒加颜料焙烧后，再经化学处理而制得。它在零下 20 ℃至高温 80 ℃下都不变色，且具有防酸、耐碱性能。彩釉砂产品有深黄、浅黄、象牙黄、珍珠黄、橘黄、浅绿、草绿、玉绿、雅绿、碧绿、海碧、浅草青、赤红、西赤、咖啡、钴蓝等 30 多种颜色（图 4.33）。

②着色砂：在石英砂或白云石细粒表面进行人工着色而制成（图 4.34），着色多采用矿物颜料，

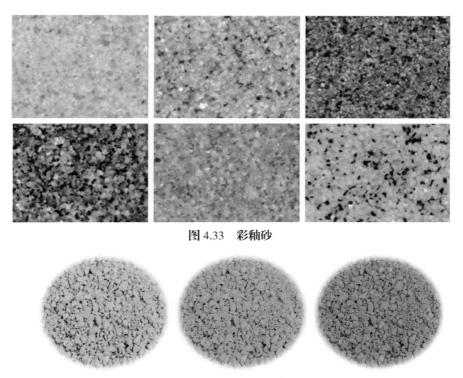

图 4.33　彩釉砂

图 4.34　着色沙

人工着色的砂粒色彩鲜艳，耐久性好。在用着色砂配制装饰砂浆时应注意，每个装饰工程所用的色浆应一次配出，所用的着色砂也应一次生产完毕，以免出现颜色不均现象。

（3）石渣

石渣也称石粒、石米，是天然大理石、白云石、方解石、花岗石压碎加工而成（图 4.35）。其色泽多样，是石渣类饰面的主要骨料，也是预制人造大理石、水磨石的主要原料。

图 4.35　石渣　　　　　　　　　　　图 4.36　石屑

图 4.37　彩色瓷粒　　　　　　　　　图 4.38　玻璃珠

（4）石屑

石屑是粒径比石粒更小的细骨料（图 4.36），主要用于配制外墙喷涂饰面用的聚合物砂浆。常用的有松香石屑、白云石屑等。

（5）彩色瓷粒和玻璃珠

彩色瓷粒是用石英、长石和瓷土为主要原料烧制而成，粒径为 1.2 ～ 3.0 mm，颜色多样（图 4.37）。以彩色瓷粒代替石碴用于室外装饰抹灰，具有大气、稳定性好、颗粒小、表面瓷粒均匀、露出黏结砂浆部分少、饰面层薄、自重轻等优点。玻璃珠即玻璃弹子，产品有各种镶色或花蕊（图 4.38）。彩色瓷粒和玻璃珠可镶嵌在水泥砂浆、混合砂浆或彩色砂浆底层上作为装饰饰面之用，如檐口、腰线、外墙面、门头线、窗套等，均可在其表面上镶嵌一层各种色彩的瓷粒或玻璃珠。

3）颜料

掺颜料的砂浆，一般用在室外抹灰工程中，如假大理石、假面砖、喷涂、弹涂、滚涂和彩色砂浆抹面。这些装饰面长期处于风吹、日晒、雨淋之中，且受到大气中有害气体的腐蚀和污染。因此，选择合适的颜料，是保证饰面的质量，避免褪色和变色，延长使用年限的关键。颜料选择要根据其价格、砂浆品种、建筑物所处环境和设计要求而定。建筑物处于受酸侵蚀的环境中时，要选用耐酸性好的颜料；受日光暴晒的部位，要选用耐光性好的颜料；碱度高的砂浆，要选用耐碱性好的颜料；设计要求色彩鲜艳，可选用色彩鲜艳的有机颜料。

4.4.2 装饰砂浆的种类及其饰面特性

装饰砂浆获得装饰效果的具体做法可分为灰浆类饰面和石碴类饰面两种。

灰浆类饰面是通过水泥砂浆的着色或水泥砂浆表面形态的艺术加工，获得一定色彩、线条、纹理、质感，达到装饰目的。这种以水泥、石灰及其砂浆为主形成的饰面装饰做法的主要优点是材料来源

图 4.39　灰浆类饰面

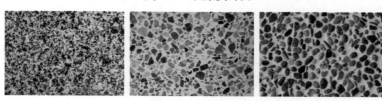

图 4.40　石渣类饰面

广泛，施工操作方便，造价比较低廉，而且通过不同的工艺方法，可形成不同的装饰效果，如搓毛、拉毛、喷毛以及仿面砖、仿毛石等饰面（图4.39）。

石渣类饰面是在水泥浆中掺入各种彩色石碴作骨料，制得水泥石碴浆抹于墙体基层表面，然后用水洗、斧剁、水磨等手段去除表面水泥浆皮，露出石碴的颜色、质感的饰面做法（图4.40）。

石碴类饰面与灰浆类饰面的主要区别在于，石碴类饰面主要靠石碴的颜色、颗粒形状来达到装饰目的，而灰浆类饰面则主要靠掺入颜料，以及砂浆本身所能形成的质感来达到装饰目的。与石碴类饰面相比，灰浆类饰面的装饰质量及耐污染性均比较差。石碴类饰面的色泽明亮，质感相对丰富，并且不易褪色和污染，但石碴类饰面相对于灰浆类饰面而言工效较低，造价较高。当然，随着技术与工艺的演变，这种差别正在日益缩小。

4.4.3 灰浆类砂浆饰面

1）拉毛灰

拉毛灰是用铁抹子或木楔将罩面灰轻压后顺势轻轻拉起，形成一种凹凸质感较强的饰面层（图4.41）。这种工艺所用灰浆通常是水泥石灰砂浆或水泥纸筋灰浆，是过去较广泛采用的一种传统饰面做法。其要求表面拉毛花纹、斑点分布均匀，颜色一致，多用于建筑外墙面及电影院等有吸声要求的墙面和顶棚。

2）甩毛灰

甩毛灰是用竹丝刷等工具将罩面灰浆甩洒在墙面上，形成大小不一，但又很有规律的云朵状毛面（图4.42）。也有先在基层上刷水泥色浆，再甩上不同颜色的罩面灰浆，并用抹子轻轻压平，形成两种颜色的套色做法。要求甩出的云朵必须大小相称，纵横相间，既不能杂乱无章，也不能像列队一样整齐划一，以免显得呆板。

3）搓毛灰

搓毛灰是在罩面灰浆初凝时，用硬木抹子由上至下搓出一条细而直的纹路，也可沿水平方向搓出一条L形细纹路，当纹路明显搓出后即停（图4.43）。这种装饰方法工艺简单、造价低，效果朴实大方，远看有石材经过细加工的效果。

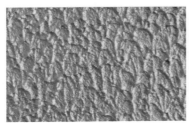
图4.41 拉毛灰

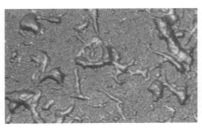
图4.42 甩毛灰

图4.43 搓毛灰

4）扫毛灰

扫毛灰是用竹丝扫帚把按设计组合分格的面层砂浆，扫出不同方向的条纹，或做成仿岩石的装饰抹灰（图4.44）。扫毛灰做成假石以代替天然石饰面，工序简单，施工方便，造价低廉，适用于电影院、酒吧、餐厅、车站的内墙和庭院的外墙饰面。

5）拉条

拉条抹灰是采用专用模具把面层砂浆作出竖向线条的装饰做法（图4.45）。拉条抹灰有细条形、粗条形、半圆形、波形、梯形、方形等多种形式。一般细条形抹灰可采用同一种砂浆级配，多次加浆抹灰拉模而成；粗条形抹灰则采用底、面层两种不同配合比的砂浆，多次加浆抹灰拉模而成。砂浆不宜过干，也不宜过稀，以能拉动可塑为宜。它具有美观、大方、不易积灰、成本低等优点，并具有良好的音响效果，适用于公共建筑门厅、会议厅的局部、影剧院的观众厅等。

6）假面砖

假面砖是采用掺氧化铁系颜料的水泥砂浆，通过手工操作达到模拟面砖装饰效果的饰面做法（图4.46）。它适合于建筑物的外墙抹灰饰面。

图4.44 扫毛灰

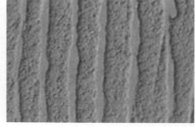
图4.45 拉条

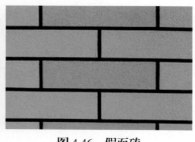
图4.46 假面砖

7）假大理石

假大理石是用掺适当颜料的石膏色浆和素石膏浆按1：10比例配合，通过手工操作，做成具有大理石表面特征的装饰抹灰。这种装饰工艺，对操作技术要求较高，如果做得好，无论在颜色、花纹和光洁度等方面，都接近天然大理石效果（图4.47）。其适用于高级装饰工程中的室内墙面抹灰。

8）外墙喷涂

外墙喷涂是用挤压式砂浆泵或喷斗将聚合物水泥砂浆喷涂在墙面基层或底灰上，形成饰面层。在涂层表面再喷一层甲基硅醇钠或甲基硅树脂疏水剂，以提高涂层耐久性和减少墙面污染（图4.48）。

图4.47 假大理石

根据涂层质感可分为：①波面喷涂：表面灰浆饱满，波纹起伏；②颗粒喷涂：表面不出浆，布满细碎颗粒；③花点喷涂：在波面喷涂层上，再喷以不同色调的砂浆点，远看有水刷石、干黏石或花岗石饰面的效果。

9）外墙滚涂

外墙滚涂是将聚合物水泥砂浆抹在墙体表面上，用辊子滚出花纹，再喷罩甲基硅醇钠疏水剂形成饰面层（图4.49）。这种工艺施工方法简单，容易掌握，工效也高。同时，施工时不易污染其他墙面及门窗，对局部施工尤为适用。

图4.48　外墙喷涂

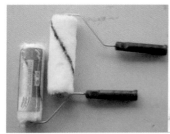

图4.49　辊子及滚涂墙面 　　　　　　　图4.50　弹涂

10）弹涂

弹涂是在墙体表面涂刷一道聚合物水泥色浆后，通过一种电动（或手动）筒形弹力器，分几遍将各种水泥色浆弹到墙上，形成直径为1～3m、大小近似、颜色不同、互相交错的圆粒状色点，深浅色点互相衬托，构成一种彩色的装饰面层（图4.50）。这种饰面黏结力好，对基层适应性广泛，可直接弹涂在底层灰上和底基较平整的混凝土墙板、石膏板等墙上。由于饰面层凹凸起伏不大，加之外罩甲基硅树脂或聚乙烯醇缩丁醛涂料，因此耐污染性、耐久性都较好。

4.4.4　石碴类砂浆饰面

1）水刷石

水刷石是将水泥和石碴按比例配合并加水拌和制成水泥石碴浆，用作建筑物表面的面层抹灰，待其水泥浆初凝后，以硬毛刷蘸水刷洗，或用喷浆泵、喷枪等喷以清水冲洗，冲刷掉石碴浆层表面的水泥浆皮，从而使石碴半露出来，达到装饰效果（图4.51）。

水刷石饰面的特点是具有石料饰面朴实的质感效果，如果再结合适当的艺术处理，如分格、分色、凸凹线条等，可使饰面获得自然美观、明快庄重、秀丽淡雅的艺术效果。因此，水刷石是一种颇受人们欢迎的传统外墙装饰工艺，长期以来在我国各地被广泛采用。

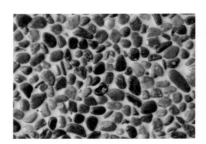

图4.51　水刷石

水刷石饰面的不足之处是操作技术要求较高，费工费料，湿作业量大，劳动条件较差，且不能适应墙体改革的要求，故其应用有日渐减少的倾向。

水刷石饰面的材料配比，视石子的粒径有所不同。通常，当用大八厘石碴时，水泥石碴浆比例为 1∶1；采用中八厘石碴时比例为 1∶1.25；采用小八厘石碴时比例为 1∶1.3；而采用石屑时，则水泥与石屑比例为 1∶1.5。若用砂做骨料，即成清水砂浆。水刷石饰面除用于建筑物外墙面外，檐口、腰线、窗套、阳台、雨篷、勒脚、花台及地面铺装等部位也经常使用（图 4.52）。

2）斩假石

斩假石又称剁斧石，是以水泥石碴浆或水泥石屑浆作面层抹灰，待其硬化到具有一定强度时，用钝斧及各种凿子等工具，在面层上剁斩出类似石材经雕琢的纹理效果的一种人造石材装饰方法。

在石碴类饰面的各种做法中，斩假石的效果最好。它既具有貌似真石的质感，又具有精工细作的特点，给人以朴实、自然、素雅、庄重的感觉。斩假石饰面存在的问题是费工费力，劳动强度大，施工工效较低。

斩假石饰面所用的材料与水刷石基本相同，不同之处在于骨料的粒径一般较小。通常宜采用粒径为 0.5 ~ 1.5 mm 的石屑，也可采用粒径为 2 mm 的米粒石，内掺 30% 粒径为 0.15 ~ 1.0 mm 的石屑。斩假石饰面的材料配比，一般采用水泥∶白石屑 =1∶5 的水泥石屑浆，或采用水泥∶石碴 =1∶1.25 的水泥石碴浆（石碴内掺 30% 的石屑）。为了模仿不同天然石材的装饰效果，如花岗石、青条石等，可以在配比中加入各种彩色骨料及颜料。斩假石饰面可用于局部小面积装饰，如勒脚、台阶、柱面等，也广泛应用于地面、墙面装饰（图 4.53）。

图 4.52　水刷石的应用

图 4.53　斩假石的应用

3）拉假石

拉假石是用废锯条或 5 ~ 6 mm 厚的铁皮加工成锯齿形，钉于木板上构成抓耙，用抓耙挠刮去除表层水泥浆皮露出石碴，并形成条纹效果（图 4.54）。这种工艺实质上是斩假石工艺的演变，与斩假石相比，其施工速度快，劳动强度较低，装饰效果类似斩假石，可大面积使用（图 4.55）。

拉假石的材料与斩假石相同，不过，可用石英砂来代替石屑。由于石英砂较硬，故在斩假石工艺中不能采用。

4）干黏石

在素水泥浆或聚合物水泥砂浆黏结层上，把石碴、彩色石子等备好的骨料粘在其上，再拍平压实即为干黏石（图 4.56）。干黏石的操作方法有手工甩粘和机械甩喷两种。施工时，要求石子要粘牢，不掉粒，不露浆，石粒应压入砂浆 2/3。干黏石饰面工艺实际上是由传统水刷石工艺演变而得，它具有操作简单、造价较低、饰面效果较好等特点，故应用广泛。干黏石一般选用小八厘石碴，因粒径较小，甩粘到砂浆上易于排列密实，暴露的砂浆层少。中八厘也有应用，但很少用大八厘。配制砂浆时常掺入一定量的 107 胶，它不仅有利于石渣粘牢，还可避免拍压石子时挤出砂浆沾污石渣。

5）水磨石

水磨石是由水泥、彩色石碴或白色大理石碎粒及水按适当比例配料，需要时掺入适量颜料，经拌匀、浇筑捣实、蒸汽养护、硬化、表面打磨、洒草酸冲洗、干后上蜡等工序制成，既可现场制作，也可工厂预制。水磨石若在工厂预制，其工序基本上与现场制作相同，只是开始时要按设计规定的尺寸形状制成模框，另一不同之处是必须在底层加放钢筋。工厂预制因操作条件较好，可制得装饰效果优良的具有华丽花纹的饰面板。

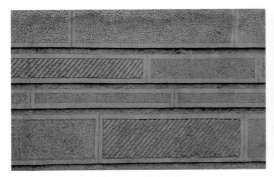
图 4.54　拉假石

图 4.55　拉假石的应用

图 4.56　干黏石

水磨石由于造价低，色彩鲜艳，图案丰富（图 4.57），耐磨性好，施工方便，不仅用于国内外重点工程，而且销往世界 60 多个国家和地区。

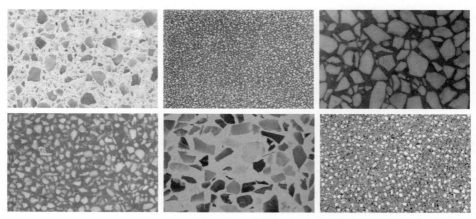

图 4.57　水磨石

4.5　有机胶凝材料

有机胶凝材料是指以天然或人工合成高分子化合物为基本组成的一类胶凝材料。最常用的有沥青、橡胶、树脂等。

4.5.1　沥　青

由不同分子量的碳氢化合物及其非金属衍生物组成的黑褐色复杂混合物，呈液态、半固态或固态，颜色由黑褐色至黑色，是一种防水防潮和防腐的有机胶凝材料。

1）特性与应用

沥青具有如下特性：

①溶解性：属憎水性材料，不透水，也几乎不溶于水、丙酮、乙醚、稀乙醇，溶于二硫化碳、四氯化碳、氢氧化钠。

②健康危害：中等毒性。沥青及其烟气对皮肤黏膜具有刺激性，有光毒作用和致癌作用。我国三种主要沥青的毒性：煤焦沥青＞页岩沥青＞石油沥青，前两者有致癌性。

③环境危害：对环境有危害，对大气可造成污染。

④危险特性：遇明火、高热可燃。燃烧时放出有毒的刺激性烟雾。

⑤导电性能：绝缘体（常温下）。

在景观工程中，沥青常应用于防水材料和防腐材料，主要应用于屋面、地面、地下结构的防水，木材、钢材的防腐。沥青还是土木、建筑、道路工程中应用广泛的胶结材料（图 4.58）。

2）沥青混凝土

沥青混凝土（Bituminous Concrete）俗称沥青砼，是经人工选配具有一定级配组成的矿料（碎石或轧碎砾石、石屑或砂、矿粉等）与一定比例的路用沥青材料，在严格控制条件下拌制而成的混合料。

按所用结合料不同，可分为石油沥青和煤沥青两大类；有些国家或地区也有采用或掺用天然沥青拌制的。

图 4.58　沥青路面

按所用集料品种不同，可分为碎石的、砾石的、砂质的、矿渣的数类，以碎石采用最为普遍。按混合料最大颗粒尺寸不同，可分为粗粒（35 ~ 40 mm 以下）、中粒（20 ~ 25 mm 以下）、细粒（10 ~ 15 mm 以下）、砂粒（5 ~ 7 mm 以下）等数类。

按混合料的密实程度不同，可分为密级配、半开级配和开级配等数类，开级配混合料也称沥青碎石。其中热拌热铺的密级配碎石混合料经久耐用，强度高，整体性好，是修筑高级沥青路面的代表性材料，应用最广。

4.5.2　橡　胶

天然橡胶是从橡胶树、橡胶草等植物中提取胶质后加工制成，具有弹性、绝缘性、不透水性和空气的高弹性的高分子化合物；合成橡胶则由各种单体经聚合反应而得。

1）分类与应用

①按原料分为天然橡胶和合成橡胶两种。

②按形态分为块状生胶、乳胶、液体橡胶和粉末橡胶。乳胶为橡胶的胶体状水分散体；液体橡胶为橡胶的低聚物，未硫化前一般为黏稠的液体；粉末橡胶是将乳胶加工成粉末状，以利配料和加工制作。

③按使用又分为通用型和特种型两类。橡胶是绝缘体，不易导电，但如果沾水或不同温度的话，有可能变成导体。

橡胶被广泛应用于工业和生活的各个方面。在景观工程中，常利用橡胶的弹性将其用作橡胶地面、消音海绵等；利用其疏水性作防水涂料等；利用其绝缘性作防护构件等。

2）塑胶地板

（1）定义

塑胶地板是 PVC 地板的另一种叫法，主要成分为聚氯乙烯材料。PVC 地板由于其花色丰富、色彩多样而被广泛用于室内外环境的各方面（图 4.59）。

（2）特性

①绿色环保：生产 PVC 地板的主要原料是聚氯乙烯，聚氯乙烯是环保无毒的可再生资源。当今是一个追求可持续发展的时代，新材料、新能源层出不穷，PVC 地板是唯一能再生利用的地面装饰

图 4.59　塑胶地板

材料，这对于我们保护地球的自然资源和生态环境具有重大的意义。

②超轻超薄：PVC 地板厚度只有 2 ~ 3 mm，每平方米质量仅 2 ~ 3 kg，不足普通地面材料的 10%。在高层建筑中对于楼体承重和空间节约，有着无可比拟的优势。同时在旧楼改造中有着特殊的优异性。

③超强耐磨：表面特殊处理的超强耐磨层充分保证了地面材料良好的耐磨性能。PVC 地板表面的耐磨层根据厚度的不同在正常情况下可使用 5 ~ 10 年，耐磨层的厚度及质量直接决定了 PVC 地板的使用时间。标准测试结果显示 0.55 mm 厚的耐磨层地面可以在正常情况下使用 5 年以上；0.7 mm 厚的耐磨层地面足以使用 10 年以上。因为具有超强的耐磨性，所以在人流量较大的医院、学校、办公楼、商场、超市、交通枢纽等场所，PVC 地板越来越受到欢迎。

④高弹性和超强抗冲击性：PVC 地板质地较软，所以弹性较好，在重物的冲击下有着良好的弹性恢复。卷材地板质地柔软弹性更佳，其脚感舒适被称为"地材软黄金"。同时，PVC 地板具有很强的抗冲击性，对于重物冲击破坏有很强的弹性恢复作用，不会造成损坏。

⑤超强防滑：PVC 地板表层的耐磨层有特殊的防滑性，而且与普通的地面材料相比，其在沾水的情况下脚感更涩，更不易滑到。所以在安全要求较高的公共场所，如机场、医院、幼儿园、学校等，PVC 地板是首选的地面装饰材料，近年来在中国已经非常普及。

⑥防火阻燃：PVC 地板本身不会燃烧并且能阻止燃烧，高品质的 PVC 地板在被动点燃时所产生的烟雾也不会对人体产生伤害，不会产生窒息性的有毒有害气体。

⑦防水防潮：PVC 地板由于其主要成分是乙烯基树脂，和水无亲和力，所以自然不怕水，只要不长期被浸泡就不会受损，并且不会因为湿度大而发生霉变。

⑧吸音防噪：PVC 地板有普通地面材料无法相比的吸音效果，其吸音可达 20 dB，所以在需要安

静的环境，如医院病房、学校图书馆、报告厅、影剧院等常选用 PVC 地板。

⑨导热保暖：PVC 地板的导热性能良好，散热均匀，且热膨胀系数小，比较稳定。在欧美以及日韩等国家和地区，PVC 地板是地暖导热地板的首选材料。

⑩耐酸碱腐蚀：PVC 地板具有较强的耐酸碱腐蚀性能，可以经受恶劣环境的考验，非常适合在医院、实验室、研究所等地方使用。

⑪施工简易快捷：PVC 地板可以任意裁剪，同时可以用不同花色的材料组合，充分发挥设计师的聪明才智，达到最理想的装饰效果。其安装施工非常快捷，不用水泥砂浆，地面条件好的用专用环保地板胶粘合，24 h 后便可使用。

（3）分类

①从形态上可分为卷材地板和片材地板两种。所谓卷材地板就是质地较为柔软的一卷一卷的地板（图 4.60），一般其宽度有 1.5，1.83，2，3，4，5 m 等，每卷长度有 7.5，15，20，25 m 等，总厚度为 1.6 ~ 3.2 mm（仅限商用地板），运动地板更厚，可达 4，5，6 mm 等。片材地板的规格较多，主要分为条形材和方形材（图 4.61）。

图 4.60　卷材塑胶地板

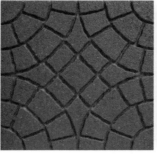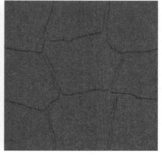

图 4.61　片材塑胶地板

②从结构上分主要有复合体型和同质体型两种，另外还有一种是半同质体型。所谓复合体型 PVC 地板就是有多层结构，复合体型卷材一般是由 4 ~ 5 层结构叠压而成，有耐磨层（含 UV 处理）、印花膜层、玻璃纤维层、弹性发泡层、基层等。同质体 PVC 地板不管是卷材还是片材，都是上下同质的，即从面到底，从上到下，都是同一种材质，同一种花色。

③从耐磨程度上分为通用型和耐用型两种。国内主要生产和使用的都是通用型 PVC 地板，一些

人流量非常大的场所，如机场、火车站等需要铺设耐用型 PVC 地板，其耐磨程度更强，使用寿命更长，同时价格也更高。

4.5.3　树　脂

树脂通常是指受热后有软化或熔融范围，软化时在外力作用下有流动倾向，常温下是固态、半固态，有时也可以是液态的有机聚合物。广义地讲，可以作为塑料制品加工原料的任何聚合物都称为树脂。树脂有天然树脂和合成树脂之分。

天然树脂是指由自然界中动植物分泌物所得的无定形有机物质，如松香、琥珀、虫胶等。

合成树脂是指由简单有机物经化学合成或某些天然产物经化学反应而得到的树脂产物，如酚醛树脂、聚氯乙烯树脂等。

树脂是制造塑料的主要原料，也用来制涂料（涂料的成膜物质）、黏合剂、绝缘材料等。

4.6　混凝土

混凝土是指由胶结料（有机的、无机的或有机无机复合的）、颗粒状集料以及必须加入的化学外加剂和矿物掺和料组分合理组成的混合料，或经硬化后形成具有堆聚结构的复合材料（普通是以胶凝材料、水、细骨料、粗骨料，需要时掺入外加剂和矿物掺和料，按适当比例配合，经过均匀拌制、密实成型及养护硬化而成的人工石材），也称普通混凝土，它广泛应用于土木工程。

新拌制的未硬化的混凝土，通常称为混凝土拌和物（或新鲜混凝土），经硬化有一定强度的混凝土也称硬化混凝土。

4.6.1　混凝土的分类组成及特点

1）分类

（1）按表观密度的大小分类

混凝土按照表观密度的大小可分为重混凝土、普通混凝土、轻质混凝土。这三种混凝土的不同之处是骨料的不同。

①重混凝土：是表观密度大于 2 500 kg/m³，用特别密实和特别重的集料制成的混凝土。常采用重晶石、铁矿石、钢屑等作骨料和锶水泥、钡水泥共同配置防辐射混凝土，它们具有不透 X 射线和 γ 射线的性能，主要作为核工程的屏蔽结构材料。

②普通混凝土：即我们在建筑中常用的混凝土，表观密度为 1 950 ～ 2 500 kg/m³，主要以砂、石子和水泥配制而成，是土木工程中最常用的混凝土品种。

③轻质混凝土：是以硅酸盐水泥、活性硅和钙质材料等无机胶结料，集发泡、稳泡、激发、减水等功能为一体的阳离子表面活性剂为制泡剂，形成的双套连续结构的聚合物微孔轻质混凝土。轻质混凝土以其良好的特性，广泛应用于节能墙体材料中，在其他方面也获得了应用。目前，轻质混凝土在中国的应用主要是屋面保温层现浇、轻质墙板、补偿地基。充分利用其良好特性，可将它在建筑工程中的应用领域不断扩大，加快工程进度，提高工程质量。轻质混凝土可分为以下三类：

a.轻集料混凝土：其表观密度为 800 ～ 1 950 kg/m³，轻集料包括浮石、火山渣、陶粒、膨胀珍珠岩、膨胀矿渣、矿渣等。

b. 多孔混凝土（泡沫混凝土、加气混凝土）：其表观密度为 300 ~ 1 000 kg/m³。泡沫混凝土是用机械方法将掺有泡沫剂的水溶液制备成泡沫，加入含硅质材料（如砂、粉煤灰）、钙质材料（如石灰、水泥）、水及助剂组成的料浆中，经混合搅拌、浇注成型、蒸汽养护而成的一种轻质多孔混凝土。加气混凝土是利用发气剂在料浆中与其组分化学反应产生气体，形成多孔结构。主要是由硅质材料加石灰或水泥蒸压或蒸养而成的多孔混凝土。

c. 大孔混凝土（普通大孔混凝土、轻骨料大孔混凝土）：由粒径相近的粗骨料加水泥、外加剂和水拌制成的一种有大孔隙的轻混凝土。其组成中无细集料。普通大孔混凝土的表观密度范围为 1 500 ~ 1 900 kg/m³，是用碎石、软石、重矿渣作为集料配制的。轻骨料大孔混凝土的表观密度为 500 ~ 1 500 kg/m³，是用陶粒、浮石、碎砖、矿渣等作为集料配制的。

（2）按使用功能分类

根据混凝土的使用功能不同，可将其分为结构混凝土、保温混凝土、装饰混凝土、透水混凝土、耐火混凝土、水工混凝土、海工混凝土、道路混凝土、防辐射混凝土等。

（3）按施工方法分类

根据混凝土的施工方法不同，可将其分为离心混凝土、真空混凝土、灌浆混凝土、喷射混凝土、碾压混凝土、挤压混凝土、泵送混凝土等。

按配筋方式不同，可将其分为素（即无筋）混凝土、钢筋混凝土、钢丝网混凝土、纤维混凝土、预应力混凝土等。

（4）按定额分类

①普通混凝土。普通混凝土分为普通半干硬性混凝土、普通泵送混凝土和水下灌注混凝土。每种普通混凝土又可分为碎石混凝土和卵石混凝土。

②抗冻混凝土。抗冻混凝土分为抗冻半干硬性混凝土、抗冻泵送混凝土。每种抗冻混凝土又可分为碎石混凝土和卵石混凝土。

（5）按拌和物分类

按拌和物不同，可将其分为干硬性混凝土、半干硬性混凝土、塑性混凝土、流动性混凝土、高流动性混凝土、流态混凝土等。

（6）按掺和料分类

按掺和料不同，可将其分为粉煤灰混凝土、硅灰混凝土、矿渣混凝土、纤维混凝土等。

另外，混凝土还可按抗压强度分为低强度混凝土（抗压强度小于 30 MPa）、中强度混凝土（抗压强度 30 ~ 60 MPa）和高强度混凝土（抗压强度大于等于 60 MPa）；按每立方米水泥用量又可分为贫混凝土（水泥用量不超过 170 kg）和富混凝土（水泥用量不小于 230 kg）等。

2）组成及各组成材料的作用

普通混凝土是由水泥、粗骨料（碎石或卵石）、细骨料（砂）、外加剂和水拌和，经硬化而成的一种人造石材（图 4.62）。砂、石在混凝土中起骨架作用，并抑制水泥的收缩；水泥和水形成水泥浆，包裹在粗细骨料表面并填充骨料间的空隙。水泥浆体

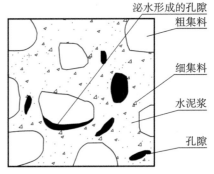

图 4.62　混凝土结构图

在硬化前起润滑作用，使混凝土拌和物具有良好的工作性能，硬化后将骨料胶结在一起，形成坚固的整体。

（1）混凝土体积构成

水泥石：25%左右；砂和石子：70%以上；空隙和自由水：1%～5%。

（2）混凝土的结构

水泥＋水→水泥浆＋砂→水泥砂浆＋石子→混凝土拌和物→硬化混凝土。

（3）组成材料的作用

混凝土各组成材料的作用见表4.14。

表4.14　组成材料的作用

组成材料	硬化前	硬化后
水泥＋水	润滑作用	胶结作用
砂＋石子	填充作用	骨架作用

3）特点

（1）优点

①组成材料经济、成本低；②性能可调节、适用面广；③拌和物具有可塑性；④与钢筋黏结牢固；⑤强度高，可增长，耐久性较好。

（2）缺点

①抗拉强度较低，仅相当于1/10抗压强度；②变形能力小，易开裂，呈现脆性；③在温度、湿度的影响下易发生裂缝；④混凝土质量受配制施工条件影响较大。

4.6.2　普通混凝土的主要技术性质

混凝土在未凝结硬化以前，称为混凝土拌和物。它必须具有良好的和易性，便于施工，以保证能获得良好的浇灌质量；混凝土拌和物凝结硬化以后，应具有足够的强度，以保证建筑物能安全地承受设计荷载；并应具有必要的耐久性。混凝土凝结硬化过程如图4.63所示。

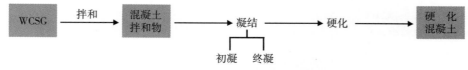

图4.63　混凝土凝结硬化过程

1）混凝土拌和物的和易性

和易性又称工作性，是指混凝土拌和物在一定的施工条件下，便于各种施工工序的操作，以保证获得均匀密实的混凝土的性能。和易性是一项综合技术指标，包括流动性（稠度）、黏聚性和保水性三个主要方面。

（1）流动性

流动性指混凝土拌和物在自身质量或施工振捣的作用下产生流动，并均匀、密实地填满模型的性能。流动性的大小反映拌和物的稀稠，关系到施工的难易和浇筑的质量。

（2）黏聚性（抗离析性）

黏聚性是指混凝土拌和物在施工过程中其组成材料之间有一定的黏聚力，不致产生分层和离析

的性能。

离析——砂浆与石子分离，产生蜂窝、空洞，影响工程质量。

（3）保水性

①保水性是指混凝土拌和物在施工过程中，具有一定的保水能力，不致产生严重泌水的性能。

②泌水的后果：形成毛细管孔，渗水；上下浇筑面薄弱黏结；形成水隙，在粗骨料、钢筋下形成弱黏结。

2）混凝土的强度

强度是混凝土硬化后的主要力学性能，反映混凝土抵抗荷载的量化能力。混凝土强度包括抗压、抗拉、抗剪、抗弯、抗折及握裹强度等（图4.64）。其中应抗压强度最大，抗拉强度最小，故混凝土主要用于承受压力。

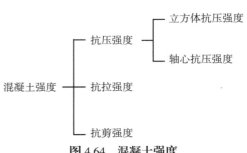

图 4.64　混凝土强度

（1）立方体抗压强度

以边长为 150 mm 的标准立方体试件，在温度为（20±2）℃，相对湿度为 95% 以上的潮湿条件下或者在 $Ca(OH)_2$ 饱和溶液中养护，经 28 d 龄期，采用标准试验方法测得的抗压极限强度，用 f_{cu} 表示。

标准试验方法是指《普通混凝土力学性能试验方法》（GB/T 50081—2002）。当采用非标准试件时，须乘以换算系数见表 4.15。

表 4.15　换算系数表

试件种类	试件尺寸 /mm	粗骨料最大粒径 /mm	换算系数
标准试件	150×150×150	40	1.00
非标准试件	100×100×100	30	0.95
	200×200×200	60	1.05

（2）混凝土强度等级

①强度等级：按混凝土立方体抗压强度标准值划分的级别。以"C"和混凝土立方体抗压强度标准值（$f_{cu,k}$）表示，主要有 C10，C15，C20，C25，C30，C35，C40，C45，C50，C55，C60，C65，C70，C75，C80 十五个强度等级。

②标准值：立方体抗压强度标准值（$f_{cu,k}$），是立方体抗压强度总体分布中的一个值，强度低于该值的百分数不超过 5%。

③强度等级表示的含义如下：

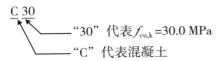

"30" 代表 $f_{cu,k}$=30.0 MPa

"C" 代表混凝土

④强度的范围：某混凝土，其 $f_{cu,k}$ = 30.0 ~ 34.9 MPa；某混凝土，其 $f_{cu,k} \geq$ 30.0 MPa 的保证率为 95%。

（3）提高混凝土抗压强度的措施

①采用高强度等级水泥；②采用单位用水量较小、水灰比较小的干硬性混凝土；③采用合理砂率，以及级配合格、强度较高、质量良好的碎石；④改进施工工艺，加强搅拌和振捣；⑤采用加速硬化措施，提高混凝土的早期强度；⑥在混凝土拌和时掺入减水剂或早强剂。

3）混凝土的耐久性

耐久性是指混凝土在实际使用条件下抵抗各种破坏因素的作用，长期保持强度和外观完整性的能力。包括混凝土的抗渗性、抗冻性、抗蚀性及抗碳化能力等。

（1）耐久性的主要内容

①抗渗性：混凝土的抗渗性是指混凝土抵抗压力水渗透的能力。混凝土的抗渗性用抗渗等级表示，是以 28 d 龄期的标准试件，按规定方法进行试验时所能承受的最大静水压力来确定。可分为 P4，P6，P8，P10 和 P12 五个等级，分别表示混凝土能抵抗 0.4，0.6，0.8，1.0 和 1.2 MPa 的静水压力而不发生渗透。

②抗冻性：混凝土的抗冻性是指混凝土在饱和水状态下，能抵抗冻融循环作用而不发生破坏，强度也不显著降低的性质。抗冻程度用抗冻等级表示。抗冻等级是以 28 d 龄期的混凝土标准试件，在饱和水状态下，强度损失不超过 25% 且质量损失不超过 5% 时，所能承受的最大冻融循环次数来表示，有 F10，F15，F25，F50，F100，F150，F200，F250 和 F300 九个等级。

③抗侵蚀性：混凝土的抗侵蚀性主要取决于水泥石的抗侵蚀性。合理选择水泥品种、提高混凝土制品的密实度均可提高抗侵蚀性。

（2）提高混凝土耐久性的措施

①严格控制水灰比；②混凝土所用材料的品质，应符合规范要求；③合理选择骨料级配；④掺用减水剂及引气剂：可减少混凝土用水量及水泥用量，改善混凝土孔隙构造，这是提高混凝土抗冻性及抗渗性的有力措施；⑤保证混凝土施工质量：在混凝土施工中，应做到搅拌透彻、浇筑均匀、振捣密实、加强养护，以保证混凝土耐久性。

4.6.3　混凝的养护与质量控制

1）养护条件与龄期

混凝土的强度受养护条件及龄期的影响很大。在干燥的环境中，混凝土强度发展会随水分的逐渐蒸发而减慢或停止。

（1）养护条件

养护温度高时，硬化速度较快；养护温度低时，硬化比较缓慢。当温度低至 0 ℃ 以下时，混凝土停止硬化，且有冰冻破坏的危险。

因此，混凝土浇倒完毕后，必须加强保护，保持适当的温度和湿度，以保证硬化不断发展，强度不断增长。

常见的自然养护是将成型后的混凝土放在自然环境中，随气温变化，用覆盖或浇水等措施使混凝土保持潮湿状态的一种养护方法。

当使用硅酸盐水泥、普通水泥和矿渣水泥时，浇水保湿不应少于 7 d；使用火山灰水泥或在施工中掺用缓凝剂时，应不少于 14 d。为了加速混凝土强度的发展，提高混凝土的早期强度，还可采用蒸汽养护和压蒸养护的方法来实现。

（2）龄期

龄期是指混凝土在正常养护条件下所经历的时间。

在正常的养护条件下，混凝土的抗压强度随龄期的增加而不断发展，在 7 ~ 14 d 内强度发展较快，以后逐渐减慢，28 d 后强度发展更慢。

由于水泥水化的原因，混凝土的强度发展可持续数十年。

采用普通水泥拌制的、中等强度等级的混凝土，在标准养护条件下，其抗压强度与龄期的对数成正比。

2）质量控制

为了保证混凝土的质量，除必须选择适宜的原材料及确定恰当的配合比外，在施工过程中还必须对混凝土原材料、混凝土拌和物及硬化混凝土进行质量检查及质量控制。

（1）质量控制的原因

保证结构安全可靠地使用。

（2）质量控制的内容

①原材料的质量控制：水泥、砂、石要严格按技术要求标准进行检验。

②配合比设计的质量控制：生产前应检验配合比设计资料、试件强度试验报告、骨料含水率测试结果和施工配合比通知单。

③施工工艺的质量控制：运输、浇筑及间歇的全部时间不应超过初凝时间。运输过程中防止离析、泌水、流浆等。

（3）合格性的评定

①合格性评定的数理统计方法：以抗压强度进行评定。随机抽样进行强度试验，用抽样样本值进行数理统计计算，得出反映质量水平的统计指标来评定混凝土的质量及体格性。

②混凝土强度波动规律，如图4.65所示。

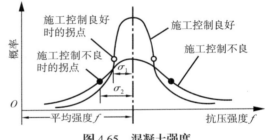

图4.65 混凝土强度

4.6.4 装饰混凝土

混凝土作为墙体材料具有强度高、耐久性好等特点，同时也是一种塑性成型材料，可塑性好，若配合比适当，工艺合理，利用不同模板，可做出光滑平整、色泽均匀、棱角分明、无破损和污染的表面，不需抹灰和贴面，直接采用现浇混凝土的自然表面效果作为饰面，便可达到质感好、色彩赏心悦目、引人入胜的建筑艺术效果（图4.66）。

图4.66 混凝土的艺术效果

装饰混凝土包括清水混凝土、彩色混凝土、露骨料混凝土等。其制作工艺简单合理，充分利用和体现了混凝土的内在素质与独特的建筑效果，显示了较好的墙体功能、耐久与装饰的相互统一。

1）清水混凝土

清水混凝土具有朴实无华、自然沉稳的外观韵味，与生俱来的厚重与清雅是一些现代建筑材料无法效仿和媲美的。材料本身所拥有的柔软感、刚硬感、温暖感、冷漠感不仅对人的感官及精神产生影响，而且可以表达出建筑及景观的情感。当代设计师将混凝土表面重新处理，通过与其他材料及自身肌理的对照，来表现空间感和设计意图（图4.67）。

图4.67　不同肌理的混凝土表皮

除了在建筑工程中使用清水混凝土外，许多设计师还将它用在富有创意的景观设计和装饰装修上。由于混凝土的塑形能力极好，可以浇铸成任何形状，因此特别适合作为曲线造型的材料。

在园林中利用混凝土制造的景墙为绿化及小品提供了一个纯净的背景（图4.68），在灯光的映射下，还能获得变化莫测的光影效果；混凝土地面铺装（图4.69）与天然石材相比更具有经济性，且经过加工处理的表面纹理能达到以假乱真的仿石材效果；景观中的混凝土家具克服了室外家具易腐蚀、氧化的缺点，混凝土制成的桌子、椅子等（图4.70）造型独特、坚固耐用，越来越受到现代景观设计师的青睐。

图4.68　混凝土景墙

图 4.69　混凝土地面铺装

图 4.70　混凝土家具

2）彩色混凝土

（1）着色原理

混凝土着色是使粗骨料、细骨料、水泥和着色颜料均匀地混合成一体，但粗细骨料并不能着色，而在一定条件下保持其固有颜色。混凝土的彩色效果主要是由于着色颜料颗粒和水泥浆的固有颜色混合的结果。当彩色混凝土被日光或灯光照射时，部分光线被彩色颗粒吸收，另一部分被反射，反射部分即显示出颜色。

水泥浆中掺入的着色剂的种类和数量决定混凝土的最终颜色，但由于水泥水化产物凝胶体在一定程度上影响着混凝土的颜色，故混凝土的最终颜色只能大致估计而不能十分肯定。

（2）着色方法

在混凝土中掺入适量彩色外加剂、无机氧化物颜料和化学着色剂等着色料，或者干撒着色硬化剂，均是使混凝土着色的常用方法。

①彩色外加剂：彩色外加剂不同于其他混凝土着色料，它是以适当的组成、按比例配制而成的均匀混合物。它除使混凝土着色外，还能提高混凝土各龄期强度，改善拌和物的和易性，并对颜料和水泥具有扩散作用，使混凝土获得均匀的颜色。如将其与彩色水泥配合使用，效果更佳。

②无机氧化物颜料：直接在混凝土中加入无机氧化物颜料也可使混凝土着色。为保证着色均匀，混凝土搅拌时各组分的投料顺序应为：砂、颜料、粗骨料、水泥，最后加入水，并且在未加水之前应先进行干拌至基本均匀，加水后再充分搅拌。另外，如果在混凝土拌和物中使用了减水剂，必须预先确定它与颜料之间的相融性，因为减水剂中若含有氯化钙等对颜料分散性有影响的成分，将会导致混凝土饰面颜色不均匀。

③化学着色剂：化学着色剂是一种金属盐类水溶液，将它渗入混凝土并与之发生反应，在混凝土孔隙中生成难溶且抗磨性好的颜色沉淀物。着色剂中含有稀释的酸，能轻微腐蚀混凝土，从而使着色剂能渗透较深，且色调更加均匀。

化学着色剂的使用，应在混凝土养护至少 1 个月以后进行。施加前，应将混凝土表面的尘土、杂质清除干净，以免影响着色效果。化学着色剂通常可形成黑色、绿色、微红的褐色以及各种色调的黄褐色。

④干撒着色硬化剂：干撒着色硬化剂是一种表面着色方法。这种着色硬化剂是由细颜料、表面调节剂、分散剂等拌制而成，将其均匀地干撒在新浇混凝土楼地板、庭院小径、人行道等水平状混凝土表面即可着色，且有促凝性。

对工业或商业用楼地板、坡道以及装饰码头等要求具有高抗磨耗性和高防滑性能的地方，应采取在干撒剂中掺入适量金刚砂或金属骨料的做法。

（3）彩色混凝土的应用

出于经济上的考虑，整体着色的彩色混凝土应用较少。而在普通混凝土或硅酸盐混凝土基材表面加做彩色饰面层，制成面层着色的彩色混凝土路面砖，已有相当广泛的应用。不同颜色的水泥混凝土花砖，按设计图案铺设，外形美观，色彩鲜艳，成本低廉，施工方便，用于园林、街心花园、庭院和人行便道，可获得十分理想的装饰效果（图 4.71）。

图 4.71　彩色混凝土地面

3）露骨料混凝土

露骨料混凝土即外表面暴露集料的混凝土（图4.72）。它可以是外露混凝土自身的砂石，也可以是预铺一层水泥石碴或水泥粗石子。露骨料混凝土饰面在国外应用得较多，国内近年也在采用。其基本做法是将未完全硬化的混凝土表面剔除水泥浆体，使表层集料有一定程度的显露，而不再外涂其他材料。它是依靠集料的色泽、粒形、排列、质感等来实现混凝土的装饰效果，达到自然与艺术的结合。这是水刷石、剁斧石、水磨石类方法的延续和演变。

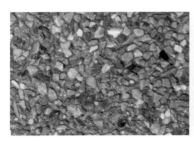

图4.72　露骨料混凝土

露骨料的实施方法可在水泥硬化前与硬化后进行。按制作工艺分为水洗法、缓凝法、酸洗法、水磨法、喷砂法、抛丸法、斧剁法等。酸洗法因对混凝土有腐蚀破坏作用，一般很少使用。水磨法、斧剁法，则与水磨石、剁斧石的生产工艺相同。

水洗法常用在预制构件中，可在板材浇灌后带模抬高一端，呈倾斜状，然后水洗正面除浆，并将集料面刷洗干净。

露骨料混凝土的饰面色彩与表层剥落的深浅和水泥、砂石的品种有关。当剥落浅、表面稍平时，水泥和细集料颜色起主要作用；而剥落深时粗集料的颜料、质感因素增大。混凝土表面形成的光影及几种组成材料的颜色、质感、层次等，可产生坚实、丰富而又活泼的效果，常用于景观铺地中（图4.73）。

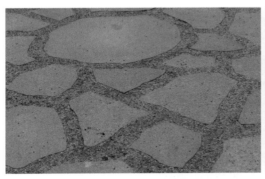

图4.73　露骨料混凝土地面

露骨料混凝土饰面属于彩色混凝土装饰中的高档次做法，有部分石材外露使饰面色泽稳定，接近自然又耐久，此外，集料面上还不易"返白"。

4）普通混凝土表面塑形装饰

这是一种基层与装饰层使用相同材料、一次成型的加工方法，塑形装饰工效高，饰面牢固，造价低。它是靠成型、模制工艺手法，使混凝土外表面产生具有设计要求的线型、图案、凹凸层次等。塑形有反打和正打两种方法。

（1）预制平模反打工艺

板材等制品的正面向下来成型称为反打。它是成型板材等混凝土预制件平模生产的一种方法。反打塑形是采用凹凸的线型底模或模底铺加专用的衬模来进行浇灌成型的。起吊后板材正面呈现凹凸线型、纹理、浮雕花饰或粗糙面等立体效果。

衬模材料有硬木、玻璃钢、硬塑料、橡胶或钢材等。国内用聚丙烯塑料制作衬模，效果较好，可使装饰面细腻、造型准确、逼真。用衬模塑花饰、线型，容易变换花样，易脱模，不粘饰面的边角。

反打成型的优点是凹凸程度可大可小，层次多，成型质量好，图案花纹丰富多彩，但模具成本较高。

（2）预制平模正打工艺

板正面向上来成型称为正打。正打塑形，可在混凝土表面水泥初凝前后用工具加工成各式图案和纹路的饰面。常用的方法是压印、挠刮等。通常采用的压印工艺是凸印与凹印两种。凸印是用镂花样板在刚成型的板面（也可在板上增铺一层水泥砂浆）上压印，或先铺镂空模具，之后填入水泥砂浆，抹平，抽取模具。板成凸起的图形，高一般不超过10 mm。凹印法是用5～10 mm的光圆钢筋焊成300～400 mm大小的图案模具，在板上10 mm厚的水泥砂浆上压印凹纹。

挠刮工艺是在刚成型的板材表面上用硬刷挠刮，形成一定走向的刷痕，产生毛糙质感。挠刮也可采用扫毛法、拉毛法处理表面。滚花工艺是在成型后的板面上抹10～15 mm的水泥砂浆面层，再用滚压工具滚出线型或花纹图案。

正打塑型的优点是模具简单、投资少，但板面花纹图案较少，效果也较反打塑形差。无论是正打还是反打，水泥砂浆面层都要求砂粒粒径偏小为好。塑形板上墙后可喷涂料，但涂料品种与色泽应正确选择，先行试验，视效果而定。

5）装饰混凝土的应用现状

（1）国外应用概况

近年来，装饰混凝土在各发达国家发展十分迅速，其城市建设和房屋建筑广泛采用装饰混凝土及其制品。在城市建设方面，公共建筑的内外墙较多地采用了装饰混凝土。另外，街道人行路面、

图4.74 装饰混凝土在景观中的应用

花园及公园也常用到装饰混凝土。

步行小道普遍铺设彩色混凝土地砖，如德国、荷兰每年使用量以千、百万平方米计，在美国也很受欢迎。在城市景观中，装饰混凝土已成为重要材料，可制成彩色防滑路面、停车场、坡道、挡土墙、围栏、花盆等，既美观耐久，又经济实用（图4.74）。

用装饰混凝土作为城市雕塑主体材料在国外也已很普遍，美国用装饰混凝土制作家具用于公共场所、庭院等，既简单又实用。美国一家装饰混凝土公司甚至将多种产品布置成一个室外混凝土公园，造型独特，别具趣味（图4.75）。有的国家在公园里用钢丝网水泥塑造人物，鸟兽，栩栩如生，令游客流连忘返。用丙烯纤维增强喷射混凝土制作人工湖壁和湖底，既美观耐久，又可以假乱真。

图 4.75　美国威斯康星州混凝土公园

国外许多公园的假山、长椅、池塘、街道的广告柱，甚至公共厕所也都采用装饰混凝土浇筑而成。

在房屋建筑方面，除彩色地砖用于室内地面，特别是大量用于庭院、走廊处的地面外，装饰混凝土也用于外墙和屋面。越来越多的建筑师在他们的设计中大量采用混凝土工艺，如日本国家大剧院、悉尼歌剧院、德国维特拉消防站等（图4.76）。

勒·柯布西耶[1]的建筑风格在第二次世界大战以后表现为对自由的有机形式的探索和对材料的表现，尤其喜欢使用脱模后不加修饰的清水钢筋混凝土，这种风格后被命名为新粗野主义。代表作

图 4.76　悉尼歌剧院及德国维特拉消防站

[1] 勒·柯布西耶，20世纪最著名的建筑师之一，现代建筑运动的激进分子和主将，被称为"现代建筑的旗手"。他和格罗皮乌斯、密斯以及赖特并称为四大现代建筑大师。

品有马赛公寓、朗香教堂、昌迪加尔法院等，如图 4.77 所示。

图 4.77　柯布西耶的混凝土建筑

图 4.78　路易斯·康的混凝土建筑

路易斯·康[1]对混凝土的要求是：贯穿整体的秩序感和通过完整墙面表现出来的美感。于1972年建成的金贝尔美术馆位于美国德克萨斯州沃斯堡的郊区，其展现了康对建筑材料的偏好，将混凝土柱和薄壳形拱顶结构裸露在外，与非承重墙的罗马华灰石及玻璃板形成的空间质感近同，肌理混合为一（图4.78）。

安藤忠雄[2]以裸露的清水混凝土直墙为建筑语言要素，他的建筑有意识地关注传统，但给人的印象却并不是传统的，而是异常的现代，这在很大程度上归因于他喜欢用混凝土材料。安藤的建筑一般全部或局部采用清水混凝土墙面作为室内或室外墙面，这种墙面不加任何装饰。清水混凝土演奏着一曲光与影的旋律。他将混凝土运用到了高度精练的层次，造就了"安氏混凝土美学"（图4.79）。

从柯布西耶到安藤忠雄，从现代主义到后现代主义再到当代，混凝土以建筑材料及装饰材料的身份完成了自身的进化和蜕变，如今以一种全新的模样走进了人们的生活。

（2）国内应用概况

我国装饰混凝土虽起步较晚，但近年来发展较快，现除水泥花阶砖、彩色连锁砖等地面材料已形成一定规模的生产使用外，墙体、屋面材料和其他混凝土建筑艺术品也已在开发应用中（图4.80）。室外彩色地面砖产品已用于城市街道、码头、广场、人行道等。

装饰混凝土是经艺术和技术加工的混凝土饰面，它是把构件制作与装饰处理同时进行的一种施工技术。它可简化施工工序，缩短施工周期，而其装饰效果和耐久性更为人们普遍称道。同时，装饰混凝土的原材料来源广，造价低廉，经济效果显著。因此，装饰混凝土有着广阔的发展前景。

图4.79 安藤忠雄的混凝土建筑

---

[1] 路易斯·康，美国现代建筑师，发展了建筑设计中的哲学概念。他的作品开创了新的流派。
[2] 安藤忠雄，日本著名建筑师，开创了一套独特、崭新的建筑风格，成为当今最为活跃、最具影响力的世界建筑大师之一。

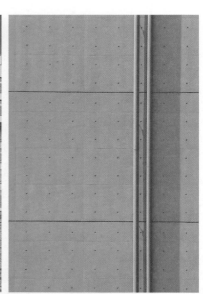
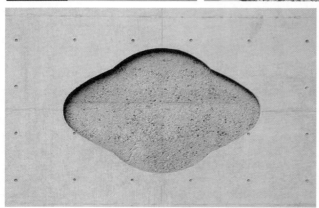

图 4.80　联想研发中心

4.6.5　半透明混凝土

半透明混凝土材料是玻璃纤维和优质混凝土的结合体，数千根玻璃纤维平行排列在混凝土构件中，能将光线从一侧引导到另一侧，形成半透明的效果。由于玻璃纤维的体积很小，因此能与混凝土很好地结合在一起，并提供其结构的稳定性。这种材料已不是玻璃和混凝土的简单混合，而是一种在内部和外表都是均匀结构的新型材料。由半透明混凝土建造数米厚的半透明墙体，能均匀透过日光和人工照明，人们在墙体较暗的一侧可以清楚地看到另一侧物体的轮廓，甚至连颜色都能看得出来。这种特殊的效果会彻底改变人们对混凝土墙体厚重沉闷的印象（图 4.81）。

2010 年上海世博会的意大利国家馆名为"人之城"，在该建筑物的部分墙体中使用了半透明混凝土材料，产生出梦幻般的意境。阳光能够透过墙直接照射到房间里，以至于整个建筑的水泥墙面看上去就像巨型的玻璃窗。半透明混凝土材料上包含了无数大小为 2～3 mm 的微型孔，可以在不影响结构完整性的同时让光线穿过。从远处看，透明混凝土和普通混凝土一模一样，然而光线经过墙面的小孔进入室内，可以形成一面美丽的光墙（图 4.82）。

利用半透明混凝土材料能够穿透光线的特性制作成小品还可应用于园林景观之中（图 4.83）。

图 4.81　半透明混凝土

图 4.82　上海世博会意大利展馆半透明混凝土墙

图 4.83　半透明混凝土在景观中的应用

思考与练习

1. 简述石灰的性质及主要应用。

2. 水玻璃主要应用在哪些方面？

3. 简述水泥的分类及其生产方法。

4. 简述硅酸盐水泥的性能特点及应用。

5. 白水泥在应用时应注意哪些事项？

6. 简述彩色水泥的生产方法及应用。

7. 简述装饰砂浆的分类及饰面特性。

8. 塑胶地板的特性有哪些？

9. 混凝土有哪些优点和缺点？

10. 简述对混凝土进行质量控制的原因及控制的内容。

11. 简述装饰混凝土的分类及应用。

5 石材与石料

本章导读 岩石是古老的建筑、景观材料之一，人类自古以来就有用石材作为室内外装饰用材的历史，有许多的名胜古迹是用石材建造的，留存至今。本章内容从岩石的原始形态到石材的加工及应用，综述了天然石材及人工石材的组成、分类、主要性质及其工程工艺等，重点介绍园林景观中常用的石材类型。内容采用图文并茂的形式，理论与实践相结合，易于理解。

5.1 岩石的基本知识

岩石是由一种或两种以上矿物所组成的固结或不固结的集合体，其中一部分生物成因的岩石（如煤），在自然界大量存在，是构成地壳的一部分（图 5.1）。

5.1.1 岩石的形成及分类

岩石由造岩矿物组成，各种造岩矿物在不同的地质条件下，形成不同类型的岩石，通常可分为三大类，即火成岩、沉积岩和变质岩（图 5.2）。

图 5.1 岩石

（a）火成岩　　　　　　（b）沉积岩　　　　　　（c）变质岩

图 5.2 岩石的种类

1）火成岩

火成岩又称岩浆岩，是因地壳变动，熔融的岩浆由地壳内部上升后冷却而形成不同的形状，如微结晶体的玄武岩和粗结晶体的花岗岩。它是组成地壳的主要岩石，占地壳总质量的89%。

2）沉积岩

沉积岩又称水成岩，是由原生的母岩风化后，经过风吹搬迁、流水冲移而沉积和再造岩等作用，在离地表不太深处形成的岩石。它分为机械沉积岩、化学沉积岩、生物沉积岩，其中生物沉积岩是由海水或淡水中的生物残骸沉积而成。沉积岩虽仅占地壳总质量的5%，但在地球上分布极广，约占地壳表面积的75%，且在距地表不深处，所以较易开采。

3）变质岩

变质岩是由于地球内力的高温高压造成岩石中的化学成分改变或重结晶形成的。变质岩分为正变质岩和副变质岩两大类。正变质岩是火成岩经变质作用形成的，副变质岩是沉积岩经变质作用形成的。

5.1.2　景观中石材的组成、结构、性质及分类

石材应用于园林景观中，承受着各种外界作用力，同时外界环境因素也会对其造成影响，如雨、雪、阳光、空气湿度及空气污染物等。其次，各种人为因素也会对其造成磨损和消耗。因此，应用于园林景观中的石材必须具备抵抗各种外力作用的能力。设计阶段要充分考虑外部环境的影响因素，并全面了解石材的性质，使之达到美观、实用和可持续的景观效果。

1）石材的组成

天然石材是由天然岩石开采加工而成，因此不同岩石的组成决定了相应石材的性质。岩石组成分矿物组成和化学组成两部分。

岩石的矿物组成非常丰富，同时又与岩石的分类之间有一定的规律。矿物是具有一定化学成分和结构特征的单质或化合物，矿物组成是决定石材化学性质、物理性质和力学性质等的重要因素。

石材的化学组成是指其所含矿物的化学成分，以化学公式表示可分为自然元素（如 Si，C 等）、碳酸盐（如 $CaCO_3$，$MgCO_3$ 等）、硫酸盐（如 $Al_2(SO_4)_3$，$FeSO_4$，$CaSO_4$ 等）、硅酸盐（如 Na_2SiO_3，$CaSiO_2$ 等）、磷酸盐（如 Na_3PO_4，$Ca_3(PO_4)_2$ 等）、碳化物（如 Na_2C_2，FeC 等）、卤化物（如 $FeCl_3$，NaCl 等）、氧化物（如 CaO，SiO_2，FeO，MgO 等）和氢氧化物（如 NaOH，$Ca(OH)_2$ 等）。化学组成是决定石材化学性质、物理性质、力学性质的主要因素之一。

2）石材的结构

石材的结构决定着石材的性质。一般从微观结构、亚微观结构、宏观结构三个层次来研究材料的结构与性质之间的关系。对于园林景观中的石材，其亚微观结构和宏观结构与其性质之间的关系较密切。

亚微观结构是指由光学显微镜所看到的微米级的组织结构（图5.3）。该结构主要研究石材内部的晶粒、颗粒

图5.3　显微镜下的石材组织结构

等的大小和形态、晶界和界面、孔隙与微裂纹的大小、形状及分布。显微镜下的晶体材料是由大量大小不等的晶粒组成的，而不是一个晶粒，因而属于多晶体。多晶体材料具有各向同性。

石材的亚微观结构对石材的强度、耐久性等有很大的影响。石材的亚微观结构相对较易改变。一般而言，石材内部的晶粒越细小、分布越均匀，则石材的受力状态越均匀、强度越高、脆性越小、耐久性越高；晶粒或不同石材组成之间的界面黏结越好，则石材的强度和耐久性等越好。

宏观结构是指用肉眼或放大镜可见，即可分辨的毫米级以上的组织。该结构主要研究石材中的大孔隙、裂纹、不同石材的组成与复合方式、各组成材料的分布等。如岩石的层理与斑纹等。石材的宏观结构是影响石材性质的重要因素，石材的宏观结构较易改变。

石材的宏观结构不同，即使组成与微观结构等相同，性质与用途也不同。如沙砾岩与变质石英岩其微观结构都是石英晶体，但沙砾岩是一种多孔的沉积岩，而石英岩是经受热变质后形成的一种结晶、无空隙岩石（图 5.4 和图 5.5），两者在物理性质上有很大区别，石英岩硬度远大于沙砾岩。反之，石材的宏观结构相同或相似，则即使石材的组成或微观结构等不同，石材也具有某些相同或相似的性质与用途，如各种沉积岩等。

图 5.4　沙砾岩的宏观结构与微观结构

图 5.5　变质石英岩的宏观结构与微观结构

5.1.3　石材的力学性质

1）石材的强度

石材在外力或者应力作用下，抵抗破坏的能力称为石材的强度，并以石材在破坏时的最大应力值来表示。

石材的破坏实际上是石材内部质点化学键的断裂，石材的强度决定于各质点间的结合力，即化学键力。对无缺陷的理想化固体材料（包括不含晶格缺陷），其理论强度，即石材所能承受的最大应力，是克服石材内部质点间结合力形成两个新的表面所需的力。实际石材内部常含有大量的缺陷，如晶格缺陷、孔隙、微裂纹等（图 5.6）。石材受力时，在缺陷处形成应力集中，导致强度降低。

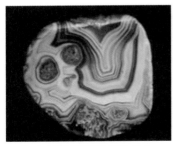

（a）晶格缺陷造成的色心

（b）孔隙

（c）大理石微裂纹

图 5.6　石材常见缺陷

石材的实际强度，常采用破坏性试验来测定，根据受力形式分为抗压强度、抗拉强度、抗折强度、抗剪强度等。石材的强度除与石材的内部因素有关外，还与外部因素有关，即与石材的测试条件也有很大的关系。如当加荷速度较快时，由于变形速度往往落后于荷载的增长，故测得的强度值偏高。

2）石材的硬度与耐磨性

硬度是指岩石抵抗较硬物体压入或刻画的能力。石材硬度用刻画法（又称莫氏硬度）测定，并划分为十级，由小到大依次为：滑石 1、石膏 2、方解石 3、萤石 4、磷灰石 5、正长石 6、石英 7、黄玉 8、刚玉 9、金刚石 10，见表 5.1。

表 5.1　常见石材硬度表

硬度等级	矿物名称	化学结构式	相对硬度	
			相对于滑石	相邻矿物间
1	滑石	$Mg(Si_4O_{10})(OH)_2$	1	15
2	石膏	$CaSO_4 \cdot 2H_2O$	15	4.40
3	方解石	$CaCO_3$	66	1.45
4	萤石	CaF_2	95.7	2.08
5	磷灰石	$Ca_3(PO_4)_3(F \cdot Cl \cdot OH)$	199	1.47
6	正长石	$K(AlSiO_3)$	292.6	1.44
7	石英	SiO_2	421.4	1.45
8	黄玉	$Al(SiO_3)(F \cdot OH)$	611	1.48
9	刚玉	Al_2O_3	904	4.33
10	金刚石	C	3915	—

耐磨性是石材表面抵抗磨损的能力，以磨损前后单位表面的质量损失表示，即磨损率。石材的硬度越大，则石材的耐磨性越高。在园林景观中，地面、路面、楼梯踏步及其他有较强磨损作用的部位，须选用具有较高硬度和耐磨性的石材，如青石、花岗石等硬度较大、较耐磨的石材品种。

3）石材的吸水性与吸水率

吸水性是石材在水中吸收水分的性质，用质量吸水率或体积吸水率来表示。两者分别是指石材在吸水饱和状态下，所吸收水的质量占石材绝对干燥状态下质量的百分数，或所吸水的体积占材料自然状态下体积的百分数。吸水率主要与石材的孔隙率有关，特别是开口孔隙率有关，并与材料的亲水性和憎水性有关。石材的孔隙率越大，体积密度就越小，特别是开口孔隙率大的亲水性石材具有较大的吸水率。石材的吸水率可直接或间接反映石材内部结构及其性质，即可根据材料吸水率的大小对材料的孔隙率、孔隙状态及材料的性质做出粗略的评价。

吸水率越小，石材越紧密坚硬；吸水率越大，则其工程性质就越差。吸水率低于 1.5% 为低吸水性岩石；吸水率高于 3.0% 为高吸水性岩石；吸水率介于 1.5%～3.0% 为中吸水性岩石。例如，坚硬的火成岩其吸水率往往不超过 1%，一些密实的沉积岩为 3% 左右，一些疏松的沉积岩则常达 8% 或以上。园林景观中常见石材的质量吸水率如下：花岗石 0.07%～0.30%，大理石 0.06%～0.45%，石英石 0.10%～2.00%。火成岩的吸水率可以说是非常低的，水尚可由侵入石材中毛细管的侵入面传到另一面。通常可看到石材表面不均匀的濡湿[1] 现象，就是此种毛细管作用的结果。

---

[1] 濡湿——指使湿，用水或其他液体浸透或弄湿。

在园林景观中，砂岩作为一种理想的装饰材料，但由于其表面具有多孔性，被雨淋后其含水率增大，在阴凉环境下容易滋生霉菌和青苔（图5.7），难以清除并留下污点。为了防止霉菌和青苔生长，现常采用草酸清洗，即用草酸稀释溶液在砂岩表面刷洗，再用清水清洗附着在砂岩表面的草酸溶液。然而这种处理效果不太令人满意，随着时间的推移，砂岩表面仍会重生霉菌和青苔。

图5.7　石材受潮产生霉菌和青苔

如今，海外推出了防护效果较好的砂岩防护技术，这种技术弥补了现用防护技术的不足。其技术要点是在含水率15%以下（最好是5%以下）的砂岩表面浸渍具有梯形结构的改性聚硅氧烷树脂防护剂进行固化，对霉菌和青苔形成防护层。在砂岩表面含水率超过15%时防护剂的浸透性降低，达不到防护功能。改性聚硅氧烷树脂所用浓度为低浓度，一般为3%～6%，在这种浓度下使用，防护表面干燥后，砂岩表面不会变色，仍保持原外观。

4）石材的吸湿性

吸湿性是石材在空气中吸收水蒸气的性质。石材吸湿或干燥至与空气湿度相平衡时的含水率称为平衡含水率。石材在正常使用状态下，均处于平衡含水状态。石材的吸湿性主要与它的组成、空隙含量，特别是毛细孔的含量有关。石材吸水或吸湿后，可削弱其内部质点间的结合力或吸引力，引起强度下降。同时也使材料的体积密度和导热性增加，几何尺寸略有增加，而使石材的保温性、吸声性下降，并使其受到的冻害、腐蚀等加剧。由此可见，含水使石材的绝大多数性质下降或变差。

5）石材的耐水性

石材长期在水的作用下，保持其原有性质的能力称为石材的耐水性。对于结构石材，耐水性主要指强度的变化；对于装饰石材则主要指颜色的变化、是否起层。即石材不同，耐水性的表示方法也不同。

石材的耐水性用软化系数[1]K表示。按K值的大小，石材的耐水性可分为高、中、低三个等级，$K > 0.90$的石材为高耐水性石材；$K=0.70～0.90$的石材为中耐水性石材；$K=0.60～0.70$的石材为低耐水性石材。一般$K < 0.80$的石材不允许用在重要建筑中。

石材的耐水性主要与其组成在水中的溶解度和石材的孔隙率有关。溶解度很小或不溶的石材，则软化系数一般较大。若石材所含矿物质可溶于水，且含有较大的孔隙率，则软化系数较小或很小。如石英石强度高、硬度大、耐水性好；长石的强度、硬度及耐水性均较低；角闪石、辉石、橄榄石等暗色矿物与长石相比，强度高、冲击韧性好、耐水性较高。常见石材的抗压强度及软化系数见表5.2。

---

[1] 软化系数——是耐水性性质的一个表示参数，表达式为$K=f/F$。K——材料的软化系数；f——材料在水饱和状态下的无侧限抗压强度，MPa；F——材料在干燥状态下的无侧限抗压强度，MPa。岩石软化系数是指水饱状态下的试件与干燥状态下的试件（或自然含水状态下）单向抗压强度之比。它是判定岩石耐风化、耐水浸能力的指标之一。

表5.2　常见石材的抗压强度及软化系数

岩石名称		风化程度	极限抗压强度 / (kg·cm^{-2})		软化系数
			干燥 R_g	饱和 R_c	
坚硬岩石	岩浆岩	中细粒花岗岩	新鲜	1 500 ~ 2 100	1 100 ~ 1 900	0.69 ~ 0.87
		花岗岩长岩		1 350 ~ 1 800	1200	0.66 ~ 0.80
		辉绿岩		1 170 ~ 1 455	950 ~ 600	0.50 ~ 0.65
		流纹斑岩		600 ~ 2 900	1 800 ~ 2 500	0.75 ~ 0.95
		玄武岩		1 500 ~ 2 000	1 250 ~ 1 900	0.80 ~ 0.95
	火山碎屑岩	凝灰岩		1 600 ~ 3 800	1 500 ~ 1 700	0.86
		火山角砾岩		800 ~ 2 200	600 ~ 2 100	0.57 ~ 0.90
	沉积岩	沙砾岩		935 ~ 2 000	800 ~ 1 500	0.65 ~ 0.97
		石英砂岩		900 ~ 2 000	800 ~ 1 500	0.5 ~ 0.97
		石灰岩		700 ~ 1 600	600 ~ 1 290	0.70 ~ 0.90
		白云质灰岩		600 ~ 1 300	550 ~ 900	0.58 ~ 0.92
	变质岩	片麻岩		800 ~ 1 800	700 ~ 1 800	0.75 ~ 0.97
		石英片岩		750 ~ 2 200	700 ~ 1 600	0.70 ~ 0.93
		硅质板岩		800 ~ 2 000	600 ~ 1 500	0.75 ~ 0.79
		石英岩		1 500 ~ 2 400	1 400 ~ 2 300	0.94 ~ 0.96
半坚硬岩石	岩浆岩	细粒花岗岩	半风化	250 ~ 400	120 ~ 250	0.48 ~ 0.62
		辉绿岩	强风化	300 ~ 800	46 ~ 318	0.16 ~ 0.40
	火山碎屑岩	凝灰岩	半风化	617	325	0.52
		凝灰质熔岩		688	319	0.46
	沉积岩	泥质钙质熔岩		300 ~ 800	50 ~ 450	0.21 ~ 0.75
		黏土岩		200 ~ 450	100 ~ 300	0.40 ~ 0.66
		砂质、炭质页岩		500 ~ 600	130 ~ 400	0.24 ~ 0.55
		泥质灰岩		134 ~ 1 000	78 ~ 524	0.44 ~ 0.54
	变质岩	云母片岩及绿泥石片岩		600 ~ 1 300	300 ~ 700	0.53 ~ 0.63
		泥质板岩		600 ~ 1 400	200 ~ 700	0.39 ~ 0.52
		千枚岩		300 ~ 600	160 ~ 400	0.67 ~ 0.93

6）石材的抗渗性

抗渗性是指石材抵抗压力水或其他液体渗透的性质。渗透系数越大，石材的抗渗性越差。石材的抗渗性与石材内部的孔隙率，特别是开口孔隙率有关，并与石材的亲水性和憎水性有关。开口孔隙率越大，大孔含量越多，则抗渗性越差。

石材的抗渗性与石材的耐久性（抗冻性、耐腐蚀性等）有着非常密切的关系。一般而言，石材的抗渗性越高，水及各种腐蚀性液体或气体越不容易进入石材内部，则石材的耐久性越高。

7）石材的抗冻性

抗冻性是石材抵抗冻融循环作用，保持其原有性质的能力。对结构石材主要指保持强度的能力。石材的抗冻性用冻融循环次数来表示，即石材在水饱和状态下能经受规定条件下数次冻融循环，而强度降低值不超过25%，质量损失不超过5%时，则认为抗冻性合格。石材的抗冻性与其矿物组成、晶粒大小及分布均匀性、胶结物的胶结性等有关。石材在冻融循环作用下产生破坏，是由于其内部

毛细空隙及大孔隙中的水结冰时体积膨胀造成的。膨胀对石材孔壁产生巨大的压力，由此产生的拉应力超过石材的抗拉强度极限时，石材内部产生微裂纹，强度下降。此外在冻结和融化过程中，石材内外的温差所引起的温度应力也会导致微裂纹的产生或加速微裂纹的扩展。到零下 20 ℃时，发生冻结，孔隙内水分膨胀比原有体积大 1/10，岩石若不能抵抗此种膨胀所发生之力，便会出现破坏现象。一般若吸水率小于 0.5%，就不考虑其抗冻性能。

影响石材抗冻性的主要因素有：石材的孔隙率、开口孔隙率、孔隙的充水程度和石材本身的强度。为提高石材的抗冻性，在生产石材时常有意引入部分封闭的孔隙。石材强度越高，抵抗冻害的能力越强，即抗冻性越高。石材抗冻性与吸水性有密切的关系，吸水率大的石材其抗冻性也差。石材的其他耐久性指标往往与材料抗冻性的好坏有很大的关系，一般石材的抗冻性越高，则材料的其他耐久性也越高。

5.1.4　石材的物理性质与装饰性质

1）物理性质

（1）耐火性

在园林中主要关心的热物理性质是石材的耐火性。材料抵抗高热火的作用，保持其原有性质的能力称为材料的耐火性。

石材的耐火性是由其构成矿物质和岩石的结构决定的，主要体现在矿物质的热膨胀率、热膨胀方向等热性质上。花岗石表面加工恰恰利用这一性质，它是使石材表层脱落的加工方法。

（2）耐久性

石材长期抵抗各种内外破坏因素或腐蚀介质的作用，保持其原有性质的能力称为石材的耐久性。石材的耐久性是材料的意向综合性质，一般包括抗渗性、抗冻性、耐腐蚀性、抗老化性、抗碳化性、耐热性、耐溶蚀性、耐磨性、耐光性等。

石材的组成、性质和用途不同，对耐久性的要求也不同，如结构石材主要要求强度，而装饰石材则主要要求颜色、光泽等不发生显著的变化。

石材的组成和性质不同，工程的重要性及所处环境不同，则对石材耐久性年限的要求也不同。如在一般使用条件下，花岗石的耐久性寿命为数十年至数百年以上。

2）石材的装饰性质

石材的装饰性能是确定石材矿床是否具有工业价值，也是衡量石材珍贵程度的主要标准。装饰性能好的石材给人以和谐、典雅、庄重、高贵、华丽等美的享受。石材装饰性能的优劣主要由石材的颜色、光泽、花纹图案、形状、尺寸、质感几个方面来决定，同时不应有影响美观的氧化杂质、色斑、色线和包裹体、锈斑、空洞与坑窝存在，否则影响石材的装饰价值。

颜色是石材对光的反射效果，不同的颜色给人以不同的感觉，如红色、黄色给人温暖、热烈的感觉；绿色、蓝色给人宁静、清凉、寂静的感觉。

光泽是石材表面方向性反射光线的性质。石材表面越光滑，则光泽度越高。不同的光泽度，可改变石材表面的明暗程度，并可扩大视野或造成不同的虚实对比。

在生产加工时，利用不同的工艺将石材的表面做成各种不同的表面组织，如粗糙、平整、光滑、镜面、凹凸、麻点等，或将石材的表面制作成各种花纹图案，如图 5.8 所示。

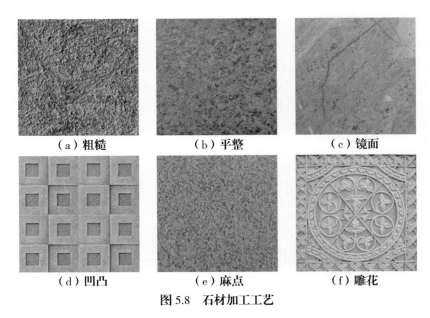

（a）粗糙　　　　　　（b）平整　　　　　　（c）镜面

（d）凹凸　　　　　　（e）麻点　　　　　　（f）雕花

图 5.8　石材加工工艺

　　石材的形状和尺寸对装饰效果也有很大的影响。改变装饰石材的形状和尺寸，并配合花纹、颜色、光泽等可拼出各种线型和图案，从而获得不同的装饰效果，最大限度地发挥材料的装饰性。

　　质感是材料的表面组织结构、花纹图案、颜色、光泽等给人的一种综合感觉，如石材在人的感官中的软硬、轻重、粗犷、细腻、冷暖等。组成相同的石材可以有不同的质感，如镜面花岗石板材与斧剁石（图 5.9）。相同的表面处理形式往往具有相同或类似的质感，但有时并不完全相同，如人造花岗石一般没有天然花岗石亲切真实，而略显单调呆板。

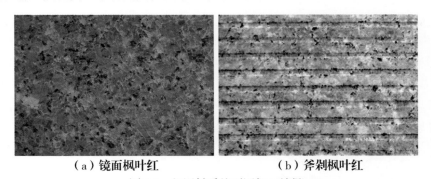

（a）镜面枫叶红　　　　　　　　（b）斧剁枫叶红

图 5.9　相同材质的不同加工效果

　　选择石材时应结合景观的环境、空间、材料的特点及使用部位等，充分考虑石材的性质，最大限度地表现出石材的装饰效果，并做到经济实用。

5.1.5　景观常用石材的分类

　　由于各个行业关注的重点不同，目前存在多种石材的分类方式。有以石材的矿产品种类型分类的；也有以岩石类型、成因分类的；还有以石材的商品类型、使用用途及特征等分类的。当然，石材的分类不是单级的而是多级的。

　　按照园林行业的使用情况，可将石材分为天然石材和人工石材。天然石材除了对传统"天然三石"

即花岗石、大理石和板石的大量使用外，砂岩、砾石、卵石、米石等天然碎石也普遍运用于园林景观中。随着科技的发展，人造石材不断创新，各种人造石材不仅运用于建筑物的结构及外墙装饰，也运用于园林景观中的景墙、地面、花池、小品等。

5.2 园林工程中常用天然石材

5.2.1 天然饰面石材术语

1）一般术语

①建筑石材（building stone）：具有一定物理、化学性能，可用作建筑材料的岩石。

②装饰石材（decorative stone）：即建筑装饰石材，指具有可锯切、抛光等加工性能，在建筑物上作为饰面材料的石材，包括天然石材和人造石材两大类。

③品种（variety）：按颜色、花纹等特征及产地对饰面石材所做的分类。

④饰面石材（facing stone）：可加工成建筑物内外墙面、地面、柱面、台面等的石材。从取材上分为人造饰面石材和天然饰面石材。

⑤饰面板材（facing slab）：用饰面石材加工成的板材，用作建筑物的内外墙面、地面、柱面、台面等。

⑥大理石（marble）：以大理岩为代表的一类装饰石材，包括碳酸盐岩和与其有关的变质岩，主要成分为碳酸盐矿物，一般质地较软。

⑦花岗石（granite）：以花岗岩为代表的一类装饰石材，包括各类岩浆岩和花岗质的变质岩，一般质地较硬。

2）产品术语

①毛料（untrimmed quarry stone）：由矿山直接分离下来，形状不规则的石料（图5.10）。

②荒料（quarry stone）：由毛料经加工而成，具有一定规格，用以加工饰面板材的石料（图5.11）。

③料石（squared stone）：用毛料加工成的具有一定规格，用来砌筑建筑物的石料（图5.12）。

④规格料（dimension stone）：符合标准规格的荒料。

⑤协议料（agreed-dimension stone）：由供需双方议定规格的荒料。

⑥毛板（flag slab）：由荒料锯解成的板材（图5.13）。

⑦粗面装饰板材（粗面板）（roughing slab）：表面平整粗糙，具有较规则加工条纹的板材（图5.14）。

图5.10 毛料

图5.11 荒料

图 5.12　料石

图 5.13　毛板

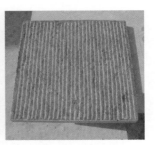

图 5.14　粗面板

⑧斧剁板材（axed slab）：用斧头加工成的粗面饰面板（图 5.15）。

⑨锤击板材（hammer dressed slab）：用花锤加工成的粗面饰面板（图 5.16）。

⑩烧毛板（flamed slab）：用火焰法加工成的粗面饰面板（图 5.17）。

图 5.15　斧剁板材

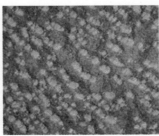

图 5.16　锤击板材

5.17　烧毛板

⑪机刨板材（planed slab）：机刨法加工成的粗面饰面板（图 5.18）。

⑫细面板材（磨光板）（rubbed slab）：表面平整光滑的板材（图 5.19）。

⑬镜面板材（抛光板）（polished slab）：表面平整，具有镜面光泽的板材（图 5.20）。

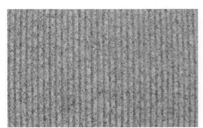

5.18　机刨板材

图 5.19　磨光板

图 5.20　抛光板

图 5.21　协议板

⑭薄板（thin slab）：厚度小于等于 15 mm 的板材。

⑮厚板（thick slab）：厚度大于 15 mm 的板材。

⑯普通板（normal slab）：正方形或长方形的板材。

⑰异型板（irregular slab）：非正方形或长方形的板材。

⑱协议板（agreed-dimension slab）：由供需双方议定的板材（图 5.21）。

5.2.2 景观赏石

1）按欣赏的角度分类

按欣赏角度可分为造型石（又称形象石）、图纹石和抽象石。

造型石侧重石的外部造型，又可分为人物石、动物石、自然景观石、植物石、器物石等，造型石的石种主要有太湖石、灵璧石等，如云南石林阿诗玛化身石、承德蛤蟆石、桂林象鼻山、河北棒槌峰等（图5.22），都以其特殊的造型而闻名。

图纹石侧重石的画面图案，又可分为人物石、动物石、器物石、山水风景石、色彩石、文字石等（图5.23）。

抽象石变化大，形体既张扬又洒脱，内涵极其丰富。它不具象，但总体形状又离不开某些物体的共性；其夸张和异样的外形，既让人惊奇又让人百思不得其解。如北京颐和园乐寿堂前的青芝岫[1]（俗称"败家石"），以其特殊的造型和传说故事而闻名（图5.24）。

（a）云南石林阿诗玛化身石

（b）承德蛤蟆石

（c）桂林象鼻山

（d）河北棒槌峰

图5.22 造型石

---

[1] 青芝岫——又名"败家石"。据史料记载，明朝官僚米万钟于北京的房山发现了这块色青而润、状若灵芝的巨石，在运往米氏勺园的途中，由于财力不支，不得不弃于郊野，后乾隆皇帝耗巨资移至颐和园，取名"青芝岫"，是中国最大的园林置石。

图 5.23　图纹石　　　　　　　　　　图 5.24　北京颐和园乐寿堂前的青芝岫

2）按历史的角度分类

按历史角度可分为传统赏石和现代赏石。

（1）传统赏石

传统赏石的特点：瘦、透、漏、皱、丑。

太湖石，又名窟窿石，是一种石灰岩，有水、旱两种。形状各异，姿态万千，通灵剔透的太湖石，其色泽最能体现"瘦、透、漏、皱"之美，其色泽以白石为多，少有青黑石、黄石。特别适宜布置公园、草坪、校园、庭院、旅游景点等，有很高的观赏价值。例如，苏州留园的冠云峰、苏州市第十中学的瑞云峰、上海豫园的玉玲珑、杭州江南名石苑中的绉云峰并称为江南四大奇石（图 5.25）。

（a）冠云峰　　　　　　（b）瑞云峰　　　　　　（c）玉玲珑　　　　　　（d）绉云锋

图 5.25　江南四大奇石

（2）现代赏石

现代赏石的特点：形、质、纹、色、韵。

现代赏石文化，既传承了古代赏石文化的精神，又凸显了当代人的价值观和生存意义，在文化层面上表现为大众文化的性质。例如，苏州博物馆中的山水景观，采用现代简洁形式，营造苏州园林古典韵味（图 5.26）；青海原子城纪念园前广场，用散置景石抽象还原原子弹爆炸后的场景（图 5.27）；北京奥林匹克森林公园采用造型简洁的景石作为题字铭牌（图 5.28）；特色景区将景石与文化符号结合，突出景区特色（图 5.29）。

3）按产出的地理位置分类

按产出的地理位置可分为江河溪湖石、海滩海底石、山石、洞穴石和大漠戈壁石等。

园林中常用于假山置石为主的石材种类有黄石、石笋、英石、太湖石、黄蜡石、宣石、灵璧石、房山石等（图 5.30）。

图 5.26 苏州博物馆

图 5.27 原子城纪念园前广场

图 5.28 奥林匹克森林公园题字景石

图 5.29 特色景区中的景石

（a）黄石

（b）石笋

（c）英石

（d）太湖石

（e）黄蜡石　　　　　　　　　　（f）宣石

（g）灵璧石　　　　　　　　　　（h）房山石

图 5.30　景观常用假山石

5.2.3　天然板材

1）花岗石

花岗石属火成岩，是其类别中分布最广的一种岩石，由长石、石英和云母组成，岩质坚硬密实。其成分以二氧化硅为主，占 65% ~ 75%。花岗石石材是没有彩色条纹的，大多数只有彩色斑点，有的还是纯色。其中矿物颗粒越细越好，说明结构越紧密结实。

（1）性能

花岗石的性能见表 5.3。

（2）硬度

花岗石的主要造岩矿物是石英、正长石、斜长石，它们的莫氏硬度[1] 为 6.5 ~ 7.0。其可加工性在很大程度上取决于石英和长石的含量，含量越高，硬度越大，越难加工。

（3）颜色与特性

花岗石的颜色丰富多变，有红色、白色、灰色、黑色、绿色、蓝色等多种色调。石材的颜色是由组成岩石的矿物颜色决定的。岩石学上，根据矿物颜色的深浅，把这些矿物分为两类：一类是浅色矿物，如石英、长石等；另一类是深色矿物，如辉石、角闪石、橄榄石、黑云母等，见表 5.4。

花岗石中主要化学成分是二氧化硅，浅色花岗石中矿物成分含有石英，呈现无色或白色；含有钾长石的呈红色或粉红色；含钾钠或钙钠的斜长石呈粉红色；灰白色、灰色、深色花岗石中矿物成

---

[1] 莫氏硬度——又名莫斯硬度，表示矿物硬度的一种标准。1812 年由德国矿物学家腓特烈·摩斯（德文：Frederich Mohs）首先提出。应用划痕法将棱锥形金刚钻针刻划所试矿物的表面而发生划痕，习惯上矿物学或宝石学都用莫氏硬度。

表5.3 花岗石的性能

名称	主要质量指标			主要用途
	项 目		指 标	
花岗石	表观密度 / (kg·m^{-3})		2 500 ~ 2 700	基础、桥墩、堤坝、拱石、阶石、地面和墙面装饰、基座、勒脚、窗台、装饰小品等
	强度 /MPa	抗压	120 ~ 250	
		抗折	8.5 ~ 15.0	
		抗剪	13 ~ 19	
	吸水率		< 1	
	膨胀系数 (10^{-6}/℃)		5.6 ~ 7.34	
	平均韧性 /cm		8	
	平均质量磨耗率 /%		11	
	耐用年限 / 年		75 ~ 200	

表5.4 常见的花岗石花色品种分类表

名 称	色 系	材料名称	材料特性
花岗石	白色系	芝麻白、皇室白、贵妃白麻、海沧白	颜色亮白，硬度大
	灰色系	芝麻灰、文登灰、济南青	硬度中等，易于加工，成材率高
	黑色系	芝麻黑、中国黑、水晶黑、黑金沙、蒙古黑	硬度中等，装饰性好
	红色系	中国红、西域红、三合红、桂林红、江西红、雅安红、安溪红、枫叶红、福寿红、龙须红	颜色鲜艳，装饰性好，硬度大
	黄色系	锈石黄、莆田锈、金黄麻、加州金麻、黄金石	中等硬度，易于加工
	绿色系	森林绿、山东泰安绿；江西上高的豆绿、浅绿；安徽宿县的青底绿花；河南的淅川绿	分布较少，产量低，颜色独特

分含有角闪石、辉石，呈黑绿色及黑色；含有钙长石的呈暗灰色及灰黑色；含有橄榄石的呈黑色及黑绿色；含有蛇纹石的呈暗绿色及果绿色（表5.5 和表5.6）。

（4）装饰性

花岗石不仅在色彩与花纹上变化较多，而且在质感方面有着较灵活的表现，经磨光处理后光亮如镜，质感强，有华丽高贵的装饰效果；而细琢板材有古朴、坚实的装饰风格。由于花岗石硬度高、

表5.5 与花岗石颜色有关的矿物分类表

色系	矿 物		颜色	耐磨性	示意图
浅色矿物	石 英		无色或乳白色，也有其他颜色	花岗石中石英含量高，花岗石耐磨率低；石英含量低，花岗石耐磨率高	
	长石类	钾长石	肉红色	长石含量高，花岗石的耐磨率也高，特别是花岗石中石英含量低，长石含量高，其花岗石耐磨率高	
		斜长石	白色、灰白色		

续表

色　系	矿　物	颜　色	耐磨性	示意图
深色矿物	辉　石	绿黑色为主	这些矿物莫氏硬度为 5～6，硬度低或较低，与以石英长石为主要矿物的花岗石类比较，这类花岗石的耐磨率都高，即都不耐磨	
	角闪石	绿黑色为主		
	橄榄石	橄榄绿色		
	黑云母	黑色、深褐色，有时带浅红、浅绿或其他色调	云母的存在，对花岗石耐磨率也有影响，特别是云母含量比较高时，它可使花岗石耐磨率增高	

表5.6　常见花岗石品种

品　种	示意图	品　种	示意图	品　种	示意图
莱州红		芝麻白		锈石黄	
惠东红		大花白		虎皮黄	
樱花红		芝麻灰		蓝钻	
康保红		芝麻黑		宝石绿	
石榴红		英国棕		燕山绿	
粉红花		黑金沙		孔雀绿	

耐磨，不易风化变质，多用于柱面和外墙装饰（图 5.31）；也用于景观墙面、台阶、园路、广场等多受外力作用的地方（图 5.32）。

图 5.31　花岗石在建筑装饰中的应用

图5.32　花岗石在景观工程中的应用

2）大理石

大理石是地壳中的原有岩石经过地壳内高温高压作用形成的变质岩，大理石主要由方解石、石灰石、蛇纹石和白云石组成。大理石矿物成分简单，易加工，多数质地细腻，镜面效果较好。其缺点是质地较花岗石软，被硬、重物体撞击时易受损。

（1）性能

大理石的性能见表5.7。

表5.7　大理石的性能

名 称	主要质量指标			主要用途
	项　目		指　标	
大理石	表观密度 /（kg·m^{-3}）		2500 ~ 2700	室内踏步、地面、墙面、柱面、柜台等，室外常用于栏杆、景墙等
	强度 /MPa	抗压	47 ~ 140	
		抗折	2.5 ~ 16.0	
		抗剪	8 ~ 12	
	吸水率		< 1	
	膨胀系数（10^{-6}/℃）		6.5 ~ 11.2	
	平均韧性 /cm		10	

（2）硬度

大理石的成分以碳酸钙为主，约占50%以上，莫氏硬度一般为3 ~ 4。相对于花岗石而言，大理石一般质地比较软，故更多地运用于室内装饰，室外用于受外力作用较小的位置，如雕塑小品、装饰栏杆等。

（3）颜色与特性

大理石中的主要化学成分是碳酸盐类，矿物是方解石及白云石，较为单纯的大理石应为白色或灰白色，但因容易受到其他颜色的混染，从而出现不同的颜色系列，主要有白色、黑色、红色、绿色、黄色、灰色及其他具有线状纹路的花色，见表5.8和表5.9。

（4）装饰性

大理石具有丰富的颜色与花纹，给人以光滑、柔和的感觉，如华盛顿纪念碑（图5.33）及圆明

表5.8 大理石色彩与特性

种 类	色 系	材料名称	材料特性
大理石	纯白	北京房山汉白玉；安徽怀宁和贵池的白大理石；河北曲阳和涞源的白大理石；四川宝兴的蜀白玉；江苏赣榆的白大理石；云南大理苍山的白大理石；山东平度和掖县的雪花白	档次较高，颜色绚丽，纹理多姿，纯的大理石为白色（我国称为汉白玉）。硬度中等，耐磨性、耐久性次于花岗岩，耐酸性差，容易打磨抛光。天然大理石板材为高级饰面材料，多用于纪念性建筑、大型公共建筑的室内墙面、柱面、地面、楼梯踏步等。少量用于室外广场、园路等
	灰色	浙江杭州的杭灰；云南大理石的云灰	
	纯黑	湖南邵阳的黑大理石；山东苍山的墨玉；河南安阳的墨豫黑	
	红色	安徽灵璧的红皖螺；四川南江的南江红；河北涞水的涞水红和阜平的阜平红；辽宁铁岭的东北红	
	黄色	河南淅川的松香黄、松香玉和米黄	
	绿色	辽宁丹东的丹东绿；山东莱阳的莱阳绿和栖霞的海浪玉；安徽怀宁的碧波	
	彩色	云南的春花、秋花、水墨；浙江衢州的雪夜梅花	

表5.9 常见大理石品种

品 种	示意图	品 种	示意图	品 种	示意图
白洞石		浅啡网		紫木纹	
白水晶		紫檀木		黑白根	
大白花		金线米黄		荷叶绿	
汉白玉		金木纹		丹东绿	
透光石		黑金花		珊瑚红	

图 5.33 华盛顿纪念碑

图 5.34 圆明园修复的大理石亭子

园修复的大理石亭子（图 5.34）均采用大理石装饰。大理石主要用于室内墙面、地面、台面等，但由于其硬度不及花岗石，在园林景观中常用于各种栏杆、雕塑及工艺制品，少用于地面、台阶等（图 5.35）。

图 5.35　大理石在园林景观中的应用

3）板岩

板岩是具有板状结构，基本没有重结晶的岩石，是一种变质岩，原岩为泥质、粉质或中性凝灰岩，沿纹理方向可以剥成薄片。板岩的颜色随其所含有的杂质不同而变化。含铁的为红色或黄色；含碳质的为黑色或灰色；含钙的遇盐酸会起泡。因此，板岩一般以其颜色命名分类，如灰绿色板岩、黑色板岩、钙质板岩等。

板岩可作为建筑材料和装饰材料，古代在盛产板岩的地区常用作瓦片。

（1）性能

板岩的性能见表5.10。

表5.10　板岩的性能

名称	主要质量指标		主要用途
	项　目	指　标	
板岩	弯曲强度/MPa	饰面板≥10.0，瓦板≥40.0	室内踏步、地面、墙面、柱面、柜台等，室外常用于栏杆、景墙等
	耐气候软化深度/mm	饰面板≤0.65，瓦板≤0.35	
	吸水率/%	饰面板≤0.70，瓦板≤0.50	
	干湿稳定性	主要按照可氧化和不可氧化黄铁矿结晶在板石中的分布及特点划分为一等品、合格品两个等级	

（2）特点

板岩具有可分剥成薄片的主要特征，自然分层好，单层厚度均匀，硬度适中，具有防腐、耐酸碱、耐高低温、抗压、抗折、抗风化、隔音、散热等特点，无物理变化，是一种高雅的环保材料。板岩是天然饰面石材的重要成员，与天然花岗石、大理石相比，具有古色古香、朴素典雅、质感细腻、纹理自然、易加工、造价低廉的特点。它既可以跻身繁华闹市，又可以避俗山乡辟野，不畏烈日酷寒，室内外随处而安，适应多种环境。

①审美价值：板岩在室内外环境装饰中的普及，很大程度上归功于板岩的审美价值。其独特的表面提供了丰富多样的肌理和色彩，而这些都是自然天成的。块与块之间各不相同，这就使环境变得独一无二。然而不同的色彩与质感却不会导致不协调，事实上，这只会增加板岩砖的美感，因为它带给人们的是一种不一样的感觉，这是其他地板砖所不能达到的，即使同样为天然石材砖。

②持久耐用：板岩砖之所以是用于园林景观的理想材料，还有另一个主要优点，那就是它非常耐磨，这也是建议在高人流区安装板岩地板的原因。

③防滑：板岩砖主要是靠其凹凸不平的表面保持天然的防滑性能。但是随着日常使用所带来的磨损，会出现一定程度的损伤与裂缝。

（3）分类

①分类方法：天然板岩主要有以下几种分类方法。

a.按用途分：地板（Flooring）、瓦板（Roofing）、墙板（Wall Cladding）、台面板（Slabs）。

b.按颜色分：绿色、灰色、黑色、红色、紫色、褐色、黄色、铁锈色。

c.按岩性分：泥质板、硅质板、碳质板、石英质板。

d.按加工后的成品分：机切板、乱形板等，板石深加工的产品还有马赛克、文化墙石、蘑菇石等。

e.按板岩的耐腐蚀性分：抗酸板和不抗酸板，耐酸性是衡量石板是否适合做屋顶瓦板的重要标准。

②常用颜色：青色（黑色、灰色）板岩、绿色板岩、黄色板岩、锈色板岩等。

③常见种类：青石板、黄木纹、青平板、蓝锈平板、金锈平板、黄锈平板、银青平板、黑色平板、银灰色平板、天然绿板岩、天然白板岩、天然灰板岩等，见表5.11。

表5.11 常见板岩品种

品　种	示意图	品　种	示意图	品　种	示意图
青石板		黄锈板		黑石英	
荧青		金锈板		黑青石板	
黄木纹		蓝锈板		黑色板岩	

（4）用途

板岩石材广泛用于建筑及园林景观行业，优于一般的人工覆盖材料，防潮、抗风，并有保温性。

①屋顶：板岩屋顶可持续数百年，具有经济、生态、环保的性能（图5.36）。

图5.36 板岩屋顶

②地板与外墙：板岩也适用于室外地面、室内地板和外墙。板岩地板通常铺设在户外园路、商业空间、庭院等。板岩地板可以是抛光后的板岩，也可以是天然的样式和颜色。它的颜色非常丰富，主要以复合灰为主，如灰黄、灰红、灰黑、灰白等。室外的板岩地板可以是不规则的板岩或板岩瓷砖，不规则的板岩可是不同形状，如弧形、梯形、平行四边形（图5.37）。

4）砂岩

砂岩，顾名思义是一种主要由砂粒胶结而成的石材，其中砂粒含量大于50%，在自然界中经过地质变化中的海相沉积和陆相沉积，将原来大量积聚砂层的地形掩盖后，又经过地质变化中的加热、加压而形成。绝大部分砂岩是由石英或长石组成的，结构稳定，通常呈淡褐色或红色，主要含硅、钙、黏土和氧化铁。

（1）分类

砂岩分为泥砂岩和海砂岩两种。

泥砂岩包括湖砂和河砂，泛称文化石或蘑菇石、壁石等，其表面纹理起伏，粗犷又富有特色。

图 5.37　板岩地板与外墙

泥砂岩材质坚硬，色泽鲜明，还有类似塑料的塑变性，适合雕刻和切割出 10 mm 厚的薄板（图 5.38）。加之良好的抗压、耐磨的天然石材特性，是景观外墙、地面非常理想的装饰材料，被广泛应用于公共建筑、庭院、庭廊、堡坎等景观建筑上，给人返璞归真、回归田园的感觉。

　　海砂岩包括印度砂岩、澳洲砂岩、昆明黄砂岩，均源于海岸，是海砂沉积岩，经地壳变动及大气压力自然形成。海砂岩有别于湖砂、河砂形成的砂岩，与花岗石相近，故密度高，抗破损及耐污性佳。海砂岩的成分结构颗粒比较粗，硬度比泥砂岩大，孔隙率比较大，较脆，故作为板材不能很薄，装饰用厚度一般为 15 ~ 25 mm。海砂岩有隔热、隔音、户外不风化、水中不溶化、不长青苔、易清理等特性。图案的线条呈现出木纹和山水纹两大系，既有石材的特点又有木纹的质感，与大理石、花岗石相比，克服了视觉冰冷的弱点（图 5.39）。

图 5.38　泥砂岩及泥砂岩浮雕

图 5.39　海砂岩及海砂岩浮雕

（2）颜色

砂岩有黄砂岩、紫砂岩、红砂岩、绿砂岩、白砂岩、黑砂岩六大色系（表5.12），可以给建筑、园林景观和室内装饰带来丰富多变的装饰效果。

表5.12　常见砂岩品种

品　种	示意图	品　种	示意图	品　种	示意图
白砂岩		红砂岩		绿砂岩	
黄砂岩		紫砂岩		黑砂岩	

（3）性质

①装饰性：砂岩颗粒细腻，底色清纯，图案清晰，条纹流畅，十分素雅、温馨，又不失华贵大气，能给人返璞归真、接近山野的感觉。

②环保性：砂岩防潮、吸音、无味、不褪色、不开裂、不变形、不腐烂、零放射，对人体无伤害，是一种绿色、环保的装饰材料。砂岩是一种亚光石材，不会产生光污染，同时又防滑，是一种天然的防滑材料。

③易施工性：砂岩制品安装简单，只要用螺丝就能把雕刻品固定在墙上，其能与木作装修有机地连接，背景造型的空间发挥更完善，这也克服了传统石材安装烦琐和安装成本较高的问题。

（4）应用

随着人们生活水平和艺术品位的提高，砂岩雕刻艺术品已广泛应用于大型公共建筑、别墅、家装、酒店宾馆的室内外装饰以及园林景观雕塑中，如巴黎圣母院、卢浮宫、英伦皇宫等（图5.40）。

（a）巴黎圣母院　　　　　　　　　　（b）卢浮宫

（c）英伦皇宫　　　　　　　　　　（d）园林景观雕塑

图5.40　砂岩的应用

5）料石

料石是由人工或机械开采出的较规则的六面体石块，略经加工凿琢而成。

（1）分类

按其加工后的外形规则程度可分为毛料石、粗料石和细料石三种（图 5.41）。

①毛料石：外观大致方正，一般不加工或者稍加调整。料石的宽度和厚度不宜小于 200 mm，长度不宜大于厚度的 4 倍。叠砌面和接砌面的表面凹入深度不大于 25 mm。

②粗料石：规格尺寸同上，叠砌面和接砌面的表面凹入深度不大于 20 mm；外露面及相接周边的表面凹入深度不大于 20 mm。

③细料石：通过细加工，规格尺寸不一，叠砌面和接砌面的表面凹入深度不大于 10 mm，外露面及相接周边的表面凹入深度不大于 2 mm。

（a）毛料石　　　　　（b）粗料石　　　　　（c）细料石

图 5.41　料石

（2）应用

毛料石主要应用于生态景区的挡墙砌筑（图 5.42）。

粗料石主要应用于建筑物的基础、勒脚、墙体部位（图 5.43）。

半细料石和细料石主要用作地面和墙面的饰面材料（图 5.44）。

6）文化石

"文化石"是统称，可分为天然文化石和人造文化石两大类。天然文化石从材质上可分为沉积砂岩和硬质板岩。人造文化石产品是以浮石、陶粒等无机材料经过专业加工制作而成，它拥有环保节能、质地轻、强度高、抗融冻性好等优势。

文化石并不是一种单独的石材，本身也不附带文化含义，它表达的是达到一定装饰效果的加工和制作方式。文化石吸引人的特点是其色泽纹路能保持自然原始的风貌，加上色泽调配变化，能将

图 5.42　毛料石在景观中的应用　　　　图 5.43　粗料石在景观中的应用

图 5.44　细料石在园林景观中的应用

石材质感的内涵与艺术性展现无遗，符合人们崇尚自然、回归自然的文化理念，人们便统称这类石材为"文化石"。用这种石材装饰的墙面、制作的壁景等，能透出一种文化韵味和自然气息。

（1）天然文化石

开采于自然界石材矿床，其中的板岩、砂岩、石英石经过加工，成为装饰材料。天然文化石材质坚硬，色泽鲜明，纹理丰富、风格各异（图 5.45）。具有抗压、耐磨、耐火、耐寒、耐腐蚀、吸水率低等优点。天然文化石最主要的特点是耐用，不怕脏，可无限次擦洗。但装饰效果受石材原纹理限制，除了方形石外，其他的施工较为困难，尤其是异形拼接。

图 5.45　常见天然文化石品种

（2）人造文化石

人造文化石采用浮石、陶粒、硅钙等材料经过专业加工精制而成。人造文化石是采用高新技术把天然形成的每种石材的纹理、色泽、质感以人工的方法进行升级再现，效果极富原始、自然、古朴的韵味（图 5.46）。高档人造文化石具有环保节能、质地轻、色彩丰富、不霉、不燃、抗冻性好、便于安装等特点。

图 5.46　常见人造文化石

5.2.4　装饰粒状石材——卵石

卵石是指风化岩石经水流长期搬运而成的粒径为 10 ~ 200 mm 的无棱角的天然颗粒。大于 200 mm 的称为漂石；粒径为 10 ~ 60 mm 的称为砾石。

卵石是经过长时间逐渐形成的。其形成过程可分为两个阶段：第一阶段是岩石风化、崩塌阶段；第二阶段是岩石在河流中被河水搬运和磨圆阶段。

1）种类

根据卵石的形成原因不同，可将其分为天然卵石和机制卵石。

（1）天然卵石

天然卵石指经过流水长期的冲刷形成的卵石。鹅卵石、雨花石都是天然卵石（图 5.47）。

（2）机制卵石

机制卵石是把石材碎料通过机器打磨边缘加工形成的卵石，如海峡石（图 5.48）。洗米石也是机制卵石，但其颗粒较小，不称卵石。

图 5.47　天然卵石　　　　图 5.48　机制卵石

天然的鹅卵石、雨花石、机制干黏石等建筑、景观材料及室内装饰用的高级染色沙，均无毒、无味、不脱色、品质坚硬、色泽鲜明古朴，具有抗压、耐磨、耐腐蚀的特性，是理想的绿色材料。

2）规格

①鹅卵石滤料系列：2 ~ 4 mm、4 ~ 8 mm、8 ~ 12 mm、12 ~ 16 mm、16 ~ 20 mm（过滤水专用）。

②园林路面工程系列：1 ~ 3 cm、3 ~ 5 cm、5 ~ 8 cm、8 ~ 12 cm（路面铺设用）。

3）应用

从古至今，卵石作为常用的景观装饰材料，能在景观中长期维持与周边环境的景观效应，而且不会破坏和污染环境，既能营造古朴自然的野趣风貌，也能营造出精致小巧的华丽风貌，满足了现代人对优美景观的憧憬与向往。

卵石的实用性、装饰性、经济性、自由性及其生态性与现代景观设计的"绿色生态景观"及"可持续发展景观"的发展方向相一致。

（1）卵石与水体的搭配装饰应用

卵石因水而生，卵石的形成离不开水，卵石沉睡于山林溪涧水边，这是大自然的杰作。卵石的自然性和水流的无形性更好地反映出中国造园艺术中以自然精神为最高境界的追求。卵石营造的水景亲和力较强，而且可以保护河岸（图 5.49）。

图 5.49　卵石与水体的搭配装饰应用

（2）卵石与植物的搭配装饰应用

　　景观中比较常见的是卵石块与草坪的结合，或者巨型卵石与乔木、灌木的结合，营造悠闲、自然的围合或半围合空间。卵石与植物搭配的景观环境中，由于颜色的区别通常都比较引人注目，能起到画龙点睛的作用，营造出景观的自然属性（图 5.50）。

图 5.50　卵石与植物的搭配装饰应用

（3）卵石与其他材质的搭配装饰应用

　　在园林景观中，卵石与其他材质的搭配应用最早出现在中国古典园林中的花街铺地和石子画，在现代景观中依然广泛使用。卵石与其他块状或整体铺装的搭配，形成强烈的对比，如园路、广场、花池、景墙等（图 5.51）。

图 5.51　卵石与其他材质的搭配装饰应用

5.3 园林工程中常用人造石材

人造石，学名高分子矿物填充型复合材料（Solid Surface），系美国杜邦公司 20 世纪 70 年代发明的专利技术。人造石是以不饱和聚酯树脂为黏结剂，配以天然大理石或方解石、白云石、硅砂、玻璃粉等无机物粉料，以及适量的阻燃剂、颜色等，经配料混合、瓷铸、振动压缩、挤压等方法成型固化制成的。具有无毒性、无放射性、不粘油、不渗污、抗菌防霉、耐冲击、易保养、拼接无缝、任意造型等优点。作为一种换代型的新型材料，目前已广受消费者的欢迎。

与天然石材相比，人造石具有色彩艳丽、光洁度高、颜色均匀、抗压耐磨、韧性好、结构致密、坚固耐用、比重轻、不吸水、耐侵蚀风化、色差小、不褪色、放射性低等优点。具有资源综合利用的优势，在环保节能方面有不可低估的作用，也是名副其实的绿色环保建材产品，已成为当代园林景观中普遍应用的装饰材料。

5.3.1 人造石材的分类

1）按原料分类

（1）树脂型人造石材

树脂型人造石材是以不饱和聚酯树脂为胶结剂，与天然大理碎石、石英砂、方解石、石粉或其他无机填料按一定的比例配合，再加入催化剂、固化剂、颜料等外加剂，经混合搅拌、固化成型、脱模烘干、表面抛光等工序加工而成（图 5.52）。使用不饱和聚酯的产品光泽好、颜色鲜艳丰富、可加工性强、装饰效果好；这种树脂黏度低、易于成型、常温下可固化。成型方法有振动成型、压缩成型和挤压成型三种。树脂型人造石材主要应用于室内装饰中。

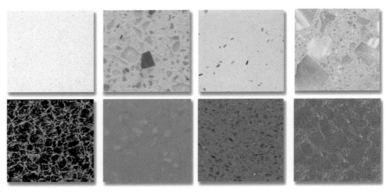

图 5.52 树脂型人造石材

图 5.53 常见水泥型人造石材

（2）水泥型人造石材

水泥型人造石材是以各种水泥为胶结材料，砂、天然碎石粒为粗细骨料，经配制、搅拌、加压蒸养、磨光和抛光后制成的人造石材。配制过程中，混入色料，可制成彩色水泥石（图5.53）。水泥型石材的生产取材方便，价格低廉，无辐射。在现代园林景观中，设计师利用其经济环保性做出许多创意性的水泥砖，用作花台、装饰小品等（图5.54）。

图 5.54　水泥型人造石材在园林景观中的应用

（3）烧结型人造石材

烧结型人造石材的生产方法与陶瓷工艺相似，是将长石、石英、辉绿石、方解石等粉料和赤铁矿粉，以及一定量的高龄土共同混合，一般配比为石粉60%，黏土40%，采用混浆法制备坯料，用半干压法成型，再在窑炉中以1 000 ℃左右的高温焙烧而成。烧结型人造石材的装饰性好，性能稳定，但需经高温焙烧，因而能耗较大，造价高。在现代园林景观中，常用于园路、广场铺装（图5.55）。

（4）复合型人造石材

复合型人造石材采用的黏结剂中，既含有无机材料，又含有机高分子材料。其制作工艺为：先用水泥、石粉等制成水泥砂浆的坯体，再将坯体浸于有机单体中，使其在一定条件下聚合而成。对板材而言，底层用性能稳定而价廉的无机胶凝材料，面层用聚酯和大理石粉制作（图5.56）。

以上四种人造石材中，聚酯型人造石材物理和化学机能最好，易于成型，光泽好，固化快，花纹多样，且具有重现性，适于多种用处，但价格相对较高；水泥型人造石材最经济，但耐腐化性能较差，容易呈现微龟裂；复合型人造石材则综合了前两者的长处，既有良好的物化性能，成本也较低，但它受温差影响后聚酯面易产生剥落或开裂；烧结型人造石材需经高温焙烧，因此能耗大，造价高，而且固定只用黏土作胶黏剂，产品破损率高。

图 5.55 烧结型人造石材

图 5.56 复合型人造石材

2）按透水性分类

（1）透水砖

透水砖是一种砖体本身具有很强吸水功能的路面砖（图 5.57）。为了加强砖体的抗压和抗折强度，技术人员用碎石作为原料加入水泥和胶性外加剂，使其透水速度和强度都能满足城市路面的需要。透水砖常用于市政人行道、停车位、小区地面铺装等。这种砖的价格比起用陶瓷烧制的陶瓷透水砖相对便宜，适用于大多数地区工程的地面铺装。

（2）不透水砖

石材表面使用了憎水性石材防护剂，使用后会扩大石材表面与水之间的张力，当张力大于附着力时，可以使水在石材表面呈现水珠滚动的效果，在毛面石材表面更能体现。但这种效果的时效性很短，会随着表面有效成分的流失而很快消退，最终起作用的还是防护剂的耐水性能和抗水压能力的大小（图 5.58）。

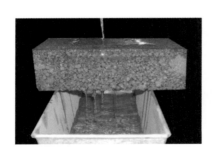

图 5.57 生态透水砖

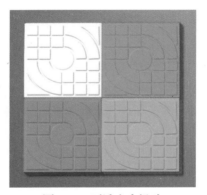

图 5.58 不透水广场砖

3）按结合方式分类

（1）块状材料

块状材料具有透气性能好、拼图艺术感强、灵活性高、品种多样、易于施工等特点，比如陶瓷砖、水泥砖等（图 5.59）。

（2）整体材料

色彩图案与混凝土融为一体，保持坚硬耐用的特性，更增添了华丽的艺术效果。但整体性铺装材料使用范围相对较局限，仅用于地面铺装，而且需现场施工。园林景观中常见的整体地坪有压模混凝土、水洗石等（图 5.60）。

图 5.59　块状铺装

图 5.60　整体地坪

5.3.2　人造石材的特点

（1）高性能

综合来讲就是强度高、硬度高和耐磨性能好，厚度薄、质量轻、用途广泛、加工性能好。

（2）花色多样

人造复合石材由于在加工过程中石块粉碎的程度不同，再配以不同的色彩，可以生产出多种花色品种，每个系列又有许多种颜色可供选择。可选择纹路、色泽都适宜的人造石材来配合各种不同的环境氛围。而且人造石材主要用石粉加工而成，较天然石材薄，本身质量比天然石材轻，可以减轻承重。

在铺设过程中，人造石材不仅可铺设成传统的块与块拼接的形式，也可以切割加工成各种形状，组合成多种图案。同时，人造石材铺设的工艺简单，其背面经过波纹处理，使铺设后的墙面或地面品质更可靠。

（3）用途广泛

在装饰方面，人造石材具有一般传统建材所欠缺的耐酸、耐碱、耐冷热、抗冲击的特点，作为一种质感佳、色彩多的饰材，不仅能美化室内外环境，满足其设计上的多样化需求，更能为建筑师和设计师提供极为广泛的设计空间，以表达自然感受。

人造石材从诞生至今经历了几十年的研究、开发和创新，开发出的多种材料广泛应用于商业、住宅、公园等场所。

（4）经济环保

人造石材产业属资源循环利用的环保利废产业，发展人造石材产业本身不直接消耗原生的自然资源、不破坏自然环境。该产业利用了天然石材开矿时产生的大量难以有效处理的废石料资源，不需要高温聚合，也就不存在消耗大量燃料和废气排放的问题。因此，人造石材产业作为新型装饰材

料产业，有着广阔的发展空间。

5.3.3 景观工程中常见块状人造石材——砖

1）黏土砖

将黏土用水调和后制成砖坯，放在砖窑中煅烧（约 1 000 ℃）便制成砖，也称为烧结砖，是建筑用的人造小型块材。黏土砖以黏土（包括页岩、煤矸石等粉料）为主要原料，经泥料处理、成型、干燥和焙烧而成，有实心和空心的分别。实心黏土砖是世界上最古老的建筑材料之一，从陕西秦始皇陵（图 5.61）到北京明清长城（图 5.62），它传承了中华民族几千年的建筑文明史。至今，仍是国人钟爱的建筑材料。

图 5.61　黏土砖在秦始皇陵中的应用　　　　图 5.62　黏土砖在长城中的应用

（1）分类

①按孔洞率分：实心砖（无孔洞或孔洞率小于 25% 的砖）；空心砖（孔洞率等于或大于 40%，孔的尺寸大而数量少的砖，常用于非承重部位，强度等级偏低）；多孔砖（孔洞率等于或大于 25%，孔的尺寸小而数量多的砖，常用于承重部位，强度等级较高）（图 5.63）。

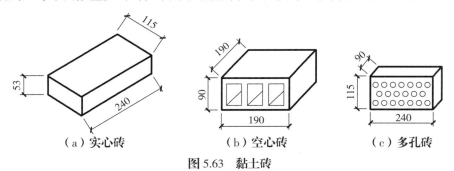

（a）实心砖　　　　　（b）空心砖　　　　　（c）多孔砖

图 5.63　黏土砖

②按加工工艺分：黏土中含有铁，烧制过程中完全氧化时生成三氧化二铁呈红色，即最常用的红砖；而如果在烧制过程中加水冷却，使黏土中的铁不完全氧化而生成四氧化三铁则呈青色，即青砖。

青砖和红砖的硬度是差不多的，只不过烧制完后冷却方法不同。红砖是自然冷却，简单一些，因此现在生产红砖较多；青砖是水冷却（其实是一种缺氧冷却），操作起来比较麻烦，所以现在生产的比较少。虽然强度、硬度差不多，但青砖在抗氧化、水化、大气侵蚀等方面性能明显优于红砖。

（2）优点

黏土砖就地取材，价格便宜，经久耐用，还有防火、隔热、隔声、吸潮等优点，在景观工程中使用广泛。废碎砖块还可作混凝土的集料，是一种可回收再利用的材料。为改进普通黏土砖块小、自重大、耗土多等缺点，黏土砖正向大块、空心、轻质、高强度的方向发展。

（3）应用

黏土砖是最原始、应用最多的一种材料。除了在建筑结构、外墙面中的应用外，在园林景观中，黏土砖还常被用作地面、墙体、构筑物等的砌筑。在中式景观中，对青砖、红砖的应用较多，体现中式园林的朴素意味。如北京的红砖美术馆，采用红色砖块作为基本元素，辅以部分建筑上青砖的使用，打造出一座当代山水庭院的园林式美术馆（图5.64）。

图 5.64　北京红砖美术馆

2）瓷砖

瓷砖是以耐火的金属氧化物及半金属氧化物，经由研磨、混合、压制、施釉、烧结之过程，而形成的一种耐酸碱的瓷质或石质的建筑、装饰材料，总称为瓷砖。其原材料多由黏土、石英砂等混合而成。常见瓷砖规格为 100 mm × 100 mm，200 mm × 200 mm，300 mm × 300 mm 和 600 mm × 600 mm。

（1）分类标准

①国家分类标准。瓷质砖：吸水率小于等于 0.5%；炻瓷质：吸水率 0.5% ~ 3.0%；细炻质：吸水率 3.0% ~ 6.0%；炻质砖：吸水率 6.0% ~ 10.0%；陶质砖：吸水率大于 10%。

②吸水率表达。陶质砖＞10% ≥炻质砖＞6% ≥细炻质＞3% ≥炻瓷质＞0.5 ≥瓷质砖。吸水率 0.5% ~ 10% 概括为半瓷。

③依用途。分为外墙砖、内墙砖、地砖、广场砖、工业砖等。

（2）特性

①尺寸统一：产品大小尺寸统一，可节省施工时间，而且整齐美观。

②吸水率低：吸水率越低，玻化程度越好，产品理化性能越好，越不易因气候变化、热胀冷缩而产生龟裂或剥落。

③平整性好：平整性好的瓷砖，表面不弯曲、不翘角、容易施工，施工后表面平坦。

④强度高：抗折强度高、耐磨性好且抗重压、不易磨损，适合公共场所使用。

⑤色差小：由于瓷砖是工厂统一调色生产，对色彩的控制性强，色差较小。

（3）应用

在景观工程中，常用到的瓷砖以外墙砖和广场砖为主。外墙砖不仅装饰整个建筑物，同时因为其耐酸碱，物理化学性能稳定，对保护墙体有重要作用。为满足外墙装饰个性化与丰富性的要求，外墙装饰技术和手法向高品位、高档次发展。外墙砖注重整体搭配（如颜色搭配、规格搭配、多色混贴等），装饰手法丰富，装饰风格多样化，装饰效果突出（图 5.65）。广场砖主要用于休闲广场、市政工程、园林绿化、屋顶美观、花园阳台、商场、超市、学校、医院等人流量集中的公共场合（图 5.66）。其砖体色彩简单，砖面体积小，多采用凹凸面的形式。具有防滑、耐磨、修补方便的特点。

图 5.65　外墙砖及其应用

3）陶砖

陶砖是黏土砖的一种，它是介于陶土砖与陶瓷砖之间的产物，原产于澳大利亚，随后由中国、马来西亚等国家引进，是产品不断优化及西方传统工艺不断延伸的新产品。

陶砖通常采用优质黏土和紫砂陶土及其他原料配比高温烧制而成，较传统陶土砖而言，陶砖质感细腻、色泽稳定、线条优美、实用性强、耐高温、抗严寒、耐腐蚀、抗冲刷、返璞归真、永不褪色，不仅具有自然美，更具有浓厚的西方文化气息和欧式建筑风格。其个性、领域性、适用性极强，可根据需要添加矿物元素生产多种色彩的产品。室外砖常见规格：230 mm×115 mm×50 mm、200 mm×100 mm×50mm，可用于室外地面及墙面的铺装（图 5.67）。

陶砖具有以下特性：

①优异的抗冻融特性：在砖体吸水饱和状态的情况下，瓷质砖和陶土砖在 −15 ℃时循环冻融 3 次已经全部冻裂，而陶砖却可以在 −50 ℃时抗冻融反复循环 50 次以上。

②良好的抗光污染性能：陶砖能将 90% 以上的光全部折射，对保护人体视力、减少光污染有很好的作用。

图 5.66　广场砖及其应用

图 5.67　陶砖在园林景观中的应用

③良好的吸音作用：由于陶砖通体富含大量均匀细密的开放性气孔，故能将声波全部或部分折射出去，起到室外降低噪声、室内消除回音的效果，是创造城市优良居住环境的绝佳材料。

④良好的透气性、透水性：陶砖透气、透水的优越性在绿色文明的今天得到充分展示，其古朴的韵味与自然景观相融合，体现了人与自然的和谐对话。

⑤良好的耐风化、耐腐蚀性：随着工业污染的加重、酸雨的增加，很多材料因为无法接受考验而被淘汰。纯天然的加工工序使得陶砖本身只含有少量的化学杂质，其内部结构也不易受到酸雨的影响，陶土抗碱腐蚀性的特性更是其他材料无法与之相比的。

4）普通混凝土砖

以水泥为胶结材料，与砂、石（轻集料）等经加水搅拌、成型和养护而制成的一种具有多排小孔的混凝土制品，是继普通轻集料混凝土小型空心砌块后又一个景观材料的新品种。

该类砖兼具黏土砖和混凝土小砌块的特点，外形特征属于烧结多孔砖，材料与混凝土小砌块类同，符合砖砌体施工习惯，各项物理、力学和砌体性能均具备烧结黏土砖的条件。混凝土砖生产能耗低、节土利废、施工方便、体轻、强度高、保温效果好、耐久、收缩变形小、外观规整，是一种替代烧结黏土砖的理想材料。

常见形状有：长方形、方形、菱形及连锁地砖。常见规格有：200 mm×100 mm×45（60，80，90）mm、100 mm×100 mm×45（60，80，90）mm、200 mm×200 mm×60（80，90）mm、300×300×60（80，90）mm。

在景观工程中，混凝土砖常用于地面铺装、停车场、护坡、挡墙景观（图5.68）。

图5.68　混凝土砖在景观工程中的应用

5）透水砖

市政路面上使用的透水砖，是用碎石作为原料加入水泥和胶性外加剂使其透水速度和强度都能满足城市路面的需要。这种砖与用陶瓷烧制的陶瓷透水砖相比更为经济，在大多数地区工程的地面铺装中广泛应用。

透水砖的分类如下：

①普通生态透水砖：为普通碎石的多孔混凝土材料经压制成型（图5.69），用于一般街区人行步道、广场，是普通铺装的面材。

②聚合物纤维混凝土透水砖：材质为花岗岩骨料、高强水泥和水泥聚合物增强剂，并掺和聚丙烯纤维，送料配比严密，搅拌后经压制成型（图5.70），主要用于市政、重要工程和住宅小区的人行步道、广场、停车场等场地的铺装。

③彩色复合混凝土透水砖：材质面层为天然彩色花岗岩、大理石与改性环氧树脂胶合，再与底层聚合物纤维多孔混凝土经压制复合成型（图5.71）。此产品面层华丽，色彩天然，有石材一般的质感，与混凝土复合后，强度高于石材且成本略高于混凝土透水砖，但价格是石材地砖的1/2，是一种经济、高档的铺地产品。主要用于商业区、大型广场、酒店停车场和高档别墅小区等场所。

④彩色环氧通体透水砖：骨料为天然彩石与进口改性环氧树脂胶合，经特殊工艺加工成型（图5.72）。此产品可预制，也可以现场浇制，并可拼出各种艺术图形和色彩线条，给人一种赏心悦目的感受。主要用于高档居住区园路、活动广场等。

⑤混凝土透水砖：为河砂、水泥、水，再添加一定比例的透水剂而制成的混凝土制品（图5.73）。此产品与树脂透水砖、陶瓷透水砖、缝隙透水砖相比，生产成本低，制作流程简单、易操作。广泛用于高速公路、飞机场跑道、车行道，人行道、广场及园林建筑等。

⑥生态砂基透水砖，是通过"破坏水的表面张力"的透水原理，有效解决传统透水材料通过孔隙透水易被灰尘堵塞及"透水与强度""透水与保水"相矛盾的技术难题，常温下免烧结成型，以沙漠中风积沙为原料生产出的一种新型生态环保材料（图5.74）。其水渗透原理和成型方法被建设部科技司评审为国内首创，并成功运用于"鸟巢"、水立方、上海世博会中国馆、国庆60周年长安街改造等国家重点工程（图5.75）。

图5.69　普通生态透水砖

图5.70　聚合物纤维混凝土透水砖

图5.71　彩色复合混凝土透水砖

图5.72　彩色环氧通体透水砖

图5.73　混凝土透水砖

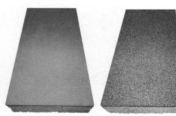

图5.74　生态砂基透水砖

6）锦砖

锦砖也称马赛克或纸皮砖，是由多种颜色和形状的锦砖按一定图案反贴在牛皮纸上而成。一般

图 5.75 透水砖铺装在国家重点工程中的应用

做成 18.5 mm×18.5 mm×5 mm、39 mm×39 mm×5 mm 的小方块，或边长为 25 mm 的六角形等。这种制品出厂前已按各种图案反贴在牛皮纸上，每张大小约为 300 mm×300 mm，其面积约为 0.093 m²。施工时将每联纸面向上，贴在半凝固的水泥砂浆面上，用长木板压面，使之粘贴平实，待砂浆硬化后洗去皮纸，即显出美丽的图案。

（1）特点

锦砖色泽丰富，质地坚实，经久耐用，具有耐酸、耐碱、耐火、耐磨、抗压力强、吸水率小、不渗水、易清洗、不褪色等优点。园林景观中常用于人工水景、泳池内壁贴面装饰，地面、墙面、花池、树池、坐凳的贴面等，图案多样，色彩丰富，具有良好的景观效果（图 5.76）。

（2）分类

根据材质的不同，锦砖可分为陶瓷锦砖（陶瓷马赛克）、玻璃锦砖（玻璃马赛克）、水晶锦砖（水晶马赛克）（图 5.77）。

①陶瓷锦砖：以瓷化好，吸水率小，抗冻性能强为特色而成为外墙装饰的重要材料。特别是釉和磨光制品以其晶莹、细腻的质感，提高了耐污染能力和材料的高贵感。其采用优质瓷土烧成，一般做成 18.5 mm×18.5 mm×5 mm、39 mm×39 mm×5 mm 的小方块，或边长为 25 mm 的六角形等。园林景观中常用于泳池，也有少量用于树池、花台、坐凳等。

②玻璃锦砖。是一种小规格的彩色饰面玻璃，属于各种颜色的小块玻璃质镶嵌材料。一般规格为 20 mm×20 mm、30 mm×30 mm、40 mm×40 mm，厚度为 4～6 mm。它作为最小巧的装修材料，组合变化的可能性非常多：具象的图案，同色系深浅跳跃或过渡，或为瓷砖等其他装饰材料做纹样

图 5.76 锦砖在园林景观中的应用

（a）陶瓷马赛克　　　　　（b）玻璃马赛克　　　　　（c）水晶马赛克

图 5.77 马赛克的种类

点缀等。玻璃马赛克由天然矿物质和玻璃粉制成，是最安全的建材，也是杰出的环保材料。它耐酸碱、耐腐蚀，不褪色。景观中常用于泳池、水景池沿做点缀装饰。

③水晶马赛克：它是完美的陶瓷工艺和玻璃工艺结合体。高温熔制的水晶马赛克可根据客户的需要制作，其色彩绚丽而充满创意，并具有阻燃、耐酸碱、永不褪色、易于清洁等诸多特点。产品主要以每贴 300 mm×300 mm 为主，底贴六角布网。水晶马赛克完全超越了原有马赛克的风格，给马赛克领域带来了新的拓展空间。适用于装饰内（外）墙、喷泉、游泳池、壁画、建筑以及具有创意的空间。

马赛克精致的工艺及鲜亮的色彩给设计师提供了无限的设计灵感,在园林景观中应用的巧妙之极。鲜艳的色彩给户外空间增添了无限活力,精致的工艺更展现了设计师及工程师的匠心独运(图5.78)。

图5.78 马赛克在园林景观中的应用

7)水泥砖

水泥砖是利用粉煤灰、煤渣、煤矸石、尾矿渣、化工渣或天然砂、海涂泥等(以上原料的一种或数种)作为主要原料,用水泥做凝固剂,不经高温煅烧而制造的一种新型材料。水泥砖自重较轻,强度较高,无须烧制,用电厂的污染物粉煤灰做材料,较为环保,国家已经大力推广。水泥砖具有质轻、环保、经济等性质,随着技术的进步,它已出现在许多创新设计中。例如,水泥砖在现代景观中对墙面及地面的装饰,凸显素雅、大气的氛围,给人强烈的视觉冲击;其次,设计师以水泥砖为原料设计的庭院花台、装饰小品,更是简单而不简略(图5.79)。随着水泥砖加工技术的进步,近几年出现了用于室内装饰的水泥砖,效果美观,风格独特。

图 5.79 水泥砖在园林景观中的应用

5.3.4 整体地面

整体地面的主要成分是混凝土、纯石粉和硬骨料,是一种超黏性、高强度、高分子聚合物,经过长时间考验和严格测试,证明其耐磨、抗压、防滑、持久等各项性能指标均为优良,且施工简单快捷,成为现代建筑地面材料的理想选择。

1)水洗石

水洗石也称为洗米石、汰石子,是指水泥及骨料的混合,抹平凝固前,用水洗掉骨料表面的水泥,露出骨料表面。骨料有多种色彩的细石子,规格通常用小八厘[1],用得最多的是黄色海米石(图 5.80)。

图 5.80 黄色海米石

水洗石饰面是一项传统的施工工艺,它能使饰面具有天然质感,而且色泽庄重美观,饰面坚固耐久,不褪色,也比较耐污染。水洗石与其他材质搭配,更突出材质的质感及肌理的对比关系,比传统大面积水洗石效果更美观。

如今墙面已很少采用这种传统的装饰,而在大型广场、居住区及公园等公众场合进行地面装修时采用,也应用于人工砌筑的树池、坐凳等小品表面装饰(图 5.81)。水洗石号称"没有接缝的地板"。经过抛光打磨之后干净平整,经济实用。

2)水磨石

水磨石也称磨石子,跟水洗石刚好相反,是指大理石和花岗岩或石灰石碎片嵌入水泥混合物中,用水磨去表面而平滑的地面。水磨石加工难度大,多用在室内,可仿出石材效果(图 5.82)。

水磨石地面是一种以水泥为主要原材料的复合地面材料,因其低廉的造价和良好的使用性能,在超大面积公共建筑里广泛采用。据国家相关部门的统计资料表明,全国公共建筑中水磨石的使用面积超过 60 亿 m^2,涵盖了医院、工厂、政府机关、学校、商业场所、机场、车站码头等。水磨石地面最大优点是防潮,尤其在南方地区较潮湿的季节也可以保持干燥。但是,水磨石也易风化、老化,寿命周期一般为 2 ~ 5 年。表面粗糙,空隙大,耐污能力极差,且污染后无法清洗干净,即使采用原始的打蜡保养办法来提高表面光洁度,也由于操作组织的复杂性,导致费用庞大,效果却不尽如人意。由于以上原因,水磨石通常被认为是一种中低档的地面装修材料,在现代园林景观中逐渐被淘汰。

---

[1] 小八厘——即建筑用的石灰岩石子,有大八厘(粒径为 8 mm)、中八厘(粒径为 6 mm)、小八厘(粒径为 4 mm)三种规格。

图 5.81　水洗石在园林景观中的应用

图 5.82　水磨石铺装

3）压模地坪

压模地坪也称为艺术地坪、压印地坪、压花地坪，是采用特殊耐磨矿物骨料，高标号水泥、无机颜料及聚合物添加剂合成的彩色地坪，通过压模、整理、密封处理等施工工艺使混凝土表面产生不同凡响的石质纹理和丰富的色彩效果（图 5.83）。

①压模地坪是具有较强艺术性和特殊装饰要求的地面材料。其优点是一次成型、使用期长、施工快捷、修复方便、不易褪色等，同时又弥补了普通彩色道板砖的整体性差、高低不平、易松动、使用周期短等不足。

图 5.83　压模地坪

②用水硬化剂材料制作的彩色压模地坪具有耐磨、防滑、抗冻、不易起尘、易清洁、高强度、耐冲击、色彩和款式方面有广泛的选择性、成本低和绿色环保等特点，是目前园林、市政人行道、停车场、公园小道、商业和文化设施领域的理想材料。

4) 透水混凝土

透水混凝土又称多孔混凝土。透水地坪（图 5.84）是由骨料、水泥和水拌制而成的一种多孔轻质混凝土，它不含细骨料，由粗骨料表面包覆一层水泥浆，相互黏结而形成孔穴均匀分布的蜂窝状结构，故具有透气、透水和质量轻的特点，也称排水混凝土。其能让雨水流入地下，有效补充地下水，缓解城市的地下水位急剧下降等环境问题，并能有效消除地面上的油类化合物等对环境污染的危害。同时，是保护自然、维护生态平衡、缓解城市热岛效应的优良铺装材料。透水混凝土在人类生存环境的良性发展及城市雨水管理与水污染防治等工作上，具有特殊意义。

图 5.84　透水混凝土

5.4　常见景观石材的工艺及应用

5.4.1　石材的表面处理

作为装饰和砌筑的石材，同一种石材，其加工方式不同，观感和颜色会存在差异；同一种加工方式，不同的石材，效果也不同。新的加工工艺不断涌现，创造出更加丰富的景观效果。一般来说，石材的颜色湿者深干者浅，光面深糙面浅，新鲜者深风化者浅。通常白色板材比黑色板材容易抛光。

1）机刨板

机刨板也称为拉沟加工或拉槽面，是用专门的刨机，在石材表面拉刨出有规则的凹槽，形成较强的肌理感，增强石材质感（图5.85）。机刨板石材厚度一般在30 mm以上。在园林景观中，常用机刨板做地面防滑带，或贴面的块面、边带，形成肌理的对比（图5.86）。

图 5.85　机刨板

图 5.86　机刨板在园林景观中的应用

2）火烧板

石材经高温烧灼形成粗糙表面的效果，其厚度一般在20 mm以上（图5.87）。在园林景观中，多用于室外地面和景墙墙面铺设，经防水处理后可用于建筑外墙装修（图5.88）。

图 5.87　火烧板

图 5.88　火烧板在园林景观中的应用

3）荔枝面

石材厚度 30 mm 以上，用专用工具敲打而成，在石材表面形成形似荔枝表皮的粗糙表面（图 5.89）。多用于外墙干挂，特色装饰等，也可用于地面铺装（图 5.90）。

图 5.89　荔枝面石材

图 5.90　荔枝面石材在园林景观中的应用

4）自然面

石材厚度 50 mm 以上，不做特别加工，表面如自然形成，有凹凸质感（图 5.91）。在园林景观中，自然面石材多用于外墙饰面，也可用于地面铺设，常作为车行道减速带使用（图 5.92）。

图 5.91　自然面石材

5）蘑菇面

蘑菇面石材厚度一般在 50 mm 以上，表面高低悬殊，板块中间高，四周低，立体感强。在园林景观中，多用于外墙饰面、花台等（图 5.93）。

图 5.92　自然面石材在园林景观中的应用

图 5.93　蘑菇面石材在园林景观中的应用

6）抛光面

石材厚度为 20 mm 以上，不做特别加工，表面平整，高度磨光，有高光泽镜面效果。在园林景观中，常用于地面铺设、水景、景墙及外墙干挂，因防滑考虑，很少大面积应用于室外地面，可作为铺装边带拼接，增强肌理变化（图 5.94）。

7）斩假石

石材斩假面又称斧剁面，斧剁加工是利用专门的石材剁机，在石材表面上模拟斧头密密麻麻有规则地砍剁，所留凹线的一种加工效果（图 5.95）。斩假石又称斧剁石，是一种人造石料。将掺入石屑及石粉的水泥砂浆，涂抹在建筑物表面，在硬化后，用斩凿方法使其成为有纹路的石面样式。

图 5.94　抛光面石材在园林景观中的应用

图 5.95　石材斩假面

5.4.2　常见铺装组合形式

　　广场及道路的修建在我国有着悠久的历史，从考古和出土的文物来看，我国铺地的样式繁多，其图案十分精美。如战国时代的米字纹砖（图 5.96），东汉的几何纹铺地砖（图 5.97），西汉遗址中的卵石路面（图 5.98），唐代以莲纹为主的各种"宝相纹"铺地（图 5.99），西夏的火焰宝珠纹铺地（图 5.100），明清时代的雕砖卵石嵌花路及江南庭园的各种花街铺地（图 5.101）等。

　　在中国古代园林中，道路铺地多以砖、瓦、卵石、碎石片等组成各种图案，具有雅致、朴素、多变的风格，为我国园林艺术的成就之一。中国古典园林的铺装注重因地制宜，同时，也是构景的重要元素之一。选材价格低廉但十分讲究方式方法，处处体现与自然环境的融合，利用铺装图案的不同营造出质朴、豪放、自然、端庄等截然不同的效果。大体上这些图案可分为礼教观念、吉祥观念、世俗文化等。铺装的纹样具体可分为十种：四方灯景、长八方、冰纹梅花、攒六方、球门、万字、海棠之花、席纹、冰裂纹、十字海棠（图 5.102）。

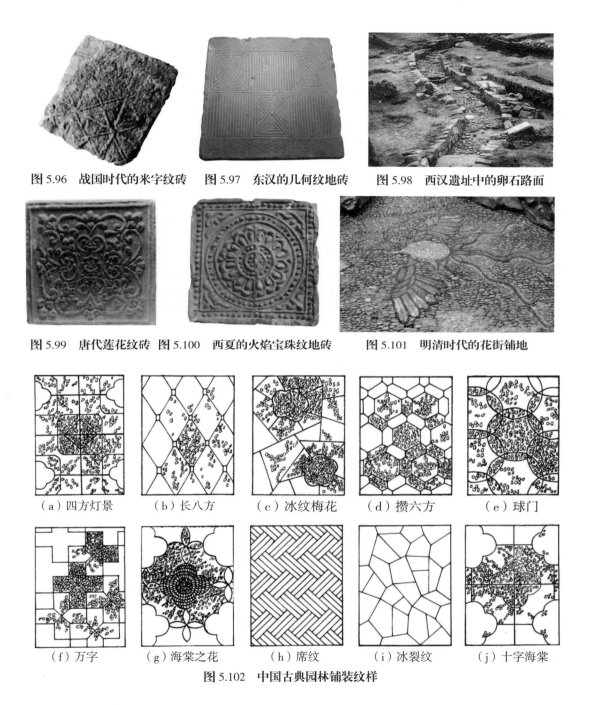

图 5.96　战国时代的米字纹砖　图 5.97　东汉的几何纹地砖　图 5.98　西汉遗址中的卵石路面

图 5.99　唐代莲花纹砖　图 5.100　西夏的火焰宝珠纹地砖　图 5.101　明清时代的花街铺地

（a）四方灯景　（b）长八方　（c）冰纹梅花　（d）攒六方　（e）球门

（f）万字　（g）海棠之花　（h）席纹　（i）冰裂纹　（j）十字海棠

图 5.102　中国古典园林铺装纹样

　　近年来，随着科技、建材工业及旅游业的发展，园林铺地中又陆续出现了水泥混凝土、沥青混凝土以及彩色水泥混凝土、彩色沥青混凝土、透水透气性路面等，这些新材料、新工艺的应用，使园路更富有时代感，为园林工程增添了新的光彩。

　　广场及道路铺装的分类有很多种，根据功能、形式、材料的不同分为不同类型。

1）整体路面

整体现浇铺装的路面适宜风景区通车干道、公园主园路、次园路或一些附属道路。采用这种铺装的路面，主要是沥青混凝土路面和水泥混凝土路面。混凝土表面可用普通水泥砂浆（表面可压纹）、彩色水泥砂浆、水洗石、水磨石、斩假石、露骨料等方式予以装饰。

2）块料铺装

块料铺装板材有规则石板、不规则石板、陶瓷广场砖和马赛克、混凝土板等。块料铺装适用于一般的广场、散步游览道、草坪路、岸边小路和城市游憩林荫道、街道上的人行道等。

规则石板：一般被加工成 497 mm × 497 mm，597 mm × 597 mm，897 mm × 597 mm 等规格，材料厚度不上车路面一般为 10 ~ 30 mm，上车路面一般为 30 ~ 100 mm。其下铺 30 ~ 50 mm 厚的水泥砂浆结合层及找平层，再往下为铺装基层。

不规则石板：常用规格有 200 ~ 500 mm，平面形状是不规则的。铺装方法有两种：一种是人工敲碎后拼贴在一起，称为人工碎拼；另一种是机器切割后将不规则的石块拼贴在一起，称为机切碎拼。一般留缝 8 ~ 15 mm，勾缝方式有勾平缝、勾凹缝、留干缝几种。

混凝土方砖：正方形，常见规格有 197 mm × 197 mm × 60 mm、297 mm × 297 mm × 60 mm、397 mm × 397 mm × 60 mm 等。表面经翻模加工为方格或其他图纹；长方形，常见规格有 197 mm × 97 mm × 60 mm、297 mm × 147 mm × 60 mm 等。

黏土砖铺地：用于铺地的黏土砖规格很多，有方砖，也有长方砖。其设计参考尺寸：200 mm × 100 mm × 60 mm、200 mm × 200 mm × 60 mm、400 mm × 400 mm × 60 mm 等。在园林景观中，以块料石材铺装使用最多，下面列举几种块料石材铺装方式（图 5.103）。

3）碎料路面

有卵石路、砾石路、碎拼彩瓷路面等。用卵石、石子、瓦片、瓷片、碗片等材料，通过拼砌镶嵌的方法，将园路的结构面层做成具有美丽图案纹样的路面，这种做法在古代被叫作“花街铺地”，苏州园林中的花街铺地尤为著名（图 5.104）。采用花街铺地的路面，其装饰性很强，趣味浓郁，但铺装中费时费工，造价较高，而且路面也不便行走。因此，常在人流不多的庭院道路和一些园林游览道上采用这种铺装方式。

4）嵌草路面

预制混凝土砌块或石板和草皮相间的铺装路面。主要用在人流量不大的公园散步道、小游园道路、草坪道路或庭院内道路、生态停车场等。预制混凝土砌块按照设计可有多种形状及大小规格，也可做成彩色的砌块。一般厚度不小于 80 mm，最适宜的厚度为 100 ~ 150 mm。砌块的形状基本可分为实心和空心两类。缝中填土达砌块厚的 2/3。在砌块嵌草路面的边缘，最好设置道牙加以规范和保护路面。另外，也可用板材铺砌作为边带，使整个路面更加稳定，不易损坏。

园林铺装在景观设计中占有重要的地位，构思巧妙的设计可以在平淡中见新颖，特别在植物及其他景观元素比较单一的情况下，可以弥补其缺失引起的不足，起画龙点睛的效果。总之，只有不断突破前人的设计，打破陈规，才能有新的发展。

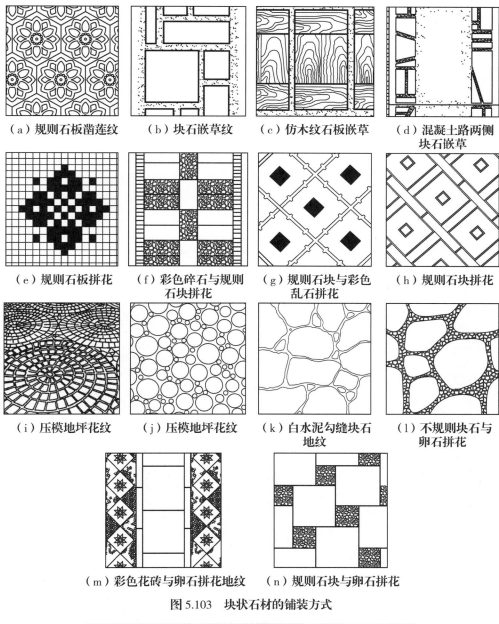

（a）规则石板凿莲纹　　（b）块石嵌草纹　　（c）仿木纹石板嵌草　　（d）混凝土路两侧
　　　　　　　　　　　　　　　　　　　　　　　　　　　　　　　　　　　　块石嵌草

（e）规则石板拼花　　（f）彩色碎石与规则　　（g）规则石块与彩色　　（h）规则石块拼花
　　　　　　　　　　　　　石块拼花　　　　　　　乱石拼花

（i）压模地坪花纹　　（j）压模地坪花纹　　（k）白水泥勾缝块石　　（l）不规则块石与
　　　　　　　　　　　　　　　　　　　　　　　　地纹　　　　　　　　　卵石拼花

（m）彩色花砖与卵石拼花地纹　　（n）规则石块与卵石拼花

图 5.103　块状石材的铺装方式

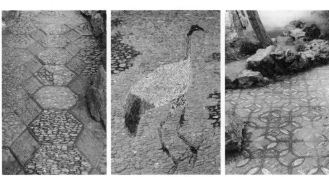

图 5.104　苏州园林中的花街铺地

5.4.3 石材的拼砌图形

1）乱形

乱形包括块状及片状石材的乱形组合。在不规则的范围内，用不规则石材拼贴，达到随意性的目的，它可以营造朴素、田园，充满野趣的效果；在规则的范围内，铺设不规则的石材，将增添无限的活泼性。

（1）自然乱形石块

乱形石块在园林景观中已被无限功能化和美观化，创造出意想不到的形式，为现代景观增添乐趣。装满石块或其他土料的金属笼子或箱子，常被用于挡土墙、户外墙壁及水景中，笼子最常采用不锈钢、镀锌或粉末涂层的钢丝网板，再用螺旋黏合剂或环紧固件把它们连接到一起，形成矩形。在庭院里，可将石笼墙表面处理平整，盖上石板做成板凳，石笼还可以用作餐桌底座或工作台的脚，实用性很强。石笼墙在一些地方留出空隙，选用蕨类等植物绿化，富有生机。梯步、水体中的乱形石块更是增添了无限的质朴气息（图5.105）。

图5.105 乱形石块在园林景观中的应用

（2）自然边冰裂纹

不规则的石片或石板铺装，也称为冰裂纹铺装。自然边冰裂纹铺装，即未经机械加工的自然边界的石片在不规则范围内的铺装。常用于生态自然的公园景观、庭院景观中，不仅用于地面铺装，也用于立面装饰（图 5.106）。

图 5.106　自然边冰裂纹铺装在园林景观中的应用

（3）直边冰裂纹

经过加工的边缘整齐、表面平整但大小不一的石板，在规则或不规则范围内铺设的铺装叫作直边冰裂纹铺装。常用于公园、小型活动广场、居住区等较生态的景观环境中（图 5.107）。

图 5.107　直边冰裂纹铺装在园林景观中的应用

（4）方块内冰裂纹

方块内冰裂纹即划定小面积单元格，在单元格内将不规则石片铺设，形成有规律又有变化的贴面，或将规则铺装进行破碎后再在贴面上原位组织拼贴（图5.108）。

图5.108　方块内冰裂纹铺装在园林景观中的应用

2）圆形

圆形及近圆形石材在景观中从大到小用法各不相同，大到独立景石，小到日式枯山水中大面积铺设的砾石。常见于地面铺装、墙面装饰，甚至是树池、花台等处，这种自由的圆形给人亲近、舒适的感受。

大体量近圆形景石，常作为景区入口标志、景点主景石及体现文化性景观的题字石（图5.109）。

图5.109　大型圆形石材在园林景观中的应用

中等大小的圆形石头多为河滩自然卵石，或在人工驳岸中作为护岸、种植池砌筑、排水沟表面滤水及装饰等，与植被相结合，营造自然野趣的氛围。圆形板材也常应用于园路、汀步铺装，打造出自由随性的景观氛围（图5.110）。

小卵石在园林景观中的应用相当广泛，从地面铺装到墙面装饰、树池贴面、水体护岸、排水渠装饰等，处处体现了小卵石的小巧、多变。与其他材质搭配更能体现出景观细节的精致细腻之感（图5.111）。

3）方形

方形石材在园林景观中应用较普遍，或大或小，或规则或错位，营造出造型丰富、风格迥异的景观。

（1）方形非定型拼接

石材规格不同，甚至颜色也有差异，错缝没有规律，形成古朴自然的景观效果（图5.112）。

（2）方形定型齐缝拼接

这是最常见的一种拼贴方式，广泛应用于景墙及地面，甚至树池、花台、小品等。齐缝拼接可以是相同材质相同表面，或是相同材质不同表面，或是不同材质、不同色彩的搭配，还可通过角度的旋转，营造丰富的景观效果（图5.113）。

图 5.110 中等圆形石材在园林景观中的应用

图 5.111　小卵石在园林景观中的应用

图 5.112　方形非定型拼接石材在园林景观中的应用

图 5.113　方形定型齐缝拼接石材在园林景观中的应用

（3）方形定型错缝拼接

方形定型错缝拼接是指形状规整的石材，有规律地错缝拼贴。这种拼贴方式变化之中而又整齐规律，可通过材质、大小及颜色的变化，形成优美的线型或装饰图案（图 5.114）。

图 5.114　方形定型错缝拼接石材在园林景观中的应用

里斯本小镇的弹街石[1]，将这种铺装形式应用到了极致，在地上勾勒出精美细致的花纹，别具特色（图 5.115）。

（4）方形嵌缝拼接

嵌缝拼接即在单块或单元铺装之间拼嵌其他材质，以营造更加富有趣味的景观效果（图 5.116）。

图 5.115　里斯本小镇的弹街石

图 5.116　方形嵌缝拼接石材在园林景观中的应用

4）矩形

这里研究的是矩形定型石[2]在园林景观中的应用。矩形定型石材在园林景观中的应用形式丰富，矩形石材形状相对规整，组合形式多样，常用于景观墙面、地面、水池、花台等空间。

（1）矩形宽缝拼接

矩形宽缝拼接石材在园林景观中的应用如图 5.117 所示。

[1] 弹街石——室外铺的可行车的 100 mm×100 mm×50 mm 厚的花岗岩石材，也称为马蹄石。表面处理可以有自然面、复古面、机切面、火烧面、花锤面等。
[2] 定型石——指经过人工或机械加工的，形状较规整，有固定尺寸的石材。

图 5.117 矩形宽缝拼接石材在园林景观中的应用

（2）矩形齐缝拼接

矩形齐缝拼接方式表面较平整，便于施工。齐缝拼接可通过材质的肌理变化、色彩变化及角度变化，打造多姿多彩的景观效果（图 5.118）。

图 5.118 矩形齐缝拼接石材在园林景观中的应用

（3）矩形错缝拼接

矩形错缝拼接石材在园林景观中的应用如图 5.119 所示。

（4）矩形嵌缝拼接

矩形嵌缝拼接石材在园林景观中的应用如图 5.120 所示。

（5）矩形块状石材 [1] 在园林景观中的应用

①条石干砌 [2]（图 5.121）。

②条石顺砌 [3]（图 5.122）。

③条石丁砌 [4]（图 5.123）。

图 5.119　矩形错缝拼接石材在园林景观中的应用

图 5.120　矩形嵌缝拼接石材在园林景观中的应用

[1] 矩形块状石材——指长度是宽度 4 ~ 5 倍规格的矩形块状石材。
[2] 干砌——砌体之间的缝隙没有砂浆，直接铺码在一起的一种砌筑方法。
[3] [4] 砖的长边顺着墙的轴线砌放叫顺，与轴线成 90° 砌放叫丁。

图 5.121　条石干砌在园林景观中的应用

图 5.122　条石顺砌

图 5.123　条石丁砌

5）片形

　　片形石材在园林景观中常用于墙面装饰和地面铺装（图 5.124）。用于墙面装饰时，厚的石板可砌造，薄的石板常贴面，其肌理多分层错缝，一般纹缝与地面平行，有时也会垂直或倾斜。地面铺装中，常与块状石材或卵石组合，营造肌理感较强的表面。最早在中国古典园林中以瓦片的形式出现，应用于私家园林，显得古朴、细腻。

6）拼砌

　　拼砌是指各种形状石材根据设计要求砌造，其形理千变万化。在拼砌方法上，有的石材就地取材，材质形状不规则，采用分层或不分层随机拼砌，打造古朴自然的风貌；有的石材形状规则，按照设计要求进行规律性拼砌，打造精致细腻的氛围（图 5.125）。

7）异形

　　随着材料加工技术的进步，单块石材的形状逐渐多样化，因此，也丰富了景观的多样性。异形石材具有切割精度高，施工速度快，同时可以控制相邻板块的平整度和水平度的优点，提高产品的质量（图 5.126）。

图 5.124　片形石材在园林景观中的应用

图 5.125　拼砌石材在园林景观中的应用

图 5.126　异形石材在园林景观中的应用

5.4.4　地面铺装工程构造

1）地面铺装工程构造

（1）整体地面工程构造

①普通混凝土及彩色混凝土（压印地坪）路面构造，如图5.127、图5.128、表5.13所示。

说明：a.承载道路混凝土标号不低于C30，非承载道路混凝土标号不低于C20。

b.路宽小于5 m时，混凝土沿路纵向每隔4 m分块做缩缝；路宽大于5 m时，沿路中心线做纵缝，沿道路纵向每隔4 m分块做缩缝；广场按4 m×4 m分块做缝。

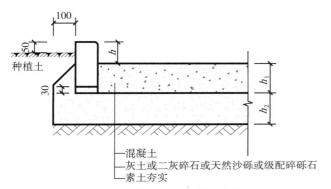

图5.127　普通混凝土路面构造

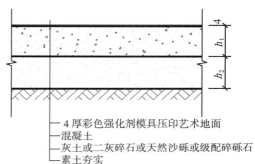

图5.128　彩色混凝土路面构造

表5.13　尺寸表　　　　　　　　　　　　单位：mm

代　号	承　载			非承载		
	多年冻土	季节冻土	全年不冻土	多年冻土	季节冻土	全年不冻土
h_1	180～220	180～200	180～200	100～160	80～160	80～140
h_2	200～500	200～400	200～300	200～300	100～200	0～150
h	80～150					

c.混凝土纵向长约20 m或与不同构筑物衔接时须做伸缩缝。

d.缘石可选用石材、混凝土等。

②沥青路面构造，如图5.129、表5.14所示。

说明：a.缘石可选用石材、混凝土等。

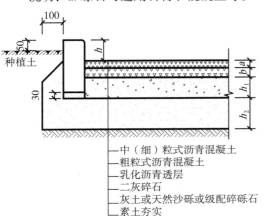

图5.129　沥青路面构造

表5.14　尺寸表　　　　　　　　单位：mm

代　号	承　载		
	多年冻土	季节冻土	全年不冻土
h_1	150～300	150～250	100～200
h_2	200～400	150～300	150～250
h	80～150		
a	30～60		
b	40～60		

b. 乳化沥青透层的沥青用量为 1.0 L/m²，上铺 5 ~ 10 mm 碎石或粗砂用量 3 m³/1000 m²。

c. 本图适用于交通量比较大的承载路面。

③水洗石路面构造，如图 5.130、表 5.15 所示。选材规格见表 5.16。

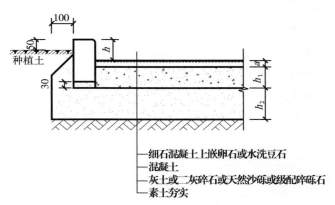

图 5.130　卵石或水洗石路面构造

表 5.15　尺寸表　　　　　　　　　　单位：mm

代　号	承　载			非承载		
	多年冻土	季节冻土	全年不冻土	多年冻土	季节冻土	全年不冻土
h_1	150 ~ 200	150 ~ 200	150 ~ 200	100 ~ 150	100 ~ 150	100 ~ 150
h_2	250 ~ 400	200 ~ 350	150 ~ 300	150 ~ 300	100 ~ 200	0
h	80 ~ 150					

表 5.16　卵石或水洗石路面选材规格

卵石粒径	φ	20	25	30	45	60
面层厚	A	40	50	60	75	90
豆石粒径	φ	3 ~ 5	6 ~ 12	13 ~ 15		
面层厚	a	30	35	40		

说明：a. 面层为 1 ：2 ：4 的细石混凝土嵌卵石、水洗豆石、石条或瓦。

b. 承载道路混凝土标号不低于 C30，非承载道路混凝土标号不低于 C20。

c. 路宽小于 5 m 时，混凝土沿路纵向每隔 4 m 分块做缩缝；路宽大于 5 m 时，沿路中心线做纵缝，沿道路纵向每隔 4 m 分块做缩缝；广场按 4 m×4 m 分块做缝。

d. 混凝土纵向长约 20 m 或与不同构筑物衔接时须做胀缝。

e. 缘石可选用石材、混凝土等。

④有机合成地面构造，如图 5.131、表 5.17 所示。

说明：a. 本图适用于球场、运动场等场地的地面铺设。

b. 缘石可选用石材、混凝土等。

（2）块状地面工程构造

①石板或砖地面构造，如图 5.132、表 5.18 所示。

说明：a. 花砖指广场砖和仿石地砖，石板为各种天然石材板。

b. 花砖用 1 ：1 水泥砂浆勾缝，石板用 1 ：2 水泥砂浆勾缝或细砂扫缝。

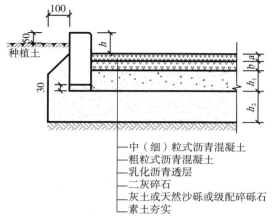

— 中（细）粒式沥青混凝土
— 粗粒式沥青混凝土
— 乳化沥青透层
— 二灰碎石
— 灰土或天然沙砾或级配碎砾石
— 素土夯实

图 5.131　有机合成地面构造

表 5.17　尺寸表　　　　　　　　　　　　　　　　　　　　　单位：mm

代　号	承　载			非承载		
	多年冻土	季节冻土	全年不冻土	多年冻土	季节冻土	全年不冻土
h_1	150 ~ 200	150 ~ 200	150 ~ 200	100 ~ 150	100 ~ 150	100 ~ 150
h_2	250 ~ 400	200 ~ 350	150 ~ 300	150 ~ 300	100 ~ 200	0
a	10 ~ 20					

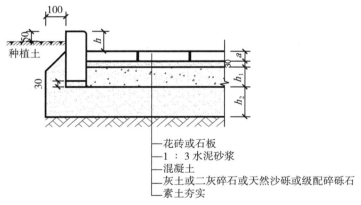

— 花砖或石板
— 1 ：3 水泥砂浆
— 混凝土
— 灰土或二灰碎石或天然沙砾或级配碎砾石
— 素土夯实

图 5.132　石板或砖地面构造

表 5.18　尺寸表　　　　　　　　　　　　　　　　　　　　　单位：mm

代　号	承　载			非承载		
	多年冻土	季节冻土	全年不冻土	多年冻土	季节冻土	全年不冻土
h_1	150 ~ 200	150 ~ 200	150 ~ 200	100 ~ 150	100 ~ 150	100 ~ 150
h_2	250 ~ 400	200 ~ 350	150 ~ 300	150 ~ 300	100 ~ 200	0
h	80 ~ 150					
a	12 ~ 60					

　　c.路宽小于 5 m 时，混凝土沿路纵向每隔 4 m 分块做缩缝；路宽大于 5 m 时，沿路中心线做纵缝，沿道路纵向每隔 4 m 分块做缩缝；广场按 4 m×4 m 分块做缝。

　　d.混凝土纵向长约 20 m 或与不同构筑物衔接时须做胀缝。

e. 承载道路混凝土标号不低于 C30，非承载道路混凝土标号不低于 C20。

f. 缘石可选用石材、混凝土等。

②嵌草砖或透水砖地面构造，如图 5.133、表 5.19 所示。

说明：嵌草砖可采用水泥砖、非黏土砖、透气透水环保砖及塑料网格等。

缘石可选用石材、混凝土等。

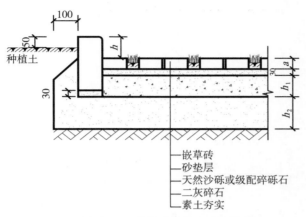

图 5.133　嵌草砖或透水地面构造

表 5.19　尺寸表　　　　　　　　　　　　　单位：mm

代　号	承　载			非承载		
	多年冻土	季节冻土	全年不冻土	多年冻土	季节冻土	全年不冻土
h_1	150～200	150～200	150～200	100～150	100～150	100～150
h_2	250～400	200～350	150～300	150～300	100～200	0
h	80～150					
a	50～80					

（3）嵌草地面工程构造

嵌草地面工程构造，如图 5.134 所示。

说明：a. 间草步石为天然或加工的石材；

b. 适用于绿地内踏步。

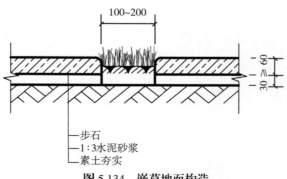

图 5.134　嵌草地面构造

2）园路附属工程

（1）道牙工程构造

道牙是安置在路两侧，界定车辆、行人活动范围，对路面与路肩在高程上起衔接作用，并保护路面，作为路面排水的控制设施。

道牙一般有普通道牙和特殊道牙，其中普通道牙又分为立道牙和平道牙（图3.135、图5.136）。利用路沿下收水口排水时，采用立道牙；利用道路两侧的明沟排水时，采用平道牙。道牙一般采用砖、石材、混凝土制作而成，其埋入的深度应大于总高度的1/2。在庭院中也常用小青瓦、大卵石等做道牙。

（2）台阶工程构造

①台阶的基本构成。台阶一般由踢面、踏面、平台等构成。当台阶高度超过0.7 m，还应设有栏杆。一般常见的构造如图5.137所示。

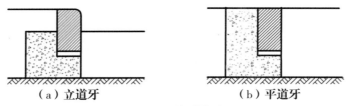

（a）立道牙　　　　　　　（b）平道牙

图 5.135　**普通道牙**

（a）机砖道牙　　　　　（a）立瓦道牙

图 5.136　**特殊道牙**

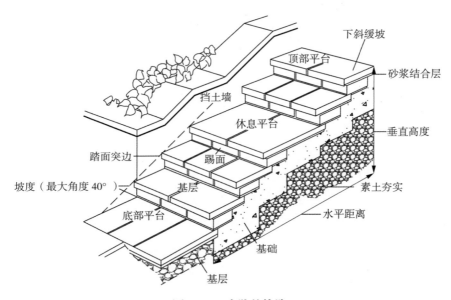

图 5.137　**台阶的构造**

②台阶的种类及工程构造如表 5.20、图 5.138 所示。

说明：a. 花砖指广场砖和仿石地砖，石板为各种天然石材板。

b. 室外台阶宽度 b=300 ~ 600 mm，高度 h=120 ~ 150 mm。

c. 混凝土标号不低于 C20。

d. 钢筋混凝土配筋为 $\phi 8$ ~ 12@150 ~ 200 双向。

e. 台阶底层做法同其连接的铺装结构。

f. 冻胀地区须用钢筋混凝土，非冻胀地区根据台阶长度和宽度大小确定用素混凝土、钢筋混凝土或与道路构造相同。

表5.20　台阶的种类及构造

类　别		构　　造
规则式	水泥台阶	用模板按水泥路面方式灌注，其高度宽度预先测定
	石板台阶	整齐石板铺砌而成
	砖砌台阶	用砖按所需台阶高度、宽度整齐砌成
不规则式	块石台阶	坚硬石块，较平一面为踏面，高度、宽度在同一阶上力求平整
	横木台阶	台阶边缘用横木固定，材料以桧木、栗木为佳，踏面以土石铺砌
	纵木台阶	台阶边缘用纵木桩固定之，其形式与横木台阶相同
	草皮台阶	草皮纵叠于台阶边缘

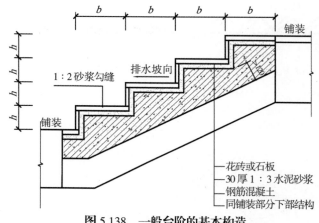

图 5.138　一般台阶的基本构造

5.4.5　一般水体中的石材构造

因水池所在地的气候、基址的地质、水池的大小和建筑材料的不同，水池的构造做法也不同，从结构上可分为刚性结构水池、柔性结构水池和临时简易水池三种。

1）刚性结构水池

刚性结构水池也称钢筋混凝土水池，特点是池底池壁均配钢筋，因此寿命长、防漏性好，适用于大部分水池。

（1）砖石结构水池

小型和临时性水池可采用砖结构，但要做素混凝土基础，用防水砂浆砌筑和抹面。这种结构

价低廉,施工简单,但抹面易开裂甚至脱落,尤其是寒冷地区,经几次冻融就会出现漏水。为防止漏水,可在池内再浇一层防水混凝土,然后用水泥砂浆找平。进一步提高要求可再在砖壁和防水混凝土之间设一层柔性防水层,如图 5.139 所示。

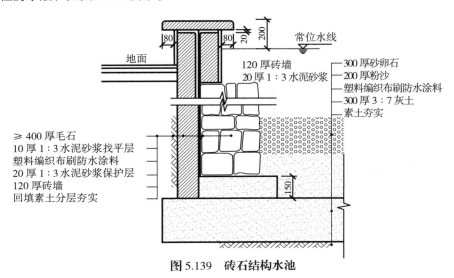

图 5.139　砖石结构水池

（2）钢筋混凝土结构水池

大中型水池最常采用的是现浇混凝土结构。为保证不漏水,宜采用水工混凝土,为防止裂缝应适当配置钢筋,如图 5.140 所示。大型水池还应考虑适当的伸缩缝和沉降缝,这些构造缝应设止水带或用柔性防漏材料填塞。水池与管沟、水泵房等相连处,也宜设沉降缝并同样进行防漏处理。

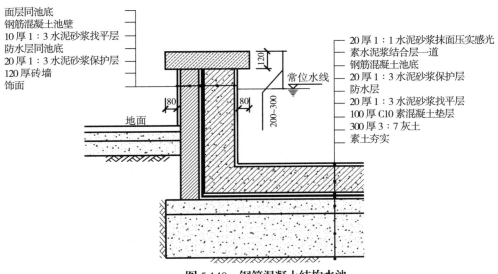

图 5.140　钢筋混凝土结构水池

2）柔性结构水池

随着建筑材料的更新,特别是各式各样的柔性衬垫薄膜材料的应用,出现了柔性结构水池,使水池的建造产生了新的飞跃。实际上水池光靠加厚混凝土和加粗加密钢筋网是不可取的,尤其对于北方地区水池的渗漏冻害，采用柔性不渗水的材料做水池防水层效果更好。目前，在水池工程中使用的有玻璃布沥青席水池、三元乙丙橡胶（EPDM）薄膜水池、聚氯乙烯（PVC）衬垫薄膜水池、再生橡胶薄膜水池等。以缓坡池壁为例介绍柔性结构水池的一般构造如图 5.141 所示。

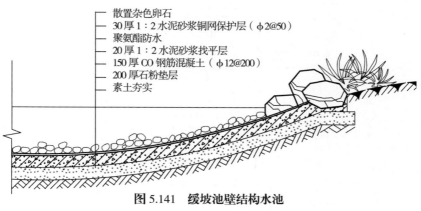

散置杂色卵石
30 厚 1∶2 水泥砂浆铜网保护层（φ2@50）
聚氨酯防水
20 厚 1∶2 水泥砂浆找平层
150 厚 CO 钢筋混凝土（φ12@200）
200 厚石粉垫层
素土夯实

图 5.141　缓坡池壁结构水池

5.4.6　饰面石材的安装

常用饰面石材的安装方法分粘贴法和干挂法，粘贴法又分为水泥砂浆的湿式粘贴法和采用化学粘贴剂的干粘法。

1）粘贴法

湿式粘贴法主要是指用水泥砂浆将石材与墙体或地面粘贴的方法（图 5.142）。其特点是施工简单，对施工人员的技术要求不高，安装成本低。但此方法安装的石材浸水后会造成饰面泛碱变白现象，污染石材装饰面，影响整体装饰效果。另外，混凝土与石材的收缩率不同，气温的变化也容易引起装饰面的龟裂或板材的脱落，故传统的湿贴法适用于施工速度慢的小规格板材安装。

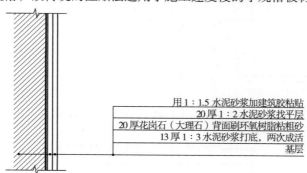

用 1∶1.5 水泥砂浆加建筑胶粘贴
20 厚 1∶2 水泥砂浆找平层
20 厚花岗石（大理石）背面刷环氧树脂粘粗砂
13 厚 1∶3 水泥砂浆打底，两次成活
基层

图 5.142　水泥砂浆粘接立面石材构造

湿式安装方法适用于低矮楼层的外墙或景墙饰面石材安装，为解决石材泛碱问题，在粘贴板材之前，须对板材进行涂覆保护剂的处理。

2）干挂法

石材干挂法又称空挂法，是现代饰面工程中一种新型的施工工艺，主要应用于板材的外墙安装。该方法是以金属构件将饰面石材直接吊挂于墙面或空挂于钢架上，不须再灌浆粘贴。其原理是在主体结构上设主要受力点，通过金属挂件将石材固定在建筑物上，形成石材装饰幕墙（图 5.143）。

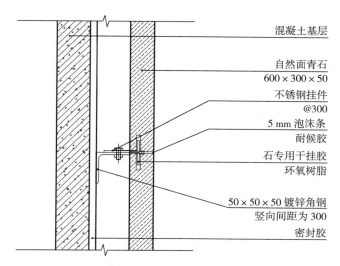

图 5.143　干挂石材构造

混凝土基层

自然面青石
600 × 300 × 50

不锈钢挂件
@300

5 mm 泡沫条

耐候胶

石专用干挂胶

环氧树脂

50 × 50 × 50 镀锌角钢
竖向间距为 300

密封胶

由于干挂件系列的不同，出现了多种干挂方法，石材干挂件的形式决定了石材干挂的形式。目前主要有插销（针）式、蝴蝶（上下翻、两头翻）式、焊接（T形）式、背栓式、背挂（隐藏悬吊）式、缝挂式、钢构式、SE形式等系列。干挂件使用的主要材料有不锈钢、弹簧钢、铝合金以及随之配套的螺栓、密封胶、干挂胶等。该方法具有施工速度快、操作简单等特点，适用于小规格薄板或超薄石材的安装。

干挂法施工过程清洁无污染，同时可以有效地避免传统湿贴工艺出现的板材空鼓、开裂、脱落等现象，明显提高了建筑物的安全性和耐久性；可以完全避免传统湿贴工艺板面出现的泛白、变色等现象，有利于保持幕墙清洁美观，充分显示石材的华丽色彩；干挂安装可以上下同时施工，且不受季节影响，抗震性好，经久耐用，表面板材的维修更换方便，在一定程度上改善了施工人员的劳动条件，减轻了劳动强度，从而加快了工程进度。

5.5　石雕制品

石雕艺术在我国古代开始盛行，汉代和春秋时期涌现出很多珍贵的石雕艺术品，成为我国文化的瑰宝。在现代，石雕艺术不仅作为艺术品存在于文化圈内，还作为景观建筑小品的一种，逐渐走进人们的日常生活。现代石雕形式多样（表 5.21），主要应用于城市环境的建设，以追求综合型艺术美感为目标，满足现代人更高且多样的精神需求。

表 5.21　石雕制品的分类

序　号	分类方式	内　容
1	按用途	石窟和摩崖石雕；陵园石雕；宫殿、宅第和园林石雕；寺庙神殿、祭坛石雕；石桥石雕；石阙和牌坊石雕；塔建筑石雕；碑书石雕；人物与动物石雕；现代城市园林与纪念石雕
2	按雕件形体	立体石雕；平面石雕
3	按所用加工工具	手工雕刻品；半机械化加工雕刻品；全自动数控机械加工雕刻品；喷砂雕刻品；化学腐蚀雕刻品
4	按传统的雕件表面造型方式	浮雕；圆雕；沉雕；影雕

1）按用途分类

①石窟和摩崖石雕：如云冈石窟、龙门石窟、敦煌石窟等（图 5.144）。

②陵园石雕：如各种陵墓石像、墓葬祭品等（图 5.145）。

③宫殿、宅第和园林石雕：如故宫、颐和园、承德避暑山庄内都装有非常经典的石雕制品（图 5.146）。

④寺庙神殿、祭坛石雕：如雍和宫、孔庙中的石柱、石栏和神龛都是石雕制品（图 5.147）。

⑤石桥石雕：如赵州桥栏板上的石雕、卢沟桥上的石狮子等（图 5.148）。

⑥石阙和牌坊石雕：如孔庙石牌坊石雕（图 5.149）、四川渠县汉阙（图 5.150）。

⑦塔建筑石雕：如各种石塔（图 5.151）。

⑧碑书石雕：如各种纪念碑、陵墓碑等（图 5.152）。

⑨人物与动物石雕：如名人雕像、佛像、石狮子等（图 5.153）。

⑩现代城市园林与纪念石雕：如大型城市雕塑、园林雕塑和纪念雕塑等（图 5.154）。

图 5.144　云冈石窟、龙门石窟、敦煌石窟

图 5.145　陵园石雕

（a）故宫云龙大石雕

（b）故宫太和殿石雕

（c）颐和园石舫

（d）避暑山庄石桌

图 5.146　园林石雕

（a）雍和宫石雕

（b）曲阜孔庙大成殿

图 5.147　寺庙神殿、祭坛石雕

（a）赵州桥栏板石雕

（b）卢沟桥石狮子

图 5.148　石桥石雕

图 5.149　曲阜孔庙石牌坊

图 5.150　四川渠县汉阙

（a）西湖石塔　　（b）赵县石塔　　（c）天津蓟县白塔　　（d）佑国寺塔　　（e）西安大雁塔

图 5.151　石塔

图 5.152　石碑

图 5.153　人物、动物石质雕塑

（a）纪念碑

（b）纪念浮雕

图 5.154 纪念石雕

2）按雕件形体分类

①立体石雕：包括立体人物、动物雕像、壁炉、雕刻柱头等（图 5.155）。

②平面石雕：包括浮雕、镜框、画框、透雕窗格、刻字牌匾、石刻画、影雕和线雕等（图 5.156）。

图 5.155 立体石雕

图 5.156 平面石雕

3）按所用加工工具分类

①手工雕刻品：即用凿、锤等手工工具雕凿的制品。

②半机械化加工雕刻品：即部分用手工、部分用机械化加工的石雕。

③全自动数控机械加工雕刻品。

④喷砂雕刻品：用喷砂雕刻机进行雕刻。喷砂雕刻机是使用空气机（气压 5～6 kg/m^2）和金刚砂喷射在雕刻制品外进行雕刻。

⑤化学腐蚀雕刻品：即用化学腐蚀液与石材之间进行的化学反应，达到雕刻石材的目的。有凸雕（浮雕）和凹雕两种。

4）按传统的雕件表面造型方式分类

（1）浮雕

浮雕即在石料表面雕刻有立体感的图像，是半立体型的雕刻品，因图像浮凸于石面而称浮雕。根据石面脱石深浅程度的不同，又分为浅浮雕及高浮雕。浅浮雕是单层次雕像，内容比较单一，没有镂空透刻；高浮雕是多层次造像，内容一般较繁复，多采取透雕手法镂空，更加引人入胜。浮雕多用于墙壁装饰，还有寺庙的龙珠、抱鼓石等（图 5.157）。

（2）圆雕

圆雕是单体存在的立体模拟造型艺术品，石料每个面都要求进行加工，工艺以镂空技法和精细剁斧见长。此类雕件种类很多，多数以单一石块雕刻，也有由多块石料组合而成的（图 5.158）。

（3）沉雕

沉雕又称"线雕"，即采用"水磨沉花"雕法的艺术品。此类雕法吸收中国画写意、重叠、线条造型及散点透视等传统笔法，石料经平面加工抛光后，描摹图案文字，然后依图刻上线条，以线条粗细、深浅程度，利用阴影体现立体感。此类雕刻多用于建筑物的外壁表面装饰，有较强的艺术性（图 5.159）。

（4）影雕

影调在早年的"针黑白"工艺基础上发展起来的新工艺品。最早的作品是 20 世纪 60 年代末由惠安艺人创作的，因作品都以照片为依据，故称"影雕"。这种雕件以玉晶湖青石切锯成平板作为材料，先把表面磨光，利用其经琢凿能显示白点的特性，以尖细的工具琢出大小、深浅、疏密不同的微点，区分黑白的不同层次，使图像不但细腻逼真，而且独具神韵（图 5.160）。

此外，古往今来的石雕艺匠还创作了一些圆、浮、沉各种手法兼具的雕件。这类雕件都表现出较复杂的内容，因此采取浮中有沉、沉中有浮、圆中有沉浮的综合手法。

图 5.157　浮雕　　　　图 5.158　圆雕　　　　图 5.159　沉雕　　　图 5.160　影雕

5）其他石材制品

石材这一古老的建筑材料在人类园林史上一直占有一席之地，由于现代开采与加工技术的进步，使得石材在现代景观中得到更加广泛的应用。

除了园路铺装、立面装饰、工艺雕刻等，石质桌椅、石桥、栏杆、导示牌、花钵、凉亭、灯笼等都用到了石材，并将石材与其他材质有机结合，打造出新颖的景观（图5.161）。

（a）石栏杆、石桥	（b）石质桌凳
（c）石质花钵	（d）石灯笼
（e）石质导示牌	（f）石质凉亭

图 5.161 其他石质小品

思考与练习

1. 简述景观中石材的性质。

2. 简述常见天然石材的分类及特点。

3. 简述常见人造石材的分类及特点。

4. 简述石材表面处理的方式及各自的特点。

5. 简述整体地面与块状地面的区别。

6. 石材的拼砌图形有哪些?

7. 简述常年不冻土可承载车行块状地面构造。

8. 简述台阶的基本构造。

9. 简述饰面石材安装的方法及各自的特点。

10. 简述石雕的分类。

6 木材、竹材与茅草

本章导读 本章内容涉及木材、竹材及草材等以植物为原材料加工的景观硬质材料。这些材料在景观工程中占有重要地位，常用于墙面、地面和景观构筑物中，颇显生态自然。本章介绍了这些材料的定义、性质、分类及应用等，重点介绍这些材料在园林景观工程中的应用形式。文章内容采用图文并茂，理论结合实践，易于理解。

6.1 木 材

木材是能够次级生长的植物，是乔木和灌木所形成的木质化组织。木材对于人类生活起着很大的支持作用。根据木材不同的性质特征，人们将其用于不同途径。

木材由无数细胞组成。木材细胞的形状、大小不一，再加上受自然生长条件的限制，不同种类的木材之间差别很大，虽然这样，木材与其他金属材料比较，还是有它固有的优缺点。木材在园林中运用广泛，古建中的亭、台、楼、阁等多为木结构，如山西应县木塔（图6.1）、天津蓟县独乐寺（图6.2）堪称木结构的杰作。还有园林设施如木栈道、木平台、木制种植槽、木桌椅等。

图 6.1　山西应县木塔

图 6.2　天津蓟县独乐寺

6.1.1 木材的宏观构造与性质

1）宏观构造

用肉眼或低倍放大镜所看到的木材组织称为宏观构造。为便于了解木材的构造，将树木切成三个不同的切面：横切面——垂直于树轴的切面；径切面——通过树轴的切面；弦切面——与树轴平行和年轮相切的切面（图6.3）。

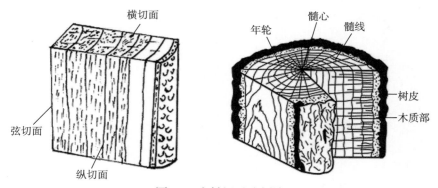

图 6.3　木材切面示意图

宏观下，树干由树皮、形成层、木质部（即木材）和髓心组成。从树干横截面的木质部上可看到环绕髓心的年轮。每一个年轮一般由两部分组成：色浅的部分称早材（春材），是在季节早期所生长，细胞较大，材质较疏；色深的部分称晚材（秋材），是在季节晚期所生长，细胞较小，材质较密。有些木材，在树干的中部，颜色较深，称心材；在边部，颜色较浅，称边材。针叶树材主要由管胞、木射线及轴向薄壁组织等组成，排列规则，材质均匀；阔叶树材主要由导管、木纤维、轴向薄壁组织、木射线等组成，构造较复杂。由于组成木材的细胞定向排列，形成顺纹和横纹的差别。横纹又可区别为与木射线一致的径向，与木射线相垂直的弦向。针叶树材一般树干高大，纹理通直，易加工，易干燥，开裂和变形较小，适于作为结构用材。某些阔叶树材，质地坚硬、纹理色泽美观，适于作装修用材。

2）木材的性质

（1）密度

密度是某一物体单位体积的质量，通常以 g/cm³ 或 kg/m³ 表示。木材系多孔性物质，其外形体积由细胞壁物质及孔隙（细胞腔、胞间隙、纹孔等）构成，因而密度有木材密度和木材细胞物质密度之分。前者为木材单位体积（包括孔隙）的质量，后者为细胞壁物质（不包括孔隙）单位体积的质量。

木材的密度是木材性质的一项重要指标，根据它估计木材的实际质量，推断木材的工艺性质和木材的干缩、膨胀、硬度、强度等物理力学性质。

木材密度，以基本密度和气干密度两种最为常用。

①基本密度：因绝干材质量和生材（或浸渍材）体积较为稳定，测定的结果准确，故适合作木材性质比较之用。在木材干燥、防腐工业中，也具有实用性。

②气干密度：是气干材质量与气干材体积之比，通常以含水率在8%～20%时的木材密度为气干密度。木材气干密度为中国进行木材性质比较和生产使用的基本依据。

木材密度的大小，受多种因素的影响，其主要影响因素为：木材含水率的大小、细胞壁的厚薄、年轮的宽窄、纤维比率的高低、抽提物含量的多少、树干部位、树龄立地条件和营林措施等。中国林

科院木材工业研究所根据木材气干密度（含水率15%时），将木材密度分为五级：很小，≤ 0.350 g/cm³；小，0.351 ~ 0.550 g/cm³；中，0.551 ~ 0.750 g/cm³；大，0.751 ~ 0.950 g/cm³；很大，> 0.950 g/cm³。

（2）强度

按受力状态，木材的强度分为抗拉、抗压、抗弯和抗剪四种。木材强度的检验采用无疵病的木材制成标准试件，按《木材物理力学试验方法》进行测定。木材受剪切作用时，由于作用力对于木材纤维方向的不同，可分为顺纹剪切、横纹剪切和横纹切断三种（图6.4）。

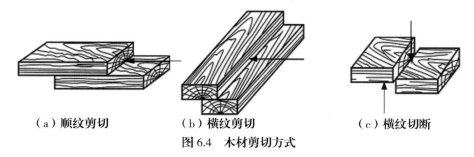

（a）顺纹剪切　　　（b）横纹剪切　　　（c）横纹切断

图6.4　木材剪切方式

（3）含水率

①定义：指木材中水的质量占烘干木材质量的百分数。

②木材中的水：木材中的水分可分为三部分，见表6.1。

表6.1　木材中的水分形式

木材中的水分	存在部位	蒸发顺序
自由水	存在于细胞腔和细胞间隙中	首先蒸发
吸附水	存在于细胞壁中	在自由水蒸发后蒸发
结合水	以化学结合水的形式存在	最后蒸发

③平衡含水率：木材的含水率是随着环境温度和湿度的变化而改变的。当木材长期处于一定温度和湿度下，其含水率趋于一个定值，表明木材表面的蒸气压与周围空气的压力达到平衡，此时的含水率称为平衡含水率。木材平衡含水率随地区、季节及气候等因素而变化，一般为10% ~ 18%。

④纤维饱和点：当吸附水达到饱和而尚无自由水时，称为纤维饱和点。木材的纤维饱和点因树种而有差异，一般为23% ~ 33%。当含水率大于纤维饱和点时，水分对木材性质的影响很小。当含水率自纤维饱和点降低时，木材的物理和力学性质随之而变化。

（4）胀缩率

木材吸收水分后体积膨胀，丧失水分则收缩。木材自纤维饱和点到炉干的干缩率，顺纹方向约为0.1%，径向为3% ~ 6%，弦向为6% ~ 12%。径向和弦向干缩率的不同是木材产生裂缝和翘曲的主要原因。

（5）力学性质

木材有很好的力学性质，但木材是有机各向异性材料，顺纹方向与横纹方向的力学性质有很大差异。木材的顺纹抗拉和抗压强度均较高，但横纹抗拉和抗压强度较低。木材强度还因树种而异，并受木材缺陷、荷载作用时间、含水率及温度等因素的影响，其中以木材缺陷及荷载作用时间两者的影响最大。因木节尺寸和位置不同、受力性质（拉或压）不同，有节木材的强度比无节木材可降低30% ~ 60%。在荷载长期作用下木材的长期强度几乎只有瞬时强度的一半。

6.1.2　木材的分类与种类

1）分类

（1）按材质分类

根据材质的不同，可将木材分为实木板与人造板两种。

实木板即采用完整的木材制成的木板材（图6.5）。坚固耐用，纹理自然，大都具有天然木材特有的芳香，有比较好的吸湿性和透气性，有益于人体健康，不造成环境污染，是装饰应用的优质板材。

人造板是以木材或其他非木材植物为原料，经一定机械加工分离成各种单元材料后，施加或不施加胶黏剂和其他添加剂而合成的板材或模压制品。主要包括胶合板、刨花板和纤维板（图6.6—图6.8）。延伸产品的品种多样，提高了木材的综合利用率。人造板性能接近或超过实木，稳定性一般较实木好，价格便宜，但存在甲醛释放，环保性能差。

图6.5　实木板

图6.6　胶合板

图6.7　刨花板

图6.8　纤维板

（2）按树木性状分类

按树木性状可分为针叶树材、阔叶树材（表6.2），其微观构造如图6.9所示。

表6.2　木材分类

种　类	说　明	主要应用
针叶树（软木材）	树干通直高达，纹理顺直；强度较高，变形较小，耐腐蚀性较强；木质较软，易于加工	是建筑工程中的主要用材——承重构件
阔叶树（硬木材）	树干通直部分较短；一般较重，强度高，变形大，易开裂；材质坚硬，加工较困难	用于建筑中尺寸较小的装饰构件；做室内装修、家具及胶合板

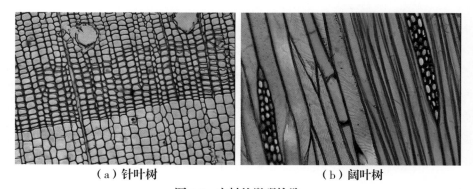
（a）针叶树　　　　　　　　　　（b）阔叶树
图6.9　木材的微观构造

（3）按产地分类

按产地可分为北美材、非洲材、南洋材、日本材。

（4）按木材软硬分类

按软硬可分为软材（白松、黄松、红松）、硬材（红柝木、白柝木）（图6.10）。

（a）软材（白松） 　　　　　（b）硬材（红栎木）

图6.10　软材和硬材

（5）按木材微细构造分类

按微细构造可分为有孔材（环孔材、半环孔材、散孔材）（图6.11）和无孔材。

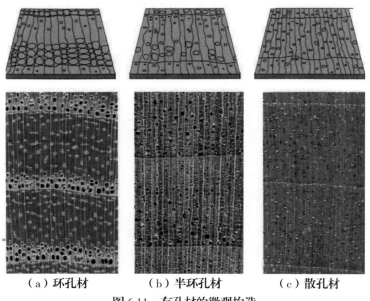

（a）环孔材　　　（b）半环孔材　　　（c）散孔材

图6.11　有孔材的微观构造

2）常用木材种类

目前市场上用于装饰、园林景观的树种主要有水曲柳、柞木、香樟、柳桉、白皮榆、白桦、杉木、松木、红松、山毛榉、花梨木、红木等，见表6.3。为了正确识别树种，合理用材，现将常用木材的性能、特征、用途做简要介绍。

（1）水曲柳

其基本特点是纹理直，结构粗，不均匀，木材较重，硬度中等，强度及冲击韧性中，干缩中。木材干燥时，常有翘裂、皱缩等缺陷；耐腐蚀，不耐虫蛀；加工容易，切削面光洁；胶粘、油漆、着色性能良好；握钉力强。常用于高级家具、胶合板及薄木、运动器械、乐器、车辆、船舶、室内装修等。

（2）椴木

纹理直，结构略粗，均匀质软，干缩中，强度低，干燥易翘曲，不耐腐，易加工，切削面光洁，油漆、黏结性能好，钉钉易，握钉力稍弱。常用于胶合板、装饰线条、器具等。

（3）楸木

纹理交错，结构略细且均匀，硬度中，干缩较大，强度低，干燥快，不易变形，不耐腐，易加工，

切削面光洁，纹理美，油漆、黏结性能好，握钉力小，不易劈裂。常用于家具、室内装修。

表6.3 常见木材种类

品 种	图 例	品 种	图 例	品 种	图 例
水曲柳		椴 木		楸 木	
胡桃木		核桃木		槐 木	
香 樟		榉 木		柚 木	
红 松		柳 桉		杉 木	

（4）胡桃木

抗劈裂和韧性好，干燥慢，弯曲性好，加工性好，表面光滑，易雕刻、磨光，黏结性好。常用于高档家具、装饰品、室内装修。

（5）核桃木

纹理直或斜，结构细且均匀，材质重，硬度及强度中，干缩率小，干燥慢，但较稳定，不变形，易劈裂，耐腐，切削面光，油漆、黏结性能好，握钉力强。常用于家具、单板、室内装修。

（6）槐木

纹理直，结构较粗且不均匀，材质重，干缩中，强度中，耐腐性强，加工切削面光洁，油漆、黏结性能好，握钉力强。常用于家具、装修部件。

（7）香樟

有香气，能防腐、防虫。交错纹理，结构细且均匀，材质中，硬度软，干缩小，强度低，冲击韧性中。易干燥，少翘曲，耐腐，耐温，易切削，切面光洁，油漆、黏结、耐久性能好，握钉力中等，不劈裂。常用于家具、室内装饰、单板。

（8）榉木

纹理直，结构中且不均匀，干缩小，强度中或高，切削面光洁，纹理美，油漆、黏结性能好，握钉力强，不易劈裂。常用于家具、单板、室内装饰。

（9）柚木

纹理直，结构中且不均匀，密度中，干缩小，硬度、强度中，干燥较慢，干燥质量好，稳定，耐腐，抗虫，加工较难，刨切面光洁，油漆、黏结性能好，握钉力强。常用于高级家具、雕刻、单板、室内装修。

（10）红松

著名的珍贵经济树木，树干粗壮。材质轻软，结构细腻，纹理密直通达，锯刨加工易，刨面光滑、有光泽，松脂气味较浓，无特殊气味，耐腐，干燥易，握钉力中。是建筑、桥梁、枕木、家具制作的上等木料。也用于船舶、车辆等。

（11）柞木

其木材比重大，质地坚硬，呈浅黄色，收缩大，强度高。结构细密，不易锯解，切削面光滑，易开裂、翘曲变形，不易干燥。耐湿、耐磨损，不易胶接。着色性能良好，因价格较低，目前装饰木地板用得较多。

（12）柳桉

柳桉分白柳桉和红柳桉两种。白柳桉，木材结构粗，纹理直或斜面交错，易于干燥和加工，且着钉、油漆、胶合等性能均好；红柳桉，木材结构、纹理亦如白柳桉，径切面花纹美丽，干燥和加工较难。

（13）杉木

木材纹理通直，结构均匀，早晚材界限不明显，强度相差小，不翘不裂。材质轻韧，强中，质量系数高。具香味，材中含有"杉脑"，能抗虫耐腐。用于建筑、桥梁、家具，树皮可盖屋顶等。

常用木材性能、特性、用途简介见表6.4。

表6.4　常用木材性能、特征、用途简介

使用部位	材质要求	建议选用的树种
屋架（包括木梁、阁栅、桁条、柱）	要求纹理直、有适当的强度、耐久性好、钉着力强、干缩小的木材	黄杉、铁杉、云南铁杉、云杉、红皮云杉、细叶云杉、鱼鳞云杉、紫果云杉、冷杉、杉松冷杉、臭冷杉、油杉、云南油杉、四川红杉、红杉、兴安落叶松、长白落叶松、金钱松、华山松、白皮松、红松、广东松、黄山松、马尾松、樟子松、油松、云南松、水杉、柳杉、杉木、福建柏、侧柏、柏木、桧木、响叶杨、青杨、辽杨、小叶杨、毛白杨、山杨、樟木、红楠、楠木、木荷、西南木荷、大叶桉等
墙板、镶板、天花板	要求具有一定强度、质较轻和有装饰价值花纹的木材	除以上树种外，还有异叶罗汉松、红豆杉、野核桃、核桃楸、胡桃、山核桃、长柄山毛榉、栗、珍珠栗、木槠、红椆、栲树、苦槠、包栎树、铁槠、面槠、槲栎、白栎、榨栎、麻栎、小叶栎、白克木、悬铃木、皂角、香椿、刺楸、蚬木、金丝李、水曲柳、桤楸树、红楠、楠木等
门窗	要求木材容易干燥、干燥后不变形、材质较轻、易加工、油漆及胶黏性质良好，并具有一定花纹和材色的木材	异叶罗汉松、黄杉、铁杉、云南铁杉、云杉、红边云杉、细叶云杉、鱼鳞云杉、紫果云杉、冷杉、杉松冷杉、臭冷杉、油杉、云南油杉、杉木、柏木、华山松、白皮松、红松、广东松、七裂槭、色木槭、青榨槭、满洲槭、紫椴、椴木、大叶桉、水曲柳、野核桃、核桃楸、胡桃、山核桃、枫杨、枫桦、红桦、黑桦、亮叶桦、香桦、白桦、长柄山毛榉、栗、珍珠栗、红楠、楠木等
地板	要求耐腐、耐磨、质硬和具有装饰花纹的木材	黄杉、铁杉、云南铁杉、油杉、云南油杉、兴安落叶松、四川红杉、长白落叶松、红杉、黄山松、马尾松、樟子松、油松、云南松、柏木、山核桃、枫桦、红桦、黑桦、亮叶桦、香桦、白桦、长柄山毛榉、栗、珍珠栗、米槠、红椆、栲树、苦槠、包栎树、铁槠、槲栎、白栎、榨栎、叶栎、蚬木、花榈木、红豆木、桤、水曲柳、大叶桉、七裂槭、色木槭、青榨槭、满洲槭、金丝李、红松、杉木、红楠、楠木等
椽子、挂瓦条、平顶筋、灰板条、墙筋	要求纹理直、无翘曲、钉钉时不劈裂的木材	通常利用制材中的废材，以松树、杉树种为主
桩木、坑木	要求抗剪、抗劈、抗压、抗冲击力好、耐久、纹理直、并具有高度天然抗害性能的木材	红豆杉、云杉、红皮云杉、细叶云杉、鱼鳞云杉、紫果云杉、冷杉、杉松、臭冷杉、铁杉、云南铁杉、黄杉、油杉、云南油杉、兴安落叶松、四川红杉、长白落叶松、红杉、华山松、白皮松、红松、广东松、黄山松、马尾松、樟子松、油松、云南松、杉木、桧木、柏木、包栎树、铁槠、面槠、槲栎、白栎、榨栎、麻栎、小叶栎、栓皮栎、栗、珍珠栗、春榆、大叶榆、大果榆、榔榆、白榆、光叶榉、金丝李、樟木、檫木、山合欢、大叶合欢、皂角、槐、刺槐、大叶桉等

6.1.3　木材的防腐与保护

木材是天然资源，是唯一可以不断循环、再生的建筑材料，使用木料能保护和发展自然资源。

而防腐木材，能够防止木材的天然腐败和抵御昆虫的侵蚀，每年可节省数亿株树木，不仅延长木材本身的使用寿命，并对保护自然环境大有帮助，因此，人们将其大量的用在园林景观、户外家具及园林建筑中。

1）木材的腐蚀

木材的腐蚀由真菌或昆虫侵害所致。侵害木材的真菌中，除变色菌、霉菌对木材强度的影响很小，甚至没有影响外，腐朽菌的侵害最为严重，其能分泌酵素，把细胞壁物质分解成简单的养料，供自身生长繁殖，致使木材腐朽而降低材质强度。

当吸附水处于饱和状态而无自由水存在时，此时对应的含水率称为木材的纤维饱和点。纤维饱和点随树种而异，一般为23%～33%，平均为30%。木材的纤维饱和点是木材物理、力学性质的转折点。腐朽菌的繁殖和生成，除需要养料外，还必须具有适宜的水分、空气及温度。木材含水率处于50%～70%最适于腐朽菌的繁殖，当含水率在20%以下时，腐朽菌繁殖完全停止。木材中含有一定量空气，腐朽菌才会繁殖，贮于水中或深埋地下的木材不会腐朽，就是因为缺乏空气。腐朽菌在温暖环境中易繁殖，最适宜的温度为24～32℃，高于60℃时，即不能生存。

由此可知，木材若能经常保持干燥或隔绝空气，即可免除菌害。如果时干时湿，例如桩木靠近地面和水面的部分，最易腐朽。

2）木材防腐的方法

木材防腐常分为两个部分：预处理部分和装修部分。

木材预处理防腐是为住宅、办公楼、室外建筑、园林景观、木船和水下建筑等提供已被事先做过防腐处理的木材。

装修部分目前应用越来越多，如软木质材料，需要做防腐处理，在住宅内或办公楼内装修时进行。

木材常用的防腐方法有干燥防腐和化学防腐两种。

（1）干燥防腐

干燥环境使腐朽菌不易滋生，对于使用在干燥环境下的木材，应事先进行干燥处理，并在木结构中采取通风、防潮、涂刷油漆等措施。

干燥处理又分为自然干燥和人工干燥。人工干燥是利用人工的方法排除木材中的水分，常用的方法有：水浸法、蒸材法和热炕法等。

（2）化学防腐

如果木结构不能保持干燥，则需要用化学防腐处理，即把防腐剂注入木材内，使木材不再能作为真菌的养料，同时还能杀死真菌。五氯酚是油溶性的有机化合物，对真菌、白蚁及海生钻孔动物、藻类等的毒杀能力都很强。

一百年来，木材防腐工业常将室外用的木材做整体预处理。铁路枕木，木电线杆，码头木桩等使用前先用金属盐、黑色杂酚油和砷化物浸泡，可延长使用寿命。

使用最广泛的木材防腐化学品是：杂酚油，又称木焦油、压砖机润滑油等，外观为无色或黄色油状液体，是一种消毒剂和防腐剂，制取自木炭，为杀菌防腐剂，能破坏、杀死细胞；狄氏剂，是一种杀虫剂，仅用于木材防腐的预处理，作为灭白蚁用；五氯酚，一种杀菌剂，既用于木材防腐的预处理，也可作为装修时用；三丁基锡氧化物，一种杀菌剂，既用于木材防腐的预处理，也作为装修时用；林丹，一种杀虫剂，既用于木材防腐的预处理，也可作为装修时用。有的防腐剂为低污染农药，如氯菊酯和硼化物，常用于室内。

6.1.4 常见防腐木

防腐木是采用防腐剂渗透并固化木材以后使木材具有防止腐朽菌腐朽功能、生物侵害功能的木材。

1）分类

防腐木分为四大类：天然防腐木（如菠萝格、花旗松等），深度炭化木，人工防腐木和生态塑木，其中使用最多的是人工防腐木。塑木作为一种新型生态材料，也逐渐被推广使用。

（1）天然防腐木

天然防腐木指芯材的天然耐腐性达到防腐等级二级以上的木材，如纯天然的加拿大红雪松（图6.12），未经过任何处理，主要是靠内部含一种酶，散发特殊的香味来达到防腐的目的。不同树种的木材由于其芯材中抽提物的不同，天然耐腐性也有很大差别，因此，其用途也有区别，见表6.5。

在园林景观中，天然防腐木的应用范围较广，常用于地面平台、栏杆栈道、亭廊构架、景观小品等，营造出质朴自然的氛围。

（2）碳化木

碳化木即炭化木，是经过碳化处理的木材，必须满足无水，高温的条件，为保护木材强度，控制碳化过程，必须有保护介质。

碳化木分为表面碳化木和深度碳化木。表面炭化木是用氧焊枪烧烤，使木材表面具有一层很薄的炭化层，对木材性能的改变可以类比油漆，但可以凸显表面凹凸的木纹，产生立体效果（图6.13）。因为表面炭化木是纯天然防腐木，没有毒害，碳化出来表面凹凸感，产生立体效果，纹理清晰，健康时尚，古朴典雅。推荐用途：如户外墙板、户外家具、户外地板、户外木门、木百叶窗、园艺小品、游泳池、停车库、房顶外装修、沙滩护栏、户外秋千、木屋、室内装修等。

图6.12　天然防腐木

图6.13　表面炭化木

表6.5　不同使用环境的防腐木等级分类

防腐等级	使用条件	主要生物危害	防腐木材的典型用途
C1	室内，不接触土壤，干燥	昆虫	建筑内部、装饰材料、家具
C2	室内，不接触土壤，潮湿	腐朽菌、昆虫	建筑内部、装饰材料、家具、地下室、浴室
C3	室内，不接触土壤	腐朽菌、昆虫	户外家具、平台、步道、栈道、建筑外门窗
C4A	接触土壤或浸泡在淡水中，非重要部件	腐朽菌、昆虫	围栏支柱、支架、电杆和枕木（生物危害较低地区）
C4B	接触土壤或浸泡在淡水中，重要部件或难以更换的部件	腐朽菌、昆虫	木屋的基础、淡水码头护木、桩木、电杆和枕木（生物危害严重地区）
C5	浸在海水中	海生钻孔动物	海水码头护木、桩木、木质船舶

深度炭化木也称为完全炭化木、同质炭化木，是经过200℃左右的高温炭化技术处理的木材，由于其营养成分被破坏，使其具有较好的防腐防虫功能，由于其吸水官能团半纤维素被重组，使其具有较好的物理性能，深度炭化防腐木是真正的绿色环保产品（图6.14）。深度炭化木不仅具有防

腐防虫性能，且不含任何有害物质，不但提高了木材的使用寿命，而且不会在生产过程中以及使用后的废料处理中对人体、动物和环境有任何的负面影响。深度炭化防腐木广泛应用于户外墙板、户外地板、厨房装修、桑拿房装修、家具小品等许多方面，但不推荐使用于接触水和土壤的场合。

（3）人工防腐木

人工防腐木是将普通木材经过人工添加化学防腐剂之后，使其具有防腐蚀、防潮、防白蚁、防真菌等特性（图6.15）。能直接接触土壤及潮湿环境，经常使用在园林景观中，供人们歇息和欣赏自然美景，是户外地板、园林景观、木秋千、娱乐设施、木栈道等理想的材料，深受景观设计师的青睐。随着现代科学技术的发展，如今的防腐木已非常环保了，故室内装修设计师也十分喜欢防腐木，经常使用在室内装修，地板及家具中。

目前，防腐剂主要有CCA，ACQ，CAB。CCA主要成分为铜铬砷，ACQ主要成分为氨溶烷基胺铜，CAB主要成分为铜锉。

（4）生态塑木

生态塑木是一种新型的、环保的、生态型装饰材料，主要由木材（木纤维素、植物纤维素）为基础与塑料制成复合材料，兼有木材和塑料的性能与特征，经挤出、压制成型的板材或其他制品，成为替代木材和塑料的高科技木塑复合材料（图6.16）。

图6.14　深度炭化木　　　　图6.15　人工防腐木　　　　图6.16　生态塑木

生态塑木拥有和木材一样的加工特性，使用普通的工具即可锯切、钻孔、上钉，非常方便，可以像普通木材一样使用。由于塑木兼具塑料的耐水防腐和木材的质感两种特性，使得它成为一种性能优良并十分耐用的室外防水防腐建材（如塑木地板、塑木外墙板、塑木栅栏、塑木椅凳、塑木亲水平台等）、露天户外地板、室外防腐木工程等；替代港口、码头等使用的木质构件；还可用于替代木材制作各种塑木包装物、塑木托盘、仓垫板等，用途极为广泛。

不同的防腐木特性有所区别，见表6.6，在园林景观工程中，根据不同环境的需求，选择特性匹配的防腐木材。

2）常用木材品种

用于户外用途的防腐木材分为高等级和经济型两种。高等级有西部红雪松和黄松，经济型有西部铁杉、云杉、松木及冷杉。均可用于露台、阳台、铺设园林小径、泳池周围地面和海岸、河岸平台、凉亭、户外楼梯、栅栏、花架等，可防白蚁、防腐烂，对环境不会造成污染，适用于特别干燥或特别潮湿的环境。

防腐木种类繁多，最常用的是樟子松防腐木、南方松防腐木、花旗松防腐木、柳桉防腐木、菠萝格防腐木等。

（1）俄罗斯樟子松

俄罗斯樟子松能直接采用高压渗透法做全断面防腐处理，其优秀的力学表现及美丽的纹理深受

表6.6　防腐木的种类及特性比较

种类	定义	特性
天然防腐木	芯材的天然耐腐性达到耐腐（二级）以上的木材。不同树种的木材由于其芯材中抽提物的不同，天然耐腐性也有很大差别	1. 没有进行任何处理，因此环保和安全性能优良； 2. 可保持木材原有的色泽、纹理和强度等性能
炭化木	木材经高温（一般180℃以上）碳化处理后达到一定防腐等级的木材	1. 一般颜色较深，呈棕色； 2. 属于物理处理，在处理过程中不使用化学药剂，环保和安全性能优良； 3. 木材的力学强度下降
人工防腐木	将普通木材经过人工添加化学防腐剂之后，使其具有防腐蚀、防潮、防白蚁、防真菌等特性	1. 使用含铜的水基防腐剂处理的防腐木呈绿色； 2. 使用化学药剂对木材进行处理，其环保性能和安全性能取决于防腐剂的种类和用量等； 3. 木材的力学强度基本不受影响
生态塑木	一种新型的、环保的、生态型装饰材料，主要由木材（木纤维素、植物纤维素）为基础材料与塑料制成的复合材料，兼有木材和塑料的性能与特征，经挤出、压制成型的板材或其他制品，能替代木材和塑料的高科技木塑复合材料	1. 良好的加工性能； 2. 良好的强度性能； 3. 具有耐水、耐腐性能，使用寿命长； 4. 具有紫外线光稳定性、着色性良好； 5. 可循环利用； 6. 原料来源广泛； 7. 可根据需要，个性化定制

设计师及工程师青睐（图6.17）。由于其独特的防腐工艺，由它制作的建筑作品可以长期保存。俄罗斯樟子松防腐材应用范围极广，木栈道、庭院平台、亭台楼阁、水榭回廊、花架围篱、步道码头、儿童游戏区、花台、垃圾箱、户外家具、室外环境、亲水环境及室内、外结构等均可使用。

（2）北欧赤松

国内芬兰防腐木（图6.18）分为芬兰原装进口和进口原料加工处理两种类型。主要材质是北欧赤松（Pinus Silvestris），主要生长在芬兰。质量上乘的欧洲赤松，经过特殊防腐处理后，具有防腐烂、防白蚁、防真菌的功效，专门用于户外环境，并且可直接用于与水体、土壤接触的环境中，是户外园林景观中木制地板、围栏、桥体、栈道及其他木制小品的首选材料。

（3）西部红雪松

西部红雪松是北美等级最高的防腐木材（图6.19）。它卓越的防腐能力来源于自然生长的一种被称为Thujaplicins的醇类物质。另外，红雪松中可被萃取的一种被称为Thujic的酸性物质确保了木材不被昆虫侵蚀，无须再做人工防腐和压力处理。红雪松稳定性极佳，使用寿命长，不易变形。另外它也适用于高湿度的环境，如桑拿房、浴室和厨房，用于制作橱柜、衣柜等可防蟑螂、蛀虫。红雪松由于未做化学处理及纯天然的特性，在全球市场深受欢迎。

图6.17　俄罗斯樟子松

图6.18　芬兰木

图6.19　西部红雪松

（4）黄松

黄松（南方松）其强度和比重最好，具有优异的握钉力，是强度最高的西部软木（图6.20）。经过防腐和压力处理的黄松，防腐剂可直达木芯。在安装过程中可任意切割，断面无须再刷防腐涂料。产品可以用于海水或河水中，耐腐蚀性很强。

（5）铁杉

铁杉是目前市场上最雅致、用途最广泛的树种（图6.21）。在强度方面，略低于黄松，比较适合做防腐处理。经过加压防腐处理的铁杉木材既美观又结实，堪与天然耐用的北美红雪松媲美。铁杉可保持稳定的形态和尺寸，不会出现收缩、膨胀、翘曲或扭曲，而且抗晒黑。几乎所有木材经过长期日晒后都会变黑，但铁杉可以在常年日晒后仍保持新锯开时的色泽。铁杉具有很强的握钉力和优异的黏合性能，可接受各种表面涂料，而且非常耐磨，是适合户外各种用途的经济型木材。

（6）柳桉木

柳桉木通常分为白柳桉和红柳桉两种。白柳桉（图6.22），常绿乔木，树干高而直，木材结构粗，纹理直或斜面交错，易于干燥和加工，且着钉、油漆、胶合性能均好；红柳桉（图6.23），木材结构纹理亦如白柳桉，切面花纹美丽，但干燥和加工较难。柳桉在干燥过程中少有翘曲和开裂现象。柳桉木质偏硬，有棕眼，纤维长，弹性大，易变形。

（7）菠萝格

菠萝格是木地板现有材种中稳定性最好的（图6.24）。菠萝格因颜色有轻微差别，分为"红菠萝""黄菠萝"。大径材，树根部颜色偏红、偏深，品质较好；小径材，树梢部颜色偏黄、偏浅，色泽较好，是目前市场上质量上乘、使用寿命较长的室外木地板选材，但价格较芬兰木贵。

（8）山樟木

山樟木属冰片香属，产于南美。木材略有光泽，纹理略交错；结构均匀、略粗；硬度中，强度高。生材加工容易，切面光滑，磨光性好，握钉力强。干燥处理后，经机械或手工加工而成（图6.25）。

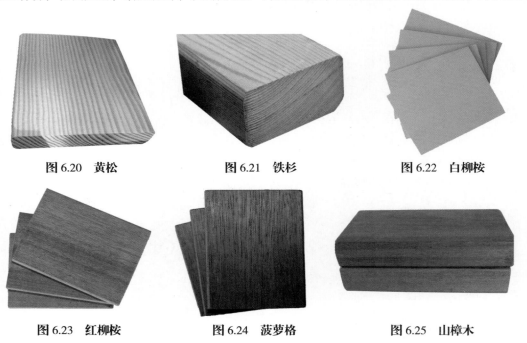

图6.20　黄松　　　　　　　图6.21　铁杉　　　　　　　图6.22　白柳桉

图6.23　红柳桉　　　　　　图6.24　菠萝格　　　　　　图6.25　山樟木

3）特性

①自然、环保、安全（木材成原本色，略显青绿色）；

②防腐木可防腐、防霉、防蛀、防白蚁侵袭；

③木材稳定性高，适合打造户外木质结构（图6.26）；

④防腐木易涂料及着色，根据设计要求，能达到美轮美奂的效果（图6.27）；

⑤能满足各种设计要求，易于各种木质园林景观精品的制作（图6.28）；

⑥较好的防腐木接触潮湿土壤或亲水效果尤为显著，满足户外各种气候环境中使用（图6.29）。

图6.26 户外木质平台

图6.27 涂色防腐木花架

图6.28 木质园林景观

图6.29 亲水防腐木景观

6.1.5 造园木材的发展及产品分类

1）造园木材的发展

在我国古典园林中，对材料的选择形式通常是就地取材。由于木材和石材均能方便获取，所以

成为以堆山叠石为骨架的中国古典园林中最具代表性的元素。木材在古典园林中的应用屡见不鲜，大至园林建筑（如亭台楼阁），小至家具小品（如坐凳花架），形成了独具中国特色的木文化。中国古典建筑是以斗拱结构为特色的木建筑体系，讲求结构建造上的逻辑表达，以及各个构件之间的组合关系。木材作为一种传统的造园建材，其区别于其他材料的特点就是在加工成为建材以前它们是具有生命的植物，不同植物的性质差异很大，即使是同一种植物由于生长条件的不同也会产生千差万别的个体差异。这些差异造就了每一块木材独一无二的特点。相同尺寸的两块木材，永远不会出现相同的纹理，木质的景观空间，给人以自然美的享受，还能使空间产生温暖与亲切感。

园林木材在现代园林景观中应用广泛，既有实用性又兼具观赏性，在园林景观的塑造中有着举足轻重的作用。木材本身的生长加工对于环境和生态几乎没有影响，其质地肌理优美，可再生且易于加工造型，令木材重新回到人们的视野，成为景观设计常用的材料，体现出"以人为本""返璞归真""绿色生态"的设计理念。

木材在加工成型材和制作成构件的过程中，会留下大量的碎块、废屑等，将这些下脚料进行加工处理，就可制成人造板材。

尽管当今世界已发展生产了多种新型建筑结构材料和装饰材料，但由于木材具有其独特的优良特性，木质饰面给人以一种特殊的优美观感，这是其他装饰材料无法与之相比的。因此，木材在建筑工程尤其是装饰领域中，始终保持着重要的地位。但是，林木生长缓慢，我国又是森林资源贫乏的国家之一，这与我国高速发展的经济建设需用大量木材，形成日益突出的矛盾。因此，一定要经济合理地使用木材，做到长材不短用，优材不劣用，并加强对木材的防腐、防火处理，以提高木材的耐久性，延长使用年限。同时应充分利用木材的边角碎料，生产各种人造板材，这是对木材进行综合利用的重要途径。

2）木材产品的分类

木材按其加工程度和用途不同，常分为原条、原木、锯材和枕木四种，见表6.7。

（1）原条

原条是指去皮（也有不去皮的）而未经加工成规定材品的木材，主要用于建筑工程的脚手架，园林景观中景观小品和供进一步加工等。

（2）原木

原木是原条按一定尺寸加工而成的规定直径和长度的木料。它可直接在建筑中作木桩、桁架[1]、格栅、楼梯和木柱等。做防腐处理后可用于园林中的道路铺装，木质平台以及室外木质格栅、楼梯等。

（3）锯材

锯材是指已经加工锯解成一定尺寸的木料。凡宽度为厚度3倍以上的，称为板材，不足3倍的为枋材。

（4）枕木

枕木又名轨枕、木枕、防腐木枕，是承载物体，用于铁路、专用轨道走行设备铺设和承载设备铺垫的材料。其弹性好，质量轻，制作简单，绝缘性能好。扣件与木枕连接简单，铺设和养护维修、运输方便，木枕与碎石道碴之间有较大的摩擦系数。但其缺点是使用年限较短，消耗木材量大。为有效延长使用寿命，枕木一般必须经过注油防腐后使用。

---

[1] 桁架——俗称"歇脚架"，即建筑工程中搭建的用于攀爬及休憩的构架。

表6.7　木材产品的分类

分类名称	说　明	主要应用	图　例
原条	指除去皮、根、树梢的木料，但尚未按一定尺寸加工成规定直径和长度的材料	建筑工程的脚手架、建筑用材、家具等	
原木	指已经除去皮、根、树梢的木料，并已按一定尺寸加工成规定直径和长度的材料	1. 直接使用的原木：用于建筑工程（如屋架、檩、椽等）、桩木、电杆、坑木； 2. 加工原木：用于胶合板、造船、车辆、机械模型及一般加工用材等	
锯材	指已加工锯解成材的木料。凡宽度为厚度3倍或3倍以上的，称为板材，不足3倍的称为枋材	建筑工程、桥梁、家具、造船、车辆、包装箱板等	
枕木	又名轨枕、木枕、防腐木枕，能承载物体，弹性好，质量轻，制作简单，绝缘性能好	用于铁路、专用轨道走行设备铺设和承载设备铺垫	

6.1.6　木材在园林景观中的应用

目前，木材在园林景观中的应用范围主要是铺板（步道、踏步、亲水平台、景观阳台等）、护栏（栏杆、木栅栏、楼梯扶手等）、小品（户外桌椅、花架、木桥、景观秋千、花池等）、辅助设施（垃圾桶、指示牌等）、园林建筑（木屋、木亭、木质活动房等）等木结构。

1）铺板

经防腐防蛀处理的木材一直是目前园林景观中铺板材料的首选，木质板材比其他材料施工便捷，加工性强而且更具亲和力，能够满足人们亲近自然的心理需求。因此，木材的应用范围十分广泛。随着材料加工技术的进步，现代园林工程中又出现了人工塑木，相比之下，塑木在室外条件下使用的开裂状况较少，维护量较小，在一些对木材逼真度要求不是很高的环境中，可取代防腐木及碳化木。

（1）木地板的特点

①美观自然：木材是天然的，其年轮、纹理往往能够构成一幅美丽的画面，给人一种回归自然、返朴归真的感觉，广受人们喜爱。

②无污物质：木材是最典型的双绿色产品，本身没有污染源，有的木材有芳香酊，发出有益健康、安神的香气；它的后生是极易被土壤消纳腐蚀吸收的有机肥料。

③质轻而强：一般木材都浮于水面上，少数例外。这样，用木材作为建材与金属建材、石材相比便于运输、铺设，据实验结果显示，松木的抗张力为钢铁的3倍、混凝土的25倍、大理石的50倍、抗压力为大理石的4倍。尤其是作为地面材料（木地板）就更能体现出其优点。

④容易加工：木材可任意锯、刨、削、切乃至于钉，因此在建材方面更能灵活运用，发挥其潜在作用，

而金属混凝土、石材等因硬度之故，没有此功能，故用料时也会造成浪费或出现不切合实际的情况。

⑤保温性好：木材不易导热，混凝土的导热率非常高，钢铁的导热率为木材的200倍。

⑥调节温度：木材可以吸湿和蒸发。人体在大气中最适的湿度为60%～70%，木材的特性可维护湿度在人舒适的湿度范围内。

⑦不易结露：由于木材保湿、调湿的性能比金属、石材或混凝土强，所以当天气湿润，或温度下降时不会产生表面化结成水珠似的出汗现象。这样，当木材作为木地板时，不会因为地面滑而造成不必要的麻烦。

⑧耐久性强：木材的抗震性与耐腐性经科技的处理不次于其他建筑材料，有许多著名的老建筑物经千百年的风吹雨打仍然屹立如初，许多以前的木制船长期浸泡在水里到现在仍然坚固。

⑨缓和冲击：木材与人体的冲击、抗力都比其他建筑材料柔和、自然，有益于人体的健康，保护老人和小孩的安全。

⑩木材可以再生：煤炭、石油、钢材、木材均是人类重要资源，其中只有木材可以通过种植再生。只要把树林保护好，可以取之不尽、用之不竭。

（2）应用形式

木材铺板在园林景观中的应用形式多样，使用范围广泛，如码头、园路、观景平台、木栈道、庭院铺板等（图6.30）。木材室外铺板不仅形式多样，颜色也十分丰富，常见的有黑胡、柚木、红缨、白橡、金檀、胡桃、紫檀、红木、雪松等，还可根据用户需要进行定制。

图6.30　木材在园林铺地中的应用

（3）室外木质铺地工程构造

室外木质铺地工程构造如图6.31所示，其尺寸表见表6.8。

说明：a. 所有木材应经过防腐、防水、防虫处理。

b. 角钢应经过防锈处理。

c. 龙骨间距 0.5 ~ 1.0 m，龙骨可用螺栓或砂浆固定，木板与龙骨可用胶或木螺栓固定。

d. 路宽小于 5 m 时，混凝土沿路纵向每隔 4 m 分块做缩缝；路宽大于 5 m 时，沿路中心线做纵缝，沿道路纵向每隔 4 m 分块做缩缝；广场按 4 m×4 m 分块做缝。

e. 混凝土纵向长 20 m 左右或与不同构筑物衔接时须做胀缝。

f. 混凝土标号不低于 C20。

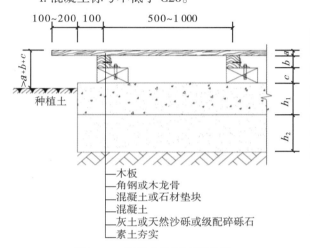

图 6.31　室外木地板工程构造

木板
角钢或木龙骨
混凝土或石材垫块
混凝土
灰土或天然沙砾或级配碎砾石
素土夯实

表 6.8　尺寸表　　单位：mm

代　号	承　载		
	多年冻土	季节冻土	全年不冻土
h_1	100 ~ 150	100 ~ 150	100 ~ 150
h_2	150 ~ 300	100 ~ 200	0
h	20 ~ 60		
a	40 ~ 60		
b	20 ~ 100		

2）护栏

护栏的形式丰富，可分为护栏、栏杆、木栅栏、楼梯扶手等。木材因其加工工艺丰富，形式多样，可满足对大幅面或复杂形状材料的要求。护栏的应用形式也十分丰富，变化多端，各种形式及色彩的木质护栏样式如图 6.32 所示。

图 6.32　木材在园林护栏中的应用

3）小品

木材制成的亭、廊、花架、花钵、树池、座椅等景观小品因其质朴的颜色和质感给人以舒适的感觉，与环境十分融合（图6.33）。而且木质小品施工相对较简便。

图6.33　木材在园林小品中的应用

丹麦艺术家Thomas Dambo利用废弃木料和建筑材料制作大型雕塑小品，他将异想天开的创造理念与周围环境结合，使雕塑摆脱呆板，达到与环境的互动（图6.34）。这些雕塑小品给城市增添了趣味性和艺术性。Dambo在丹麦霍森建造了一个名为"特勒尔斯巨魔"的木雕，这是一座用回收的木头建造的雕塑，它的"头发"由当地公园的植物代替，种植在城市园艺花盆里（图6.35）。

图6.34　木材雕塑小品

图 6.35　特勒尔斯巨魔木雕

4）辅助设施

园林景观中的辅助设施包括垃圾箱、导示牌、标识牌等，规格大小可根据需要定制，通过木材组合或木材与其他材质组合（图 6.36）。

图 6.36　木材在园林景观附属设施中的应用

5）园林建筑

园林建筑是建造在园林和城市绿地内供人们游憩或观赏用的建筑物，常见的有亭、榭、廊、阁、轩、楼、台、舫、厅堂等建筑物。木材在园林建筑方面应用最广，如活动板房、地板、护墙板、门窗、围栏和护栏，以及百叶窗、屋面板等（图 6.37）。

图 6.37　木材在园林建筑中的应用

6.2　竹　材

竹材来源于竹类植物的地上秆茎，由纤维素、半纤维素和木质素等主要成分组成。

竹材的利用有原竹利用和加工利用两类。原竹利用是把大竹用作建筑材料、运输竹筏、输液管道；中小竹材制作文具、乐器、农具、竹编等。加工利用有多种用途，在许多加工行业中都有应用。竹材也是制纤维板和醋酸纤维、硝化纤维的重要原料。

6.2.1　竹材的性质

1）物理性质

（1）含水率

竹子生长时含水率较高，平均为 80% ~ 100%，通常树龄越小，其新鲜材料含水率越高。

（2）密度

竹材的基本密度为 0.4 ~ 0.9 g/m³，其实质密度为 1.48 ~ 1.51 g/m³，平均密度约为 1.50 g/m³。竹子的绝干密度为 0.79 ~ 0.83 g/m³，主要取决于维管束的密度及其构成，随竹种、树龄、秆茎部位、立地条件发生变化。

2）化学性质

竹材主要化学成分为有机组成，是天然的高分子聚合物，主要由纤维素（约 55%）、木质素（约 25%）和半纤维素（约 20%）构成。竹材的纤维素含量随着树龄的增加而略减，不同秆茎部位含量也存在差异，从下部到上部略减，从内层到外层渐增。

3）力学性质

竹材是非均质各项异性的材料，密度小，强度大，是一种轻质高强度材料。在某些方面优于木材，见表6.9，如顺纹抗拉强度约比密度相同的木材高1/2，顺纹抗压强度高10%左右。竹材基本密度大，则纤维含量大；机械性能高，则力学强度大。

表6.9　竹材与木材性能比较

项　目	竹　材	实木材
环保	1. 竹子生长周期短（4～6年就可以砍伐利用），栽植容易，是可再生的绿色资源； 2. 竹材深加工产品为天然材质产品，不会对室内环境造成污染	木材生长周期漫长（20～50年以上），属不可再生资源，过量的砍伐对地球的环境造成严重的破坏
噪声	竹子是天然的隔音材料	有较强的隔音效果，但因密度比竹材低而相对要弱
耐磨性能、抗刮划能力	竹材由于材质坚硬、密度大而有很高的耐磨抗划能力	较差
防水性能	竹材坚硬，遇水膨胀和干裂收缩系数小，不易变形，防水性好	水胀、干裂系数大，容易膨胀变形
生虫	不会。竹材在生产加工过程中高温蒸煮和碳化等灭绝了竹材内寄生的虫卵，并脱去糖分、脂肪、淀粉、蛋白质等营养物质，使虫卵没有生长环境，所以具有超强的防虫蛀能力	可能会。木材无法进行脱糖去脂等处理，只能用防腐剂等材料加工，但不能像竹材那样解决根本问题
发霉	竹材在经过多道工序脱糖去脂后没有了营养物质，不易发霉	不易
变形开裂	竹材经切割、黏合等工序处理和科学的排列组合后，能很好地平衡内外界各种力量，不易变形和开裂	易变性，不易开裂

6.2.2　竹材的生产加工

1）竹集成材

竹集成材是由片状或条状竹材经定宽、定厚加工后按照同一方法组合胶压制而成的方材和板材。根据竹集成材的形状，一般分为板形、方形竹集成材（图6.38）和弯曲竹集成材（图6.39）。

①板形、方形竹集成材的生产工艺流程如图6.40所示。

②平拼弯曲竹材集成材的生产工艺流程如图6.41所示。

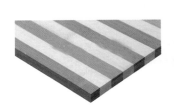

图6.38　板形、方形竹集成材

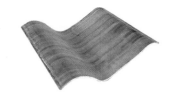

图6.39　平拼弯曲竹集成材

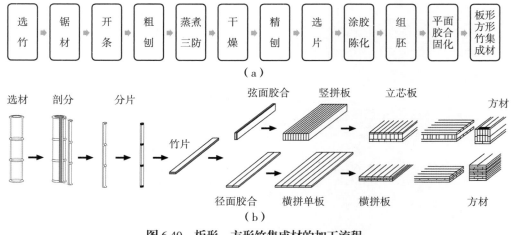

图6.40　板形、方形竹集成材的加工流程

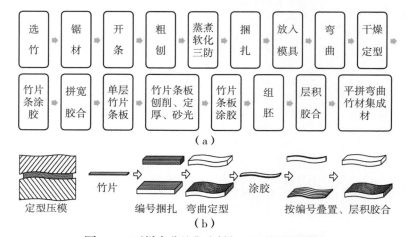

图6.41　平拼弯曲竹集成材加工工艺流程图解

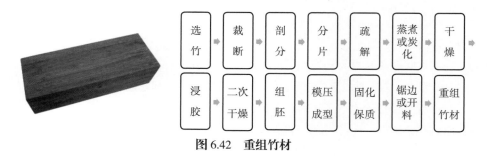

图6.42　重组竹材

2）重组竹材

重组竹材是将竹片或竹条碾压疏解成通长的、相互交联并保持纤维原有排列方式的疏松网状纤维束，再经干燥、施胶、组胚成型、冷压或热压而成的板状或其他形式的材料（图6.42）。

重组竹材的生产工艺流程：

冷压与热压工艺在压制前后的工序一致，只是压制和固化工序不同，但对材料的性质有影响，见表6.9。

表 6.10　冷压与热压重组竹材的区别

生产工艺	冷压工艺	热压工艺
设备投资	低	高
生产效率	高	低
抗变形性	好	差
工人劳动强度	大	小
产品柔性	差	好
产品色泽	可染色	单一
基本用途	梁柱、高档地板、高档集成材家具板	户外产品

3）竹展开材

竹展开材是以原竹经软化、无裂隙展平、定型、烘干后的展平单板为组元组合胶压而成的材料（图 6.43）。

图 6.43　竹展开材

6.2.3　竹材在园林景观中的应用

竹有节，不易摧折，竹子的精神寓意自古以来就受到中国历代文人的青睐，人们爱竹、咏竹、画竹、植竹等。在现代景观中，竹材以其低碳环保的独特优势受到人们的关注，各种各样的竹子，或是原材料，或是加工竹材，被广泛应用于建筑和小品中。竹材已不仅是装饰，更作为一种环境友好的、环保的、可持续的材料应用于园林景观中。

1）竹材与防腐木在户外景观中的应用区别

竹材与防腐木在户外景观中的应用区别，见表 6.10。

表 6.11　竹材与防腐木在户外景观中的应用区别

对比项目	户外重组竹材	防腐木
制作工艺	采用新技术，对竹材进行疏解纤维化加工，从而改变其物理形态，具有高强度、高耐候性、高防腐性和高耐燃点等特点	通过高压方法，将化学物渗透到木材制品中制成，用于保护木材不受细菌和昆虫侵蚀
对人体健康的影响	整个加工过程中甲醛释放量 0.2 mg/100 g，更低于欧洲 E1 级环保标准	防腐木重点砷（砒霜）对人体伤害严重
对环境影响	环保产品，不会对环境造成破坏	随着时间流逝，砷会慢慢从木材中浸出，对环境造成破坏
表面及颜色	可以通过工艺，提供多种颜色选择	选择单一，刷漆
产品性能	防水，抗酸碱，抗虫蛀，抗真菌，抗紫外线，不开裂，不变形，高强度，需维护	防水性一般，抗酸碱性差，抗紫外线性差
安装简易程度	卡扣拼接安装简便	安装组装机处理木材较复杂
使用寿命	10 年以上	5 ~ 10 年
价格	1 800 元 /m³	3 500 ~ 14 000 元 /m³
木质自然感	强	强
密度	1.23 g/m³	0.3 ~ 1.0 g/m³
防滑性能	好	一般
防火等级	A	B
强度	静曲强度 220 MPa 以上	静曲强度 33 MPa
应用领域	产品各项性能指标优于塑木与防腐木，被广泛应用在建材、园林景观、工艺品等，形成多产品系列	多用于户外园林景观中，但欧美国家对防腐木的使用有所限制

2）竹材在园林景观铺地中的应用

（1）应用形式

重组竹材广泛运用于户外地板、楼梯、观景平台等（图6.44），其干缩湿胀率小，不易变形，具有较好的稳定性、防水性、耐候性，美观耐用，有许多竹材具有传统防腐木的特点。

图6.44　竹材在园林景观铺地中的应用

（2）施工工艺

竹材在园林景观中的施工工艺，如图6.45所示。

3）竹材在园林建筑中的应用

竹子强度大、韧性好、颜色简洁，适宜作为装饰结构材料，但不少建筑、景观设计师从傣族的竹楼建筑中受到启发，期望竹材在建筑结构方面能够担当更大的重任。

位于扬州郊外施桥园内的茶室，其建筑布局以传统的园林结构为灵感，以扬州本地种植的毛竹为材料，经过防腐防蛀、高温杀菌和涂层处理，即使经日晒风吹也可以保持竹的本色，坚实耐用。建筑融合了景观，竹材的使用完美地展现了茶文化的气脉（图6.46）。

Vo Trong Nghia Architects 设计的水边咖啡厅，五排竹子构建的大伞一样的柱子支撑着其屋顶。建筑没有外墙的包围，人们在"竹伞"下用餐犹如置身于水边竹林之中，近处的水景、远处的山色一览无余（图6.47）。

从上海世博会的印尼馆到台湾花博会的"知竹常乐"台湾馆，竹材越来越多地被选做建筑结构材料。随着现代高端建筑对竹材的使用要求越来越高，作为结构材料的竹材，必须进行科学加工以后，才能安全使用。对于要求高、使用期限长的建筑，应使用专业竹材，以确保其户外高抵抗力和防腐性能，而对于临时性建筑可以使用普通的原竹制作。2010年上海世博会印尼馆的后花园，不仅用竹篱围挡做出一个独立的花园区，还利用竹材中空的特性，设计出一个独有的立体种植长廊，让人倍感亲切（图6.48）。在台北花博会新生公园区，由大大小小的竹子建筑而成的"竹编休息站"，为游客提供了现场休憩的场地（图6.49）。

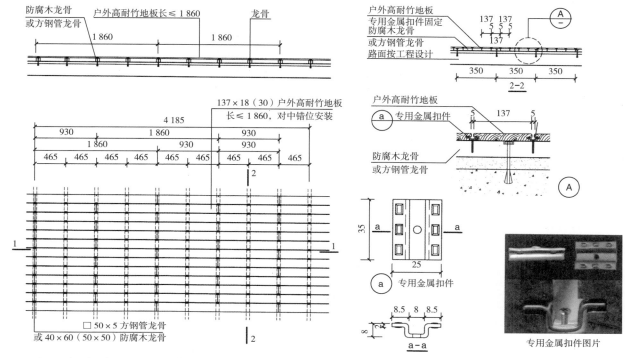

注：1. 龙骨间隔 2 000 留 50 缝作为过水洞。
    2. 高耐竹地板下部排水随地面坡度、楼面坡度至地板收口或楼面排水口。

图 6.45　户外竹地板工程构造（单位：mm）
（《国家建筑标准设计图集——室外工程》12J003）

图 6.46　施桥园内的竹茶室

图 6.47　"竹伞"下的咖啡厅

图 6.48　上海世博会印尼馆

图 6.49　台湾花博会竹编休息站

随着设计师设计思路的创新和材料加工技术的进步，竹材在现代景观建筑中，也发挥了极大的优势，呈现出许多经典的作品（图6.50）。

图6.50 竹材在园林建筑中的应用

4）竹材在园林景观小品中的应用

竹材除了设计成具有装饰和象征意义的小品（图6.51）外。还常常用来满足各种实际要求，如篱笆（图6.52）、围墙、休憩竹椅（图6.53）以及竹筒容器等。昆明世博园竹园内的竹简，堪称竹材小品的典范，设计师模仿中国古代竹简样式，用直径为20 cm的巨龙竹连接，竹简高2.5 m，全长3 m，1/3为卷筒状，2/3展开成平面，竹简上雕刻古人赞竹诗句，浓缩了中国的竹文化（图6.54）。

图 6.51　日本庭园小品——"添水"　　　　　　　　图 6.52　竹篱笆

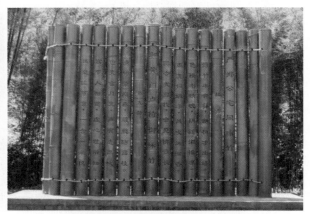

图 6.53　休憩竹椅　　　　　图 6.54　昆明世博园竹园内的竹简

现代园林景观中，出现了竹材灯具、座椅、跌水小品等设施（图 6.55），别出心裁，将传统材料进行现代演绎，给人耳目一新的体验。

6.3　茅　草

本章节介绍的茅草材料是指天然或人造茅草，通过防火、防潮、防虫等工艺处理后，作为硬质景观装饰材料的草材。

6.3.1　茅草景观

茅草景观[1]，即指一切以茅草为材料的硬质景观，如茅草屋、茅草亭、茅草伞、茅草长廊、茅草景观小品等（图 6.56）。

---

[1] 茅草景观的概念最早是由苏州侨联景观的创始人陶勇提出的。

图 6.55　竹材在园林景观小品中的应用

图 6.56　茅草景观

6.3.2　茅草的分类

1）天然茅草

天然茅草是通过筛选一些优质天然茅草材料，再经过特殊的编织方法编制而成（图 6.57）。天然茅草属于季节性的天然材料，秋季是收割的最佳季节，收割后需要暴晒，干燥度达八成以上方可使用。

（1）特性

①复古效果好，性价比高；②源自东南亚及中国少数民族民居屋面；③ 3年使用寿命；④质量轻，安装简单，适用于各种建、构筑物；⑤抗震、防风、降噪。

（2）应用

天然茅草经防火、防腐、防蛀处理后，常用于东南亚茅草屋、草亭以及海滩可折叠遮阳伞等，还可适当应用于其他景观小品中，草材与木材、石材等天然材质搭配，营造出古朴自然的风格，与周围环境相协调（图6.58）。

图6.57　天然茅草

图6.58　天然茅草在园林景观中的应用

2）天然红茅草

天然红茅草（红毛草）精选源自南非人工种植的天然红茅草（红毛草）。因红茅草本身质地坚硬，历久耐磨而被人们选为制作茅草屋顶的最佳草材（图6.59）。经人工修建，看上去毛茸茸的屋顶厚实美观，茅草屋冬暖夏凉，深受追求高品质生活者的宠爱。

（1）特性

①复古感较强；②源自日本茅草屋面；③30 年使用寿命；④抗震、防风、降噪。

图6.59　天然红茅草

（2）应用

红茅草主要用于日式民居、合掌屋、庭廊、门楼等屋顶（图 6.60）。

图 6.60　天然红茅草在日式园林建筑中的应用

3）天然海草

天然海草是精选源自大海的野生藻类（图 6.61）。由于生长在大海中的海草含有大量的卤和胶质，用它苫成厚厚的房顶，除了有防虫蛀、防霉烂、不易燃烧的特点外，还具有冬暖夏凉、居住舒适、百年不毁等优点。

（1）特性

①自然复古；②源自东南亚茅草屋面；③15 年使用寿命；④防虫、防霉、抗震、防风、降噪。

（2）应用

图 6.61　天然海草

天然海草主要用于热带海洋性气候地区的永久性海草房、海草亭等，使用寿命长，防风、防虫、防霉，复古感强（图 6.62）。

4）天然芦苇

天然芦苇精选自滩涂地人工种植的天然芦苇。天然芦苇质硬耐磨，是制作茅草屋顶的优质草材（图 6.63）。达 200 mm 厚的茅草屋顶使得茅草屋冬暖夏凉，深受大众喜爱。在英国和日本，芦苇是制作

图 6.62　天然海草在园林景观中的应用

茅草屋顶的首选草材。

（1）特性

①自然古朴；②源自英式茅草屋面；③20 年使用寿命；④适用于建筑屋面，室内冬暖夏凉；⑤防虫、防霉、抗震、防风、降噪。

（2）应用

天然芦苇逐渐应用于大型游乐场、休闲度假村、私家别墅、农业生态园等的屋顶铺装材料，复古、自然（图6.64）。

图 6.63　天然芦苇

图 6.64　天然芦苇在园林建筑中的应用

5）仿真铝茅草

　　仿真铝茅草瓦是以防腐性能优质的纯铝板为基材，以耐候性和抗刮性极强的滚涂漆为面层的新型高级屋面茅草装饰材料（图6.65）。因其复古、美观、轻巧、耐用、环保、阻燃、防腐烂、防腐蚀等特性，近年来成为国际度假区茅草屋顶材料的主流产品，国内的一些高档度假区建筑也已开始大量使用。

图 6.65　仿真铝茅草

（1）特性

①复古，性价比较高；②源自爱尔兰民居屋面；③10年使用寿命；④安装简单，适用于各种建筑物；⑤自身防水、防火、防腐烂、防腐蚀、抗震、抗紫外线、防风、降噪。

（2）应用

仿真铝茅草瓦和传统的天然茅草比较具有耐用、维护简单及价格实惠等特点，是一项创新产品，真正符合绿色环保要求，是新型园林景观屋顶装饰的理想材料（图6.66）。

图6.66　仿真铝茅草在园林景观中的应用

6）PE仿真茅草

PE仿真茅草是采用高新技术生产的，以防腐性PE塑料为原材料，结合PE塑料的环保性、无毒性效果而制成，经过特殊加工的仿真茅草，不会因空气的氧化作用褪色或掉色（图6.67）。

（1）特性

①时尚而复古；②源自巴厘岛茅草居屋面；③15～20年使用寿命；④安装简单，适用于各种建筑物；⑤自身防水、防火、防腐烂、防腐蚀、抗震、抗紫外线、防风、降噪。

图6.67　PE仿真茅草

（2）应用

常用于现代仿古建、构筑物的茅草屋顶，取代天然茅草（图6.68）。

图6.68 PE仿真茅草在园林景观中的应用

7）PE仿真芦苇

PE仿真芦苇是一种新型的环保材料，采用PE塑料合成工艺，加入阻燃成分、抗老化成分，主要功能为代替天然芦苇的易着火、易腐烂，代替金属茅草的噪声及硬质感官。PE仿真芦苇是屋顶遮阳材料中最理想的装饰材料（图6.69）。

（1）特性

①复古；②源自巴厘岛茅草居屋面；③15～20年使用寿命；④安装简单、经济美观，适用于各种建筑物；⑤耐高温、防水、不变形、无毒环保。

图6.69 PE仿真芦苇

（2）应用

取代天然芦苇，应用于各种茅草屋顶及茅草编制的景观小品中（图6.70）。

图6.70 PE仿真芦苇在建筑及景观中的应用

思考与练习

1. 简述木材的性质及分类。
2. 木材的防腐措施有哪些?
3. 简述防腐木的分类与特性。
4. 简述木材在景观中的应用。
5. 竹材在景观中的应用形式有哪些?
6. 简述常见草材的分类及应用形式。

7 玻璃与金属材料

本章导读 随着现代工业技术的日益更新，玻璃与金属的品种也越来越多，从而在景观工程中的应用也越来越广泛，主要应用于构筑物结构、构筑物装饰及景观小品等。本章概述了这两种材质的成分、分类、特性以及在景观工程应用中的技术措施。着重了解玻璃与金属制品的性质、用途。

7.1 玻璃概述

通过加热硅石、石灰和碱（如苏打或碳酸钾）的混合物而形成一种较为透明的固体物质——玻璃，在熔融时形成连续网络结构，冷却过程中黏度逐渐增大并硬化而不结晶的硅酸盐类非金属材料，其内部分子的排布仍然保持着液态时的自由属性。玻璃广泛应用于建、构筑物，用来隔风透光、表面装饰等，其历史可追溯到青铜器时代。

中国玻璃的发明，与青铜冶炼技术有着密切的关系。青铜的主要原料是孔雀石、锡矿石和木炭，冶炼温度约为 1 080 ℃。在冶炼青铜的过程中，由于各种矿物质的熔化，其中玻璃物质在排出的铜矿渣中就会出现硅化合物拉成的丝或结成的块。由于一部分铜粒子侵入玻璃质中，因此其呈现出浅蓝或浅绿色。这些半透明、鲜艳的物质引起了工匠们的注意，经过稍稍加工，便可制成精美的玻璃装饰品。这样经过长期不断地实践和探索，古代中国人终于掌握了玻璃的生产技术和规律。

考古资料表明，中国古代的玻璃制造工艺始于西周时期，历经绵延不绝的两千余年，至清代发展到顶峰，成为古代玻璃史上的鼎盛时期。从藏品时代上看，战国到明清几乎不间断（图7.1）。其中绝大部分藏品为传世品，尤以清代玻璃制品所占比例最大，约为90%。清代玻璃器又分宫廷制造与民间制造两大系列，其中宫廷玻璃器物占3/4，代表了清代玻璃制作的工艺水平，是造办处玻璃厂按照皇帝的谕旨为皇家制作的各种玻璃器皿。

图 7.1　中国古代玻璃制品

7.1.1　玻璃的组分与特性

1）组分

玻璃是以石英砂、纯碱、石灰石等作为主要原料，并加入某些辅助性材料（包括助熔剂、脱色剂、着色剂、乳浊剂、澄清剂等），经高温熔融、成型、冷却而成的具有一定形状和固体力学性质的无定形体（非结晶体）。玻璃的化学成分很复杂，并对玻璃的力学、热学、光学性能起着决定性作用。玻璃的主要化学组成为 SiO_2，Na_2O，CaO 等。

2）特性

玻璃属于均质非晶体材料，具有各向同性的特点。

玻璃具有较高的化学稳定性。通常情况下对水、酸以及化学试剂或气体具有较强的抵抗能力，能抵抗除氢氟酸以外的多种酸类的侵蚀。但是，碱液和金属碳酸盐能溶蚀玻璃。

玻璃的抗压强度高，抗拉强度很小。玻璃在冲击作用下易破碎，是典型的脆性材料。脆性是玻璃的主要缺点，脆性大小可用脆性指数来评定。脆性指数越大，说明玻璃越脆。

图 7.2　利用玻璃的透光性赋予空间生命

玻璃具有优良的光学性质。特别是透明性和透光性,故广泛用于建筑、景观中的采光和装饰。它将封闭的室内与外部景观通过艺术的再造,默契地调和为一体,使人们置身于室内而又仿若与自然息息相依。利用玻璃这一特性可以赋予空间更多生命力,在心理上扩展空间的深度和高度(图7.2)。玻璃组成中氧化硅、氧化硼可提高其透明性,而氧化铁会使透明性降低。

3)玻璃的计量单位

计算玻璃用料及成本的计量单位为"质量箱"或称"质箱",英文为 Weight Case 或 Weight Box,一个质量箱等于 2 mm 厚的平板玻璃 10 个平方的质量(重约 50 kg)。

7.1.2 玻璃的分类与品种

1)按加工工艺分类

按照玻璃的生产工艺,可分为浮雕玻璃、锻打玻璃、晶彩玻璃、琉璃玻璃、夹丝玻璃、聚晶玻璃、玻璃马赛克、钢化玻璃、夹层玻璃、中空玻璃、调光玻璃、发光玻璃等(图7.3)。

(a)琉璃玻璃　　　　(b)夹丝玻璃　　　　(c)玻璃马赛克

图7.3　玻璃的品种

2)按生产方式分类

按生产方式,可分为平板玻璃和深加工玻璃。平板玻璃也称白片玻璃或净片玻璃,它具有透光、透明、保温、隔声、耐磨、耐气候变化等性能。平板玻璃主要分为引上法平板玻璃(分有槽/无槽两种)、平拉法平板玻璃和浮法玻璃三种。玻璃二次制品即深加工玻璃,它是利用一次成型的平板玻璃(浮法玻璃、普通引上平板玻璃、平拉玻璃、压延玻璃)为基本原料,根据使用要求,采用不同的加工工艺制成的具有特定功能的玻璃产品。而特种玻璃则品种众多。下面将常见的玻璃品种逐一说明,见表7.1。

表7.1　常见玻璃种类

分类	品　种	说　明	适用范围
平板玻璃	普通平板玻璃(又名净片玻璃、白片玻璃)	用砂、岩粉、硅砂、纯碱、芒硝等配合,经融化、成型、切裁而成	门窗、室内装修、温室、暖房、太阳能集热器、家具、柜台、室外地面、墙面装饰等
	浮法平板玻璃(又名浮法玻璃)	使融化后的玻璃液流入锡面上,自由摊平,然后逐渐降温退火而成。具有表面平整、无玻筋、厚度公差少等特点	高级建筑门窗、镜面、夹层玻璃等
	吸热玻璃	在玻璃原料中,加入微量金属氧化物加工而成,具有吸热及滤色性能	高级建筑、仓库建筑的吸热门窗及大型玻璃窗制造吸热中空玻璃
	磨砂玻璃	以平板玻璃经研磨而成,具有透光不透明的特性	黑板、室内装修及各种建筑物门窗等要求透光不透明处

续表

分类	品　种	说　明	适用范围
压延玻璃	压花玻璃（又称滚花玻璃、花纹玻璃）	以双辊压延机连续压制的一面平整、一面有凹凸花纹的半透明玻璃	玻璃隔断、卫生间、浴室、装修及各种建筑物门窗玻璃须半透明透光处
	夹丝玻璃	以双辊压延机连续压制的、中间夹有一层铁丝网的玻璃	天窗及各种建筑的防震门窗
工业玻璃	平面钢化玻璃	以平板玻璃或磨光平板玻璃或吸热玻璃等经处理加工而成，具有强度大、不碎裂等防爆、安全性能	高级建筑物门窗、高级天窗、防爆门窗、高级柜台特殊装修等
	平板磨光玻璃（单面、双面）	以普通平板玻璃经研磨、抛光处理而成，有单面、双面之分	高级建筑门窗、装修等
	双层中空玻璃	以两片玻璃、四周用黏结剂密封、玻璃中间充以清洁干燥空气而成	节能建筑门窗、隔声窗、风窗、保温、隔热窗
	离子交换增强玻璃	以离子交换法、对普通玻璃进行表面处理而成，机械强度高，冲击强度为普通玻璃的 4～5 倍	对强度要求较高的建筑门窗、制夹层玻璃或中空玻璃
	饰面玻璃	在平板玻璃基础上冷敷一层色素彩釉，加热、退火或钢化而成	墙体饰面、建筑装修、防腐防污处装修
	夹层玻璃	在两片或两片以上之间夹以聚乙烯醇缩丁醛塑料、衬片、经热压黏合而成（称胶片法工艺）。或由两片玻璃，中间灌以甲基丙烯酸酯类透明塑料，聚合黏结而成（称聚合法工艺）。具有碎后只产生辐射状裂纹，而不落碎片等特点	高层建筑门窗、工业厂房天窗、防震门窗、装修

3）按成分分类

玻璃按主要成分通常分为氧化物玻璃和非氧化物玻璃。

非氧化物玻璃品种及数量较少，主要有硫系玻璃和卤化物玻璃。硫系玻璃的阴离子多为硫、硒、碲等，可截止短波长光线而通过黄光、红光，以及近、远红外光，其电阻低，具有开关与记忆特性。卤化物玻璃的折射率低，色散低，多用作光学玻璃。

氧化物玻璃又分为硅酸盐玻璃、硼酸盐玻璃、磷酸盐玻璃等。硅酸盐玻璃指基本成分为 SiO_2 的玻璃，其品种多、用途广。通常按玻璃中 SiO_2 以及碱金属、碱土金属氧化物的含量不同可分为：

①普通玻璃（Na_2SiO_3，$CaSiO_3$，SiO_2 或 $Na_2O \cdot CaO \cdot 6SiO_2$）。

②石英玻璃（以纯净的石英为主要原料制成的玻璃，成分仅为 SiO_2）。

③钢化玻璃（与普通玻璃成分相同）。

④钾玻璃（K_2O，CaO，SiO_2）。

⑤硼酸盐玻璃（SiO_2，B_2O_3）。

⑥有色玻璃：在普通玻璃制造过程中加入一些金属氧化物。Cu_2O——红色；CuO——蓝绿色；CdO——浅黄色；CO_2O_3——蓝色；Ni_2O_3——墨绿色；MnO_2——紫色；胶体 Au——红色；胶体 Ag——黄色。

⑦变色玻璃：用稀土元素的氧化物作为着色剂的高级有色玻璃。

⑧光学玻璃：在普通的硼硅酸盐玻璃原料中加入少量对光敏感的物质，如 $AgCl$，$AgBr$ 等，再加入极少量的敏化剂，如 CuO 等，使玻璃对光线变得更加敏感。

⑨彩虹玻璃：在普通玻璃原料中加入大量氟化物、少量的敏化剂和溴化物制成。

⑩防护玻璃：在普通玻璃制造过程中加入适当辅助料，使其具有防止强光、强热或辐射线透过而保护人身安全的功能。如灰色——重铬酸盐、氧化铁吸收紫外线和部分可见光；蓝绿色——氧化镍、氧化亚铁吸收红外线和部分可见光；铅玻璃——氧化铅吸收 X 射线和 γ 射线；暗蓝色——重铬酸盐、氧化亚铁、氧化铁吸收紫外线、红外线和大部分可见光；加入氧化镉和氧化硼吸收中子流。

⑪微晶玻璃：又称为结晶玻璃或玻璃陶瓷，是在普通玻璃中加入金、银、铜等晶核制成，代替不锈钢和宝石，作雷达罩和导弹头等。

⑫玻璃纤维：由熔融玻璃拉成或吹成的直径为几微米至几千微米的纤维，成分与玻璃相同。

⑬玻璃钢：由环氧树脂与玻璃纤维复合而得到的强度类似钢材的增强塑料。玻璃纸（用粘胶溶液制成的透明的纤维素薄膜）。

⑭水玻璃：Na_2SiO_3 的水溶液，因与普通玻璃中部分成分相同而得名。

⑮金属玻璃：玻璃态金属，一般由熔融的金属迅速冷却而制得。

⑯萤石（氟石）：无色透明的 CaF_2，用作光学仪器中的棱镜和透光镜。

4）按性能分类

玻璃按性能特点又分为钢化玻璃、多孔玻璃（即泡沫玻璃，孔径约 40 mm，用于海水淡化、病毒过滤等方面）、导电玻璃（用作电极和飞机挡风玻璃）、微晶玻璃、乳浊玻璃（用于照明器件和装饰物品等）和中空玻璃（用作门窗玻璃）等。

7.2　玻璃在园林景观中的应用

7.2.1　玻璃的艺术特性在园林景观中的应用

1）利用玻璃的反射性

因为玻璃的反射性，能把周围的环境映射到自身的表面，从而形成多种光影交织、丰富多变的视觉感受（图 7.4）。

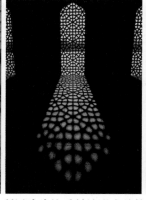

图 7.4　利用玻璃的反射性形成独特光影

2）利用玻璃的色彩

色彩也是玻璃材料的表现手段。色彩通过光线来传达玻璃的情感与象征意味，影响着环境设计的视觉效果与人们的心理和生理感受（图7.5）。

图7.5　利用玻璃的色彩传达情感

3）利用玻璃的可塑性

玻璃像水，因不同的工艺呈现五彩缤纷；玻璃本无形，因不同的工艺呈现千姿百态。现代的热熔、压铸、肌理纹、冰花、蚀刻等玻璃工艺的发展，能传达出不同质感、光彩和形态，玻璃相对随意、灵活的装饰性，使其成为景观空间中最具艺术表现力的材料（图7.6）。

西雅图Tacoma的玻璃博物馆有两组引人注目的玻璃雕塑。其中Martin Blank的流动的步伐试图模仿水的性格来唤起观众的眼睛（图7.7）。作品捕捉水的光影、运动、流动性和透明度，水可是平

图7.6　玻璃可塑性在景观中的应用

图7.7　玻璃雕塑——流动的步伐　　　　图7.8　玻璃雕塑——水晶塔

静的、崇高的，也可是强大的、野蛮的，这便是水的性格，同时也是玻璃最富有变化的表现。另一组水晶塔由 63 块原生态、不规则的玻璃堆叠而成，犹如刚从山峰切割的砾石，毫无人工痕迹，充分展现了玻璃材料的灵活性（图 7.8）。

4）玻璃材料与其他材料的结合

利用玻璃的艺术特性，通过与其他材料的装配、组合而形成一种装置或具有意味的艺术品，展现玻璃独立的艺术价值。

玻璃艺术家 Dale Chihuly 在其作品中将玻璃与自然环境重组，把玻璃材料的艺术性诠释得淋漓尽致。他设计建造的形态各异、色彩纷呈的巨型玻璃雕塑与周围植物、景观及建筑相互呼应，达到玻璃与自然之间的对话，令人叹为观止（图 7.9）。

图 7.9　玻璃与自然环境结合

7.2.2　平板玻璃的应用

平板玻璃是片状无机玻璃的总称，景观中常用的平板玻璃属于钠玻璃类。平板玻璃是建筑、景观工程中用量最大的一种。

1）窗用平板玻璃

窗用平板玻璃也称平光玻璃或净片玻璃，简称玻璃，是平板玻璃中生产量最大、使用最多的一种，也是进一步加工成多种技术玻璃的基础材料。未经加工的平板玻璃，主要装配于门窗、廊架、遮雨棚等（图 7.10），起透光、挡风雨、保温、隔声等作用。

图 7.10　窗用平板玻璃在景观中的应用

窗用平板玻璃的厚度一般有 2, 3, 4, 5, 6 mm 五种, 其中 2 ~ 3 mm 厚的常用于民用建筑, 4 ~ 6 mm 厚的主要用于工业及高层建筑。普通窗用玻璃无色而透明, 并有多种规格。

2）磨砂玻璃

磨砂玻璃又称毛玻璃, 是用机械喷砂, 手工研磨或使用氢氟酸溶液等方法, 将普通平板玻璃表面处理为均匀毛面而得。该玻璃表面粗糙, 使光线产生漫反射, 具有透光不透视的特点, 且使室内光线柔和。除透明度外, 磨砂玻璃的规格、质量等均同于窗用玻璃, 它常被用于浴室、走廊隔断等, 也广泛应用于景观之中（图 7.11）。

图 7.11　磨砂玻璃在景观中的应用

3）彩色玻璃

彩色玻璃也称有色玻璃, 是在原料中加入适当的着色金属氧化剂, 生产出透明色彩的玻璃。另外, 在平板玻璃的表面镀膜处理后也可制成透明的彩色玻璃。该玻璃可拼成各种花纹、图案, 适用于公共建筑的内外墙、门窗装饰以及采光有特殊要求的部位（图 7.12）。

图 7.12　彩色玻璃在景观中的应用

4）彩绘玻璃

彩绘玻璃是一种用途广泛的高档装饰玻璃产品。屏幕彩绘技术能将原画逼真地复制到玻璃上, 这是其他装饰方法和材料很难比拟的。它不受玻璃厚度、规格大小的限制, 可在平板玻璃上做出各种透明度的色调和图案, 而且彩绘涂膜附着力强, 耐久性好, 可擦洗, 易清洁。彩绘玻璃可用于娱乐场所门窗、顶棚吊顶、壁饰、灯箱屏风等, 利用其不同的图案和画面来达到较高的艺术情调和装饰效果（图 7.13）。

图 7.13 彩绘玻璃在景观中的应用

7.2.3 安全玻璃

安全玻璃通常是对普通玻璃增强处理，或者和其他材料复合或采用特殊成分制成的。

1）钢化玻璃

将平板玻璃加热到接近软化温度（600～650℃）后，迅速冷却使其骤冷，即成钢化玻璃。钢化玻璃是普通平板玻璃的二次加工产品，其特点为：机械强度高，抗弯强度比普通玻璃大5～6倍，抗冲击强度提高约3倍，韧性提高约5倍；弹性好，钢化玻璃的弹性比普通玻璃大得多；热稳定性高，在受急冷急热作用时，不易发生炸裂，可耐热冲击，最大安全工作温度为288℃，能承受204℃的温差变化；钢化玻璃破碎时形成无数小块，这些小碎块没有尖锐的棱角，不易伤人，故称为安全玻璃。

由于钢化玻璃具有较好的性能，故在建筑、景观工程及其他工业得到广泛应用（图7.14）。常被用作高层建筑的门、窗、幕墙、商店橱窗、桌面玻璃等。钢化玻璃不能切割、磨削，边角不能碰击挤压，使用时需按现成规格尺寸选用或提出具体设计图纸进行加工定制。

2）夹丝玻璃

夹丝玻璃是安全玻璃的一种，是将普通平板玻璃加热到红热软化状态后，再将预先编织好的经预热处理的钢丝网压入玻璃中而制成。

钢丝网在夹丝玻璃中起增强作用，使其抗弯强度和耐温度剧变性都比普通玻璃高，破碎时即使有许多裂缝，但其碎片仍附着在钢丝网上，不至于四处飞溅伤人。此外，夹丝玻璃还具有隔断火焰和防止火灾蔓延的作用。

夹丝玻璃适用于振动较大的厂房门窗、屋面、采光天窗等，需要安全防火的区域，公共建筑的阳台、走廊、防火门等（图7.15）。

3）夹层玻璃

夹层玻璃是将两层或多层平板玻璃之间嵌夹透明塑料薄衬片，经加热、加压、黏合而成的平面或曲面的复合玻璃制品。夹层玻璃的层数有3，5，7层，最多可达9层，夹层玻璃也属安全玻璃。

夹层玻璃的透明度好，抗冲击性能要比平板玻璃高几倍；破碎时不裂成分离的碎块，只有辐射的裂纹和少量碎玻璃屑，且碎片黏在薄衬片上，不至于伤人。使用不同的玻璃原片和中间夹层材料，还可获得耐光、耐热、耐湿、耐寒等特性。

夹层玻璃主要用于有特殊安全要求的建筑门窗、隔墙、屋面、地板等（图7.16）。

图7.14　钢化玻璃花房

图7.15　夹丝玻璃隔墙

图7.16　夹层玻璃地板

7.2.4　节能玻璃

节能玻璃是兼具采光、调节光线、调节热量进入或消失、防止噪声、改善居住环境、降低空调能耗等多种功能的建筑玻璃。种类有吸热玻璃、热反射玻璃、低辐射玻璃、中空玻璃、真空玻璃和普通玻璃等。

1）特性

节能玻璃要具备两个节能特性：保温性和隔热性。

玻璃的保温性（K值）要达到与当地墙体相匹配的水平。对于我国大部分地区，按现行规定，建筑物墙体的K值应小于1。因此，玻璃窗的K值也要小于1才能"堵住"建筑物"开口部"的能耗漏洞。在窗户的节能上，玻璃的K值起主要作用。

玻璃的隔热性（遮阳系数）要与建筑物所在地阳光辐射特点相适应。不同用途的建筑物对玻璃隔热的要求是不同的。对于人们居住和工作的住宅及公共建筑物，理想的玻璃应使可见光大部分透过。如在北京，最好冬天红外线多透入室内，而夏天则少透入室内，这样就能达到节能的目的。

2）种类

（1）吸热玻璃

吸热玻璃是一种能吸收太阳能的平板玻璃，它是利用玻璃中的金属离子对太阳能进行选择性的吸收，同时呈现出不同的颜色。有些夹层玻璃胶片中也掺有特殊的金属离子，用这种胶片可生产出吸热的夹层玻璃。吸热玻璃一般可减少进入室内的太阳热能的20%～30%，降低了空调负荷。吸热玻璃的特点是遮蔽系数比较低，太阳能总透射比、太阳光直接透射比和太阳光直接反射比都较低，见光透射比、玻璃的颜色可以根据玻璃中金属离子的成分和浓度变化。可见光反射比、传热系数、辐射率则与普通玻璃差别不大。

（2）热反射玻璃

热反射玻璃是对太阳能有反射作用的镀膜玻璃，其反射率可达20%～40%，甚至更高。它的表面镀有金属、非金属及其氧化物等各种薄膜，这些膜层可以对太阳能产生一定的反射效果，从而达

到阻挡太阳能进入室内的目的。在低纬度的炎热地区，夏季可节省室内空调的能源消耗，同时使室内光线柔和舒适。另外，这种反射层的镜面效果和色调对建筑物的外观装饰效果较好（图 7.17）。热反射玻璃的遮蔽系数、太阳能总透射比、太阳光直接透射比和可见光透射比都较低。太阳光直接反射比、可见光反射比较高，而传热系数、辐射率则与普通玻璃差别不大。

图 7.17　热反射玻璃装饰效果

（3）低辐射玻璃

低辐射玻璃又称为 Low-E 玻璃，是一种对波长在 4.5 ~ 25 μm 范围的远红外线有较高反射比的镀膜玻璃，它具有较低的辐射率。冬季，它可以反射室内暖气辐射的红外热能，辐射率一般小于 0.25，将热能保护在室内。夏季，马路、水泥地面和建筑物的墙面在太阳的暴晒下，吸收了大量的热量并以远红外线的形式向四周辐射。低辐射玻璃的遮蔽系数、太阳能总透射比、太阳光直接透射比、太阳光直接反射比、可见光透射比和可见光反射比等都与普通玻璃差别不大，其辐射率、传热系数比较低。

（4）中空玻璃

中空玻璃是将两片或多片玻璃以有效支撑均匀隔开，并对周边粘接密封，使玻璃层之间形成有干燥气体的空腔，其内部形成一定厚度的被限制流动的气体层 [图 7.18（a）]。由于这些气体的导热系数大大小于玻璃材料的导热系数，因此具有较好的隔热能力。中空玻璃的特点是传热系数较低，与普通玻璃相比，其传热系数至少可降低 40%，是目前最实用的隔热玻璃。

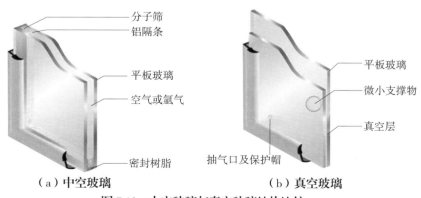

图 7.18　中空玻璃与真空玻璃结构比较

（5）真空玻璃

真空玻璃的结构类似于中空玻璃，不同的是真空玻璃空腔内的气体非常稀薄，近乎真空[图7.18（b）]，其隔热原理就是利用真空构造隔绝了热传导，传热系数很低。根据有关资料数据，同种材料真空玻璃的传热系数至少比中空玻璃低15%。

（6）普通玻璃

普通玻璃可通过贴膜产生吸热、热反射或低辐射等效果。由于节能的原理相似，贴膜玻璃的节能效果与同功能的镀膜玻璃类似。

7.3　金属概述

金属是指那些原子与自由电子结合形成晶体结构的化学元素。金属具有光泽（即对可见光强烈反射），富有延展性、导电性、导热性等。金属材料由金属加工而成，其自身具有优势。例如，它与砖石相比质量轻，延展性好，韧性强。

近年来，随着园林景观事业的蓬勃发展，金属材料在现代景观中的应用也越来越广泛。虽然在中国传统园林中已经出现金属材料，但随着现代加工工艺的发展，金属正以更多样的表情呈现于景观设计中（图7.19），为现代景观设计带来形式上的创新。

图7.19　金属在现代景观中的应用

7.3.1　金属的提炼、加工与回收

1）提炼

尽管地球上绝大多数化学元素都是金属，但它们在地壳中的含量不足15%。在自然界中，绝大多数金属以化合态存在，只有像金、银、铂金一类的贵重金属是以纯金属形态存在于自然界。金属矿物大多数是氧化物及硫化物。其他存在形式有氯化物、硫酸盐、碳酸盐及硅酸盐。金属之间的连接是金属键，因此随意更换位置都可再重新建立连接，这也是金属伸展性良好的原因。金属元素在化合物中通常只显正价。

对建筑、景观工程意义重大的金属（如铁、铝、铜）源于矿石（硫化物和碳酸盐），但这些矿石要经过各种预备过程，先转换成氧化物，然后送入高炉熔炼（还原）。

2）加工

（1）锻造

锻造可以手工完成，也可以使用由锤子和铁砧或冲压模（锻模）所组成的机器完成。锻造既可以是一个冷加工的过程，也可以是一个热加工的过程。金属可以被锻造成任何形状。

（2）铸造

铸造可以把材料铸成任何形状。但是铸钢的深加工只能使用机械方法。锡和青铜非常适合精密铸造的生产。

（3）轧制

这种方法是在轧钢机内，使用较高的接触压力，通过一系列不同尺寸的轧辊，经过多次操作将工件（如轧钢部件）做成想要的形状。

（4）挤压

在这种方法中，金属被压入模具中形成理想的形状。这个过程特别适用于有色金属，例如铝合金门窗的制造。挤压法可用于冷、热加工过程。

（5）拉拔

金属线、杆和钢筋就是用拉拔的方法制造的，通常适用于冷加工过程。

（6）扭转

部件、杆和用做电缆的金属线是将自身扭转形成。扭转的钢筋扩大了表面积，提高了钢铁和混凝土的黏结度。

3）金属的连接技术

大量的方法被运用到金属的连接上，我们将其分为两类：一类是可卸连接，比如用螺丝钉、螺栓、钉子、铆钉和销进行连接，还有一类是不可卸连接，如焊接、钎焊、铜焊，以及胶粘剂粘结。焊接方法是将工件在接触点熔化，并在连接处形成材料粘合剂。

4）回收

金属可回收再加工，而不会损害后续产品的质量。可以说回收利用是金属的一大优势，因为熔化金属耗费的能源很少。金属废料的再利用率是90%，而钢则是100%。

7.3.2　金属的分类

按密度来分，分为重金属（大于 $4\,500\ kg/m^3$）和轻金属（小于 $4\,500\ kg/m^3$）。重金属如铜、铅、金、银等；轻金属如铝、锌等。

按实用分类法，分为黑色金属和有色金属。黑色金属有铁、铬、锰三种。有色金属有铝、镁、钾、钠、钙、锶、钡、铜、铅、锌、锡、钴、镍、锑、汞、镉、铋、金、银、铂、钌、铑、钯、锇、铱、铍、锂、铷、铯、钛、锆、铪、钒、铌、钽、钨、钼、镓、铟、铊、锗、铼、镧、铈、镨、钕、钐、铕、钆、铽、镝、钬、铒、铥、镱、镥、钪、钇、钍。这种划分方法显示了铁与铁合金在与其他金属比较时的重要性。

7.4　黑色金属——钢铁

钢铁材料包括生铁和钢材（图7.20），是应用最广、产量最大的金属材料，也称为黑色金属材料。

生铁是铁矿石在高炉内通过焦炭还原而得的铁碳合金。钢由生铁冶炼而成，将生铁（及废钢）在熔融状态下进行氧化，除去过多的碳及杂质。

图 7.20　生铁和钢材

纯铁质软、易加工，但强度低，几乎不能用于工业。生铁抗拉强度低、塑性差，尤其是炼钢生铁硬而脆，不易加工，更难以使用。铸铁虽可加工，但不能承受冲击及振动荷载，使用范围有限。钢材则具有良好的物理及机械性能，应用范围极其广泛。

建筑、景观用钢材应具有优良的机械性能，可焊接、铆接和螺栓连接。用钢筋和混凝土组成的钢筋混凝土结构，强度高、耐久性好、适用范围广。

7.4.1　钢材的生产与性能

1）钢铁的生产

炼铁的原料之一是铁矿石，铁矿石主要成分是 Fe_2O_3，没有碳。

炼铁的原料之二是焦炭。炼铁过程中部分焦炭留在了铁水中，导致铁水中含碳。

钢铁的生产流程为：先由铁矿石炼生铁，再由生铁作原料炼钢，炼钢的过程主要是除碳的过程，但不能将碳除尽，钢需要有一定量的碳，性能才能达到最佳。

2）钢材的性能

材料的使用性能包括机械性能（也称力学性能）、化学性能（耐腐蚀性、抗氧化性）及工艺性能（材料适应冷、热加工方法的能力）。

（1）力学性能

力学性能，又称机械性能，是指金属材料在外力作用下所表现出来的特性。钢材的力学性能主要有：抗拉屈服强度、抗拉极限强度、伸长率、硬度和冲击韧性等。

①强度：材料在外力（载荷）作用下，抵抗变形和断裂的能力。材料单位面积受载荷称应力。

②硬度：是指材料抵抗另一更硬物体压入其表面的能力。钢材的硬度常用压痕的深度或压痕单位面积上所受压力作为衡量指标。

硬度的大小，既可用以判断钢材的软硬，又可用以近似地估计钢材的抗拉强度，一般来说，硬度高，耐磨性较好，但脆性也大。

③屈服点：称屈服强度，指材料在拉伸过程中，所受应力达到某一临界值时，载荷不再增加，变形却继续增加或产生 0.2% L 时的应力值，单位用牛顿／平方毫米（N/mm^2）表示。

④抗拉极限强度：指试件破坏前，能承受的最大应力值，也称抗拉强度。钢材的抗拉屈服强度与极限强度的比值（屈服强度／极限强度）是钢结构和钢筋混凝土结构中用以选择钢材的一个质量指

标。比值小者，结构安全度大，不易因局部超载而造成破坏；但太小时，钢材的有效利用率小，不经济。

⑤延伸率：材料在拉伸断裂后，总伸长与原始标距长度的百分比。工程上常将 $\delta \geqslant 5\%$ 的材料称为塑性材料，如常温静载的低碳钢、铝、铜等；而把 $\delta \leqslant 5\%$ 的材料称为脆性材料，如常温静载下的铸铁、玻璃、陶瓷等。

⑥延展性：

延性：指材料的结构、构件或构件的某个截面从屈服开始到达最大承载能力或到达以后而承载能力还没有明显下降期间的变形能力。

展性：指物体可以压成薄片的性质。金是金属中延性及展性最高的。

⑦冲击韧性：材料抵抗冲击载荷的能力，单位为焦耳/平方厘米（J/cm^2）。同一种钢材的冲击韧性通常随温度下降而降低。钢材的化学成分、晶粒度对冲击韧性有很大影响。此外，冶炼或加工时形成的微裂隙以及晶界析出物等，都会使冲击韧性显著下降。故对一切承受动荷载并可能在负温下工作的建筑钢材，都必须通过冲击韧性试验。

（2）化学性能

该性能指金属材料与周围介质接触时抵抗发生化学或电化学反应的性能。

①耐腐蚀性：指金属材料抵抗各种介质侵蚀的能力。

②抗氧化性：指金属材料在高温下，抵抗产生氧化反应的能力。

（3）工艺性能

该性能指材料承受各种加工、处理的性能。

①铸造性能：指金属或合金是否适合铸造的工艺性能，主要包括流动性、充满铸模能力；收缩性、铸件凝固时体积收缩的能力；偏析（指化学成分不均性）。

②焊接性能：指金属材料通过加热、加压或两者并用的焊接方法，把两个或两个以上金属材料焊接在一起，接口处能满足使用目的的特性。

③顶气段性能：指金属材料能承受顶段而不破裂的性能。

④冷弯性能：指金属材料在常温下能承受弯曲而不破裂的性能。弯曲程度一般用弯曲角度 α（外角）或弯心直径 d 对材料厚度 a 的比值表示，α 越大或 d/a 越小，则材料的冷弯性越好。

⑤冲压性能：金属材料承受冲压变形加工而不破裂的能力。在常温进行冲压称为冷冲压。用杯突试验进行检验。

⑥锻造性能：金属材料在锻压加工中能承受塑性变形而不破裂的能力。

7.4.2 钢材的分类与应用

1）按含碳量分类

铁碳合金分为钢与生铁两大类。钢是含碳量为 0.03%~2% 的铁碳合金。碳钢是最常用的普通钢，冶炼方便、加工容易、价格低廉，而且在大多数情况下能满足使用要求，故应用十分普遍。按含碳量不同，碳钢又分为低碳钢、中碳钢和高碳钢。随含碳量升高，碳钢的硬度增加、韧性下降。合金钢又称为特种钢，在碳钢的基础上加入一种或多种合金元素，使钢的组织结构和性能发生变化，从而具有一些特殊性能，如高硬度、高耐磨性、高韧性、耐腐蚀性等。

生铁是含碳量为 2%~4.3% 的铁碳合金。生铁硬而脆，但耐压耐磨。根据生铁中碳存在的形态

不同又可分为白口铁、灰口铁和球墨铸铁（图 7.21）。白口铁中碳以 Fe_3C 形态分布，断口呈银白色，质硬而脆，不能进行机械加工，是炼钢的原料，故又称炼钢生铁。碳以片状石墨形态分布的称灰口铁，断口呈银灰色，易切削、易铸、耐磨。若碳以球状石墨分布则称球墨铸铁，其机械性能、加工性能接近于钢。在铸铁中加入特种合金元素可得特种铸铁，如加入 Cr，耐磨性可大幅度提高，在特种条件下有十分重要的应用。

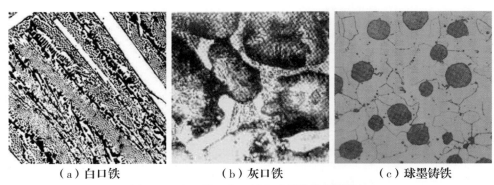

（a）白口铁　　　　　　（b）灰口铁　　　　　　（c）球墨铸铁

图 7.21　白口铁、灰口铁和球墨铸铁显微组织

2）按化学成分分类

（1）碳素钢

碳素钢是指钢中除铁、碳外，还含有少量锰、硅、硫、磷等元素的铁碳合金，按其含碳量的不同，可分为：低碳钢，含碳量 ≤ 0.25%；中碳钢，含碳量 > 0.25% ~ 0.60%；高碳钢，含碳量 > 0.60%。高碳钢一般在军工业和工业医疗业中应用比较多。

（2）合金钢

为了改善钢的性能，在冶炼碳素钢的基础上，加入一些合金元素而炼成的钢，如铬钢、锰钢、铬锰钢、铬镍钢等。按其合金元素的总含量，可分为：低合金钢，合金元素的总含量 ≤ 5%；中合金钢，合金元素的总含量为 5% ~ 10%；高合金钢，合金元素的总含量 > 10%。

3）按冶炼设备分类

（1）转炉钢

用转炉吹炼的钢，可分为底吹、侧吹、顶吹和空气吹炼、纯氧吹炼等。根据炉衬的不同，又分为酸性和碱性两种。

（2）平炉钢

用平炉炼制的钢，按炉衬材料的不同分为酸性和碱性两种，一般平炉钢多为碱性。

（3）电炉钢

用电炉炼制的钢，有电弧炉钢、感应炉钢及真空感应炉钢等。工业上大量生产的，是碱性电弧炉钢。

4）按浇注前脱氧程度分类

（1）沸腾钢

沸腾钢属脱氧不完全的钢，浇注时在钢锭模里产生沸腾现象。其优点是冶炼损耗少、成本低、表面质量及深冲性能好；缺点是成分和质量不均匀、抗腐蚀性和力学强度较差，一般用于轧制碳素结构钢的型钢和钢板。

（2）镇静钢

镇静钢属脱氧完全的钢，浇注时在钢锭模里钢液镇静，没有沸腾现象。其优点是成分和质量均匀；缺点是金属的收得率低，成本较高。一般合金钢和优质碳素结构钢都为镇静钢。

（3）半镇静钢

半镇静钢的脱氧程度介于镇静钢和沸腾钢之间，因生产较难控制，目前产量较少。

5）按钢的品质分类

（1）普通钢

钢中含杂质元素较多，含硫量一般 ≤ 0.05%，含磷量 ≤ 0.045%，如碳素结构钢、低合金结构钢等。

（2）优质钢

钢中含杂质元素较少，含硫及磷量一般均 ≤ 0.04%，如优质碳素结构钢、合金结构钢、碳素工具钢和合金工具钢、弹簧钢、轴承钢等。

（3）高级优质钢

钢中含杂质元素极少，含硫量一般 ≤ 0.03%，含磷量 ≤ 0.035%，如合金结构钢和工具钢等。高级优质钢在钢号后面，通常加符号"A"或汉字"高"以便识别。

6）按钢的用途分类

（1）结构钢

①钢结构用钢：钢结构是各种型钢、钢板，经焊接、铆接或螺栓连接而成的工程结构。如厂房、桥梁等。水工钢结构主要有钢闸门及压力钢管等（图 7.22）。型钢有方钢、圆钢、扁钢、工字钢等（图 7.23）。

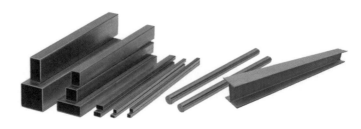

图 7.22　钢闸门及压力钢管　　　　　　图 7.23　不同截面钢

钢结构的特点如下：构件尺寸大，形状复杂，不可能对其进行整体热处理。构件在制作过程中，常需经冷弯、焊接等，要求钢材可焊性好。结构暴露于自然环境中，尤其是水工（水利工程）钢结构多处于潮湿、腐蚀或低温条件下工作，要求钢材具有在所处环境下的可靠性及耐久性。

②混凝土结构用钢：目前混凝土结构用钢主要有热轧钢筋、冷拉热轧钢筋、冷拔低碳钢丝、冷轧带肋钢筋、热处理钢筋、预应力混凝土用钢丝及钢绞线。

a. 热轧钢筋：热轧钢筋是经热轧成型并自然冷却的成品钢筋，由低碳钢和普通合金钢在高温状态下压制而成，主要用于钢筋混凝土和预应力混凝土结构的配筋，是土木建筑工程中使用量最大的钢材品种之一。

b. 冷拉热轧钢筋：冷轧钢筋是把热轧钢筋再进行冷加工而得到的钢筋，比如在常温下对钢筋进行冷拉、冷拔。冷拉可使屈服点提高 17% ~ 27%，材料变脆、屈服阶段变短，伸长率降低，冷拉时效后强度略有提高。冷拉既可节约钢材，又可制成预应力钢筋，增加了品种规格，设备简单，易于操作，是钢筋冷加工的常用方法之一。

c. 冷拔低碳钢丝：经过拔制产生冷加工硬化的低碳钢丝。采用直径 6.5 或 8 mm 的普通碳素钢热轧盘条，在常温下通过拔丝模引拔而制成的直径为 3，4 或 5 mm 的圆钢丝。冷拔低碳钢丝主要用于小型预应力混凝土构件，如梁、空心楼板、小型电杆，以及农村建筑中的檩条和门框、窗框等（图 7.24）。

图 7.24　冷拔低碳钢丝楼板及门窗

d. 冷轧带肋钢筋：冷轧带肋钢筋使用低碳钢热轧圆盘条经多道冷轧减径，一道压肋并经消除内应力后形成的一种带有二面或三面月牙形的钢筋。冷轧带肋钢筋在预应力混凝土构件中，是冷拔低碳钢丝的更新换代产品，在现浇混凝土结构中，则可代换 I 级钢筋，以节约钢材，是同类冷加工钢材中较好的一种。冷轧带肋钢筋克服了冷拉、冷拔钢筋握裹力低的缺点，同时具有和冷拉、冷拔相近的强度，因此，在中、小型预应力混凝土结构构件和普通混凝土结构构件中得到越来越广泛的应用。

e. 热处理钢筋：热处理是指将钢材按一定规则加热、保温和冷却，以改变其组织，从而获得需要性能的一种工艺过程。其特点是塑性降低不大，但强度提高很多，综合性能比较理想。热处理钢筋主要用于预应力混凝土轨枕，代替碳素钢丝。由于其具有制作方便、质量稳定、锚固性好、节省钢材等优点，已开始用于预应力混凝土工程中。

f. 预应力混凝土用钢丝及钢绞线：它们是钢厂用优质碳素结构钢经冷加工、再回火、冷轧或绞捻等加工而成的专用产品，也称为优质碳素钢丝及钢绞线。钢丝和钢绞线均具有强度高、塑性好，使用时不需要接头等优点，尤其适用于需要曲线配筋的预应力混凝土结构、大跨度或重荷载的屋架等。

③机械制造用结构钢：是指用于制造机械设备上结构零件的钢。这类钢基本上都是优质钢或高级优质钢，主要有优质碳素结构钢、合金结构钢、易切结构钢、弹簧钢、滚动轴承钢等。

（2）工具钢

一般用于制造各种工具，如碳素工具钢、合金工具钢、高速工具钢等。按用途又可分为刃具钢、模具钢、量具钢。

（3）特殊钢

具有特殊性能的钢，如不锈耐酸钢、耐热不起皮钢、高电阻合金钢、耐磨钢、磁钢等。

（4）专业用钢

专业用钢是指各个工业部门专业用途的钢，如汽车用钢、农机用钢、航空用钢、化工机械用钢、锅炉用钢、电工用钢、焊条用钢等。

7）按制造加工形式分类

（1）铸钢

铸钢是指采用铸造方法生产出来的一种钢铸件。铸钢主要用于制造一些形状复杂、难于进行锻造或切削加工成形而又要求较高强度和塑性的零件。

（2）锻钢

锻钢是指采用锻造方法生产出来的各种锻材和锻件。锻钢件的质量比铸钢件高，能承受大的冲击力作用，塑性、韧性和其他方面的力学性能也都比铸钢件高，因此凡是一些重要的机器零件都应当采用锻钢件。

（3）热轧钢

热轧钢是指用热轧方法生产出来的各种热轧钢材。大部分钢材都是采用热轧轧成的，热轧常用来生产型钢、钢管、钢板等大型钢材，也用于轧制线材。

（4）冷轧钢

冷轧钢是指用冷轧方法生产出来的各种冷轧钢材。与热轧钢相比，冷轧钢的特点是表面光洁、尺寸精确、力学性能好。冷轧常用来轧制薄板、钢带和钢管。

（5）冷拔钢

冷拔钢是指用冷拔方法生产出来的各种冷拔钢材。冷拔钢的特点是：精度高、表面质量好。冷拔主要用于生产钢丝，也用于生产直径在 50 mm 以下的圆钢和六角钢，以及直径在 76 mm 以下的钢管。

7.4.3 钢材的防腐与腐蚀性的应用

1）腐蚀的原因

根据钢材与周围介质的不同，一般把腐蚀分为化学腐蚀和电化学腐蚀两种。

（1）化学腐蚀

化学腐蚀是指钢材与周围介质直接起化学反应而产生的腐蚀。如在高温中与干燥的 O_2，NO_2，SO_2，H_2S 等气体以及与非电解质的液体发生化学反应，在钢材的表面生成氧化铁、硫化铁等。腐蚀的程度随时间和温度的增加而增加。

（2）电化学腐蚀

电化学腐蚀是钢材与介质之间发生氧化还原反应而产生的腐蚀。其特点是有电流产生。如钢材在潮湿空气中、水中或酸、碱、盐溶液中产生的腐蚀；不同金属接触处产生的腐蚀以及钢材受到拉应力作用的区域发生的腐蚀等。

2）腐蚀的类型

（1）均匀腐蚀

腐蚀均匀地分布在材料表面。一般来说，这种腐蚀较轻微，危害性也较小。

（2）晶间腐蚀和孔蚀

晶间腐蚀即沿着或紧挨着晶粒边界发生的腐蚀。孔蚀指腐蚀集中于金属表面的很小范围并深入金属内部的孔状腐蚀。

（3）应力腐蚀

钢材经冷加工后具有残余应力；钢结构在受荷时，也会有应力集中或应力不均匀的现象。当有腐蚀性介质存在时，受应力部位处于特别容易生锈的状态。例如，钢筋弯钩的弯曲部，圆钉的顶端和尖部。

（4）疲劳腐蚀

疲劳腐蚀是指在腐蚀介质和重复应力的共同作用下，具有孔蚀和应力腐蚀的联合使用。

（5）冲刷腐蚀

这种腐蚀是在腐蚀介质和机械磨损的共同作用下所产生的。机械冲刷磨损作用破坏了钢材表面的钝化膜，可加速腐蚀介质的作用，钢材的腐蚀产物又使其表面抗冲刷能力下降，从而加速钢材的破坏。

3）防止腐蚀的方法

（1）保护膜法

保护膜法是在钢材表面涂布一层保护层，以隔离空气或其他介质。常用的保护层有搪瓷、涂料、塑料等，或经化学处理使钢材表面形成氧化膜（发蓝处理）。

（2）阴极保护法

①牺牲阳极保护法：即要在保护的钢结构上，特别是位于水下的钢结构上，接以较钢材更为活泼的金属，如锌、镁等。于是这些更为活泼的金属在介质中成为原电池的阳极而遭到腐蚀，取代了铁素体，而钢结构均成为阴极而得到保护。

②外加电流保护法：此方法是在钢结构的附近，安放一些废钢铁或其他难熔金属，如高硅铁、铅银合金等。将外加直流电源的负极接在被保护的钢结构上，正极接在废钢铁或难熔金属上。通电后阳极被腐蚀，钢结构成为阴极而得到保护。

4）腐蚀性的应用

从 20 世纪 90 年代开始，许多景观设计师热衷于追求钢材的自然锈蚀变化效果，将未处理的耐候钢板直接用于景观中（图 7.25）。所谓耐候钢板，即大气腐蚀钢，是介于普通钢和不锈钢之间的低合金钢系列。耐候钢板在大气环境中，表层逐渐氧化变色，形成一层锈红色物质，将这种独特的质感和色彩融于景观设计中，体现出别出心裁的艺术魅力。

图 7.25　耐候钢板在景观中的应用

耐候钢板在不同类型的设计语境中常被冠以"工业时代的代名词""时间概念的视觉表达"以及"科技与文化创意的标签"等设计语汇而被大量应用。首先，它具有突出的视觉表现力。锈蚀钢板会随着

时间而发生变化，其色彩和饱和度比一般的构筑物要高，因此在园林绿色植物背景下容易突显出来（图7.26）。其次，它有很强的形体塑造能力，容易塑造成丰富变化的形状，并能保持极好的整体性（图7.27）。这是木材、石材以及混凝土都很难达到的。最后，它还具有鲜明的空间界定能力。可利用很薄的钢板对空间进行清晰、准确的分隔（图7.28），使场地变得简练而明快，又充满力量。

图 7.26　耐候钢板视觉表现力　　图 7.27　耐候钢板形体塑造力　　图 7.28　耐候钢板空间界定力

7.4.4　其他黑金属材料

1）铸铁

铸铁是含碳量大于 2% 的铁碳合金，是现代工业中极其重要的材料。工业上使用的铸铁，一般含碳量为 2.5% ~ 4%。与钢相比，铸铁所含的杂质较多，机械性能较差，性脆，不能进行碾压的锻造，但它具有良好的铸造性能，可铸成形状复杂的零件。此外，它的减震性、耐磨性和切削加工性能较好，抗压强度高，成本低，因而常用在机械行业中。

在建筑、景观工程中，铸铁适用于排水管、暖气管、浴用管道、各种室外井盖、路面排水的水箅子和树坑的透水树箅子等（图7.29）。纽约艺术家卡尔·莱恩[1]利用废旧的铁制品雕刻图案、丰富的细部掩饰了锈迹斑斑的粗犷。在她手中，冰冷坚硬的铸铁被雕琢成精美绝伦的艺术品置于景观之中，令人惊叹（图7.30）。

图 7.29　水箅子

---

[1] 卡尔·莱恩，国际知名雕塑家，金属设计师。

图 7.30　铸铁景观雕刻

2）不锈钢

不锈钢是不锈耐酸钢的简称，耐空气、蒸汽、水等弱腐蚀介质或具有不锈性的钢种称为不锈钢；而将耐化学介质腐蚀（酸、碱、盐等化学侵蚀）的钢种称为耐酸钢。由于两者在化学成分上的差异而使他们的耐蚀性不同，普通不锈钢一般不耐化学介质腐蚀，而耐酸钢则一般均具有不锈性。不锈钢含铬 12% 以上，较好的钢种还含有镍。添加钼可进一步改善大气腐蚀性，特别是耐含氯化物大气的腐蚀。

不锈钢的出现使设计师们表达语言更为丰富。由于不锈钢表面处理形式不同，呈现出不同的外观。五种加工方法：轧制法、机械法、化学法、网纹法和彩色法，形成了抛光（镜面）、拉丝、蚀刻、网纹、电解着色、涂层着色等不同效果（图 7.31）。

图 7.31　不同处理形式的不锈钢

不锈钢在景观工程中，既可用于室内，也可用于室外；既可作非承重的纯粹装饰、装修制品，也可作承重构件，如工业建筑的屋顶、侧墙、幕墙、安全栏杆、防水雕塑小品等（图 7.32）。

图 7.32　不锈钢在景观中的应用

7.5 有色金属材料

有色金属通常指除去铁（有时也除去锰和铬）和铁基合金以外的所有金属。有色金属可分为重金属（如铜、铅、锌）、轻金属（如铝、镁）、贵金属（如金、银、铂）及稀有金属（如钨、钼、锗、锂、镧、铀）。景观工程中，金属雕花构件常用到铜、铝等；金属构件防锈会采取镀锌的工艺处理；陶砖、瓷砖的甲供会采用重金属离子着色。

7.5.1 铝及铝制品

1）铝

铝的质量轻，只有铁和钢的1/3，它的这一特性被广泛应用到建筑中。铝材可被碾压、锯开和钻孔，其质量轻，易成型，易操作，可以抛光。成形是通过轧制、拉伸变形、冲压、冷拉、锻造和顶锻进行的。铝比钢的韧性高，故生产挤压部件仅需要非常少的能源。

在建筑、景观领域使用的铝合金通常被简称为铝。这些合金包含2%～5%的硅、镁、铜、锰等元素。用于支撑框架、窗户和立柱横梁立面的挤压铝部件是铝在建筑领域中最重要的应用形式（图7.33）。铝的进一步应用还包括用于建筑立面和屋顶的平铝板和异型铝板、穿孔铝板（吸声天花板）（图7.34）、铸铝景墙、铸铝制成的小品（图7.35）等。此外，铝箔在防水方面的应用也较为广泛。

图7.33 铝合金支撑板

图7.34 穿孔铝板

图7.35 铝在景观中的应用

2）泡沫铝

由铝制成的金属泡沫（图7.36）表现出较低的导热性和良好的隔音性能。它具有很高的抗压强度，而且质量轻，易于处理加工。泡沫铝已在汽车制造领域得到了应用。原则上，其他金属泡沫也是可以制造出来的。环境景观中,常采用泡沫铝与石膏板制成隔音屏障,应用于高速公路、铁路、工厂沿线,以隔离噪声(图 7.37)。

图 7.36　泡沫铝　　　　　　图 7.37　泡沫铝制成公路隔音屏障

7.5.2　锌与钛锌合金

锌合金(比如由 99.995% 的锌加上 0.003% 的钛制成的钛锌合金)比相对脆弱的锌本身强度更高。钛锌合金可焊接或钎焊,且比锌的热膨胀系数低。由于这个原因,建筑业几乎只使用钛锌合金。锌能抵御气候的影响,与铅类似,遇到空气时形成一层保护层,因而经常用于保护其他金属,如钢、铜等。

钛锌合金板也适合用于立面、屋顶排水沟(图 7.38)及管道。锌可以被十分精确地铸造,制成精密的模件。许多锌合金都广泛应用在建筑业中,例如制作小五金的压铸锌、黄铜、镍银铜合金及钎焊的焊料。

锌的一个重要应用是用于防止钢构件腐蚀。锌抗腐蚀能力强,是由于它能形成永久性的保护层。有很多方法可以把保护层应用到钢构件外部:热浸镀锌法、电镀锌法、喷镀锌法等。锌保护层的耐久性取决于周围空气中 CO_2 的含量。利用这一特性,景观中常用于栏杆、金属构件等表面的防腐材料,也可制成景观小品(图 7.39)。

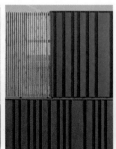

图 7.38　锌板立面及屋顶

图 7.39　锌在景观中的应用

7.5.3　铜

铜具有闪亮的颜色，而且十分耐磨。它易于操作、成型、焊接与钎焊，但难以铸造。铜具有良好的导电性和导热性。柔软的纯铜难以发挥作用，但是铜合金的形式可以大大提高它的强度。

1）加工与应用

传统的金属加工技术同样适用于铜和铜合金的生产。但是铜材料的导热性高，因此很难被焊接，不过使用私合剂可以很容易地将其钎焊和黏结。

薄铜板适用于建筑立面、屋顶、栏杆等（图 7.40），可用于防水，因为它能与沥青黏结。铜还可用来生产管道，如供暖设备，同时也广泛应用于电机工程。

图 7.40　铜板在建筑中的应用

2）铜锡合金——青铜

青铜是在 1 000 ℃的熔炉中冶炼出来的。其中锡的比例占 10% ~ 20%。青铜具有极高的耐久性和耐候性。它比黄铜和铜都坚硬，并具有很强的抗腐蚀性和耐磨损性。

青铜常用来生产套管接头、小五金、煤气管接头、水管接头和蒸汽管接头。除此之外，青铜还用来铸造大钟和艺术品。由于它持久耐用，在许多历史建筑中，甚至是著名的当代建筑中，经常被用来制作窗框和大门（图 7.41）。

图 7.41　青铜窗框和大门

3）铜锌合金——黄铜

铜合金与纯铜相比，容易成型，易于加工，也可以铸造。

黄铜是一种含铜的合金，包含 50% ～ 80% 的铜。黄铜具有较高的耐腐蚀性，打磨抛光后呈闪亮的金色。但过一段时间后，表面就会失去光泽，变得暗淡。

使用黄铜制成的经典景观建筑案例有昆明铜殿、五台山铜殿、峨眉山金顶、德累斯顿犹太教堂等（图 7.42）。黄铜也可制作电力终端设备、螺丝钉和螺丝帽、管道配件和小五金。

图 7.42　五台山铜殿和峨眉山金顶

7.6　膜结构

膜结构是 20 世纪中期发展起来的一种新型建筑结构形式，是由多种高强薄膜材料（PVC 或 Teflon）及加强构件（钢架、钢柱或钢索）通过一定方式使其内部产生一定的预张应力以形成某种空间形状，作为覆盖结构，并能承受一定的外荷载作用的一种空间结构形式。由于造型自由轻巧、阻燃、制作简易、安装快捷、使用安全等优点，使它在世界各地受到广泛应用。这种结构形式特别适用于大型体育场馆、入口廊道、小品、公众休闲娱乐广场、展览会场、购物中心等领域。

7.6.1　膜结构体系与膜结构的分类

膜结构体系由膜面、边索和脊索、谷索、支承结构、锚固系统，以及各部分之间的连接节点等组成（图 7.43）。

1）按支承分类

膜结构按支承条件可分为柔性支承结构体系、刚性支承结构体系、混合支承结构体系（图 7.44）。

2）按结构分类

膜结构按结构可分为骨架式膜结构、张拉式膜结构、充气式膜结构（图 7.45）。

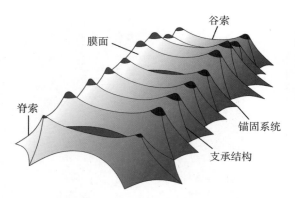

图 7.43　膜结构体系示意图

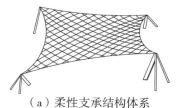

（a）柔性支承结构体系　　（b）刚性支承结构体系　　（c）混合支承结构体系

图 7.44　按支承分类

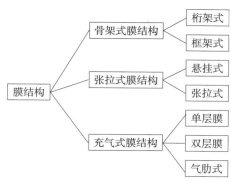

图 7.45　按结构分类

（1）骨架式膜结构

该结构以钢构或是集成材构成的屋顶骨架，在其上方张拉膜材的构造形式，下部支承结构安定性高，因屋顶造型比较单纯，开口部不易受限制，且经济效益高等特点，广泛适用于任何大、小规模的空间（图 7.46）。

图 7.46　骨架式膜结构

（2）张拉式膜结构

该结构以膜材、钢索及支柱构成，利用钢索与支柱在膜材中导入张力以达到安定的形式（图 7.47）。除了可实现具有创意而且美观的造型外，也是最能展现膜结构精神的构造形式。近年来，大型跨距空间也多采用以钢索与压缩材构成钢索网来支承上部膜材的形式。张拉膜结构因施工精度要求较高，结构性能强，且具丰富的表现力，所以造价略高于骨架式膜结构。

（3）充气式膜结构

该结构是将膜材固定于屋顶结构周边，利用送风系统让室内气压上升到一定压力后，使屋顶内外产生压力差，以抵抗外力。因利用气压来支承，以及钢索作为辅助材料，无须任何梁、柱支承，可获得更大的空间（图 7.48），施工快捷，经济效益高，但需维持进行 24 h 送风机运转，在持续运行及机器维护费用上的成本较高。

图 7.47　张拉式膜结构　　　　　　　　　　　　图 7.48　充气式膜结构

现今，城市中越来越多地见到膜结构的身影。膜结构已被应用于各类建筑结构中，在城市中充当着不可或缺的角色。

7.6.2　膜结构的特性

膜结构打破了纯直线建筑风格的模式，以其独有的优美曲面造型，简洁、明快、刚与柔、力与美的完美组合，呈现给人以耳目一新的感觉，同时，膜结构独特的优点给建筑设计师提供了更大的想象和创造空间。

1）轻质

张力结构自重小的原因在于它依靠预应力形态而非材料来保持结构的稳定性。膜结构中所使用的膜材料每平方 1 kg 左右，由于自重轻，加上钢索、钢结构高强度材料的采用，与受力体系简洁合理——力大部分以轴力传递，故使得膜结构适合跨越大空间而形成开阔的无柱大跨度结构体系。建筑及景观设计可利用其轻质大跨的特点设计和组织结构细部构件，将其轻盈和稳定的结构特性有机地统一起来（图 7.49）。

2）透光性

透光性是现代膜结构被广泛认可的特性之一。膜材的透光性可为建筑提供所需的照度，这对于

图 7.49　膜结构的轻盈与稳定

节能需求十分重要，对于一些要求光照多且亮度高的商业建筑等尤为重要。通过自然采光与人工采光的综合利用，膜材透光性可为建筑设计提供更大的美学创作空间，夜晚透光性将膜结构变成了光的雕塑（图7.50）。

图 7.50　膜结构的透光性

膜材透光性是由它的基层纤维、涂层及其颜色所决定的。标准膜材的光谱透射比为10% ~ 20%，有的膜材的光谱透射比可以达到40%，而有的膜材则是不透光的。膜材的透光性及对光色的选择可通过涂层的颜色或是面层颜色来调节。

通过膜材和透光保温材料的适当组合，可以使含保温层的多层膜具有透光性。即使光谱透射只有几个百分点，膜屋面对于人眼来说依然是发亮和透光的，具有轻型屋面的观感。

3）柔性

张拉膜结构不是刚性的，其在风荷载或雪荷载的作用下会产生变形。膜结构通过变形来适应外荷载，在此过程中荷载作用方向上的膜面曲率半径会减小，直至能更有效抵抗该荷载。张拉结构的灵活性使其可以产生很大的位移而不发生永久性变形。膜材的弹性性能和预应力水平决定了膜结构的变形和反应。适应自然的柔性特点可激发人们的建筑设计灵感。

不同膜材的柔性程度也不同，有的膜材柔韧性极佳，不会因折叠而产生脆裂或破损，这样的材料是有效实现可移动、可展开结构的基础和前提。

4）雕塑感

张拉膜结构的独特曲面外形使其具有强烈的雕塑感。膜面通过张力达到自平衡。负高斯膜面高低起伏具有的平衡感使体型较大的结构看上去像摆脱了重力的束缚般轻盈地飘浮于天地之间（图7.51）。无论室内还是室外这种雕塑般的质感都令人激动（图7.52）。张拉膜结构可使建筑师设计出各种张力自平衡、复杂且生动的空间形式。在一天内随着光线的变化，雕塑般的膜结构通过光与影而呈现出不同的形态（图7.53）。日出和日落时，低入射角度的光线将突现屋顶的曲率和浮雕效果，太阳位于远地点时，膜结构的流线型边界在地面上投射出弯弯曲曲的影子。利用膜材的透光性和反射性，经过设计的人工灯光也可使膜结构成为光的雕塑。

5）安全性

按照现有的各国规范和指南设计的轻型张拉膜结构具有足够的安全性。膜结构建筑所采用的膜材具有卓越的阻燃性和耐高温性，故能很好地满足防火要求。而且由于轻型结构自重较轻，即使发生意外坍塌，其危险性也较传统建筑结构小。膜结构发生撕裂时，若结构布置能保证桅杆、梁等刚性支承构件不发生坍塌，其危险性会更小。

图 7.51　张拉膜漂浮感

图 7.52　膜结构室内空间

图 7.53　膜结构光影效果

6）工期短

拼合成型及骨架的钢结构、钢索均在工厂加工制作，现场只需组装，施工简便，故施工周期比传统建筑短。

思考与练习

1. 简述玻璃的组成及特性。

2. 如何在园林景观中应用玻璃的艺术特性？

3. 园林景观中常见的玻璃有哪几类？特征分别是什么？

4. 简述钢铁的特性。

5. 简述钢铁的锈蚀原因及防锈措施。

6. 简述铸铁与不锈钢的特性及应用。

7. 简述有色金属的分类及各自的应用。

8. 简述膜结构的优点。

8　有机高分子材料

本章导读　本章综述了景观工程中常见有机高分子材料的基本知识，以涂料、塑料和胶黏剂为例，分别介绍了材料的定义、性质、应用等。要求掌握涂料的定义，从科学的角度认识涂料；掌握涂料的组成及各成分的作用；了解涂料的基本名称、分类原则以及新型环保涂料的发展；掌握塑料的主要性质、常用塑料的性能及应用；了解胶黏剂的选择与应用。

　　有机高分子材料是指以有机高分子化合物为主要成分的材料。有机高分子材料分为天然高分子材料和合成高分子材料两类。木材、天然橡胶、棉织品、沥青等都是天然高分子材料；而现代生活中广泛使用的塑料、化学纤维以及某些涂料、胶黏剂等，都是以高分子化合物为基础材料制成的，这些高分子化合物大多是人工合成的，故称为合成高分子材料。

　　高分子材料是现代工程材料中不可缺少的一类材料。由于有机高分子合成材料的原料来源广泛，化学结合效率高，产品具有质轻、强韧、耐化学腐蚀、功能多样、易加工成型等优点，还可用作结构材料替代钢材、木材等。

8.1　高分子化合物概述

　　高分子化合物也称聚合物，是由千万个原子彼此以共价键[1]连接的大分子化合物，其分子量一般在 10^4 以上。虽然高分子化合物的分子量很大，但其化学组成都比较简单，一个大分子往往是由许多相同的、简单的结构单元通过共价键连接而成。

1）高分子化合物的分类

　　高分子化合物的分类方式很多，常见的有以下三种：

---

[1] 共价键 (Covalent Bond)——是化学键的一种，两个或多个原子共同使用它们的外层电子，在理想情况下达到电子饱和的状态，由此组成比较稳定的化学结构，或者说共价键是原子间通过共用电子对所形成的相互作用。

（1）按分子链的集合形状

高分子化合物按其链节（碳原子之间的结合形式）在空间排列的集合形状，可分为线型结构、支链型结构和体型结构（或网状型结构）三种（图 8.1）。

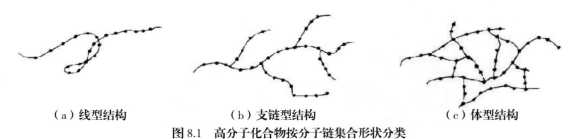

（a）线型结构　　　　　（b）支链型结构　　　　　（c）体型结构

图 8.1　高分子化合物按分子链集合形状分类

（2）按合成方法

按高分子化合物的合成方法分为加聚树脂和缩合树脂两类。

（3）按受热时的性质

高分子化合物按其在热作用下所表现出来的性质不同，可分为热塑性聚合物和热固性聚合物两种。

2）高分子化合物的主要性质

（1）物理性质

高分子化合物的密度小，一般为 $0.8 \sim 2.2$ g/cm³，只有钢材的 $1/8 \sim 1/4$，混凝土的 $1/3$，铝的 $1/2$；而它的强度高，一般都大于钢材和混凝土制品，是极好的轻质高强材料，但力学性质受温度变化的影响较大；它的导热性很小，是一种很好的轻质保温隔热材料；它的电绝缘性好，是极好的绝缘材料；它的减震、消声性好，一般可制成隔热、隔声和抗震材料。

（2）化学性质

①老化：在光、热、大气作用下，高分子化合物的组成和结构发生变化，致使其性质变化。如失去弹性、出现裂纹、变硬、变脆或变软、发黏、失去原有的使用功能，这种现象称为老化。

②耐腐蚀性：一般的高分子化合物对侵蚀性化学物质及蒸汽的作用具有较高的稳定性。但有些聚合物在有机溶液中会溶解或溶胀，使几何形状和尺寸改变，性能恶化，使用时应注意。

③可燃性及毒性：高分子化合物一般属于可燃的材料，但可燃性受其组成和结构的影响有很大差别。如聚苯乙烯遇明火会很快燃烧起来，而聚氯乙烯则有自熄性，离开火焰会自动熄灭。一般液态的聚合物几乎都有不同程度的毒性，而固化后的聚合物多半是无毒的。

8.2　涂　料

所谓涂料是涂覆在物体表面，起保护、装饰或其他特殊功能（绝缘、防锈、防霉、耐热等），并能与被涂物体形成牢固附着的连续薄膜，通常以树脂、油或乳液为主，添加或不添加颜料、填料，添加相应助剂，用有机溶剂或水配制而成的黏稠液体或固体材料。

涂料具有色彩鲜艳、造型丰富、质感与装饰效果好、品种多样、自重轻、价格低、工期短、功效高、维修更新方便等优点，是现代景观工程中常用的装饰材料（图 8.2）。

涂料属于有机化工高分子材料，所形成的涂膜属于高分子化合物类型。按照现代通行的化工产

品的分类，涂料属于精细化工产品。现代的涂料正在逐步成为一类多功能性的工程材料，是化学工业中的一个重要行业。

图 8.2　涂料在景观中的应用

新中国成立六十多年来，伴随着国民经济各行业的发展，作为为其配套的涂料工业从一个极不引人注目的小行业逐步发展成为国民经济各领域必不可少的重要行业。经过几代人的顽强拼搏、开拓进取，我国已成为世界第二大涂料生产国和消费国，进入世界涂料行业发展的主流。

8.2.1　涂料的成分

涂料一般有四种基本成分：成膜物质（树脂）、颜料（包括体质颜料）、溶剂和添加剂。

1）成膜物质

成膜物质（树脂）是涂膜的主要成分，包括油脂、油脂加工产品、纤维素衍生物、天然树脂和合成树脂。成膜物质还包括部分不挥发的活性稀释剂，它是使涂料牢固附着于被涂物面上形成连续薄膜的主要物质，是构成涂料的基础，决定着涂料的基本特性。

2）颜料

颜料一般分两种，一种为着色颜料，常见颜料如下：白色——钛白、锌钡白和锌白；黑色——炭黑、氧化铁；彩色——无机和有机；金属——铜粉、铝粉；防锈——石墨、红丹等，见表8.1。还有一种为体质颜料，也就是常说的填料，如碳酸钙、滑石粉。

表 8.1　常用着色颜料分类

颜　色	化学组成	品　种
黄色颜料	无机颜料	铅铬黄（铬酸铅 $PbCrO_4$）、铁苏 $[FeO(OH) \cdot nH_2O]$
	有机染料	耐晒黄、联苯胺黄等
红色颜料	无机颜料	铁红（Fe_2O_3）、银朱（HgS）
	有机染料	甲苯胺红、立索尔红等
蓝色颜料	无机颜料	铁蓝、钴蓝（$Co \cdot Al_2O_3$）、群青
	有机染料	酞青兰 $[Fe(NH_4)Fe(CN)_5]$
白色颜料	无机颜料	钛白粉（TiO_2）、氧化锌（Zn_2O）、立德粉（ZO_2+BaSO_4）
金色颜料	无机颜料	铝粉（Al）、铜粉（Cu）

3）溶剂

溶剂包括真溶剂、助溶剂、稀释剂。又可划分为烃类（矿物油精、煤油、汽油、苯、甲苯、二甲苯等）、醇类、醚类、酮类和酯类溶剂。溶剂和水的主要作用在于使成膜基料分散而形成黏稠液体。它有助于施工和改善涂膜的某些性能。

根据涂料中使用的主要成膜物质可将其分为油性涂料、纤维涂料、合成涂料和无机涂料；按涂料或漆膜性状可分为溶液、乳胶、溶胶、粉末、有光、消光和多彩美术涂料等。

4）添加剂

添加剂如消泡剂，流平剂等，还有一些特殊的功能助剂，如底材润湿剂等。这些助剂一般不能成膜，但对基料形成涂膜的过程与耐久性起着相当重要的作用。

8.2.2 涂料的作用、性能及特点

涂料的作用主要有四点：保护、装饰、标志和其他特殊作用，通过涂料的使用，可提升产品的价值。

1）涂料的作用

（1）保护作用

金属材料，尤其是钢铁，容易受到环境中腐蚀性介质、水分和空气中氧的侵蚀和腐蚀；木材易受潮气、微生物的作用而腐烂；塑料易受光和热的作用而降解；混凝土易风化或受化学品的侵蚀，因此，材料需要用涂层来保护（图8.3）。

图8.3　涂料的保护作用

（2）装饰作用

用色彩来装饰我们的环境，是人类的天性，并伴随着人类以及整个社会的发展过程。涂料很容易配出成千上万种颜色，色彩丰富；涂层既可做到平滑光亮，也可做出各种立体质感的效果（图8.4）。

国外一些艺术家利用涂料在建筑立面上涂鸦（图8.5），与其他涂鸦不同的是，绘画主题旨在唤起对环境生态问题的重视。涂料的运用使得设计师可以从更广泛的角度寻找创作空间，延续建筑的生命力，让材料相互"共生"，凝聚成丰富的设计语境。

（3）标志作用

标志作用是利用色彩的明度和反差强烈的特性，引起人们警觉，避免危险事故发生，保障人们的安全（图8.6）。有些公共设施，如医院、消防车、救护车、邮局等，也常用色彩来标示，方便人们辨别。

图 8.4　涂料的装饰作用

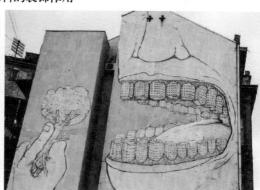

图 8.5　利用涂料装饰立面

图 8.6　涂料的标志作用

（4）特殊作用

①力学功能：耐磨涂料、润滑涂料等。

②热功能：耐高温涂料、阻燃涂料等。

③电磁学功能：导电涂料、防静电涂料等。

④光学功能：发光涂料、荧光涂料等（图 8.7）。

⑤生物功能：防污涂料、防霉涂料等（图 8.8）。

⑥化学功能：耐酸、碱等化学介质涂料。

图 8.7　发光涂料

图 8.8　防腐涂料

2）涂料的性能

（1）遮盖力

遮盖力通常用能使规定的黑白格掩盖所需的涂料质量来表示，质量越大遮盖力越小。

（2）涂膜附着力

附着力表示涂膜与基层的黏合力。

（3）黏度

黏度的大小影响施工性能，不同的施工方法要求涂料有不同的黏度。

（4）细度

细度大小直接影响涂膜表面的平整性和光泽。

3）涂料的特点

（1）耐污染性

涂料可避免材质直接与空气、湿气、酸碱等接触，避免发霉、生锈等。

（2）耐久性

耐久性包括耐冻融性、耐洗刷性、耐老化性。

（3）耐碱性

涂料的装饰对象主要是一些碱性材料，因此耐碱性是涂料的重要特性。

（4）最低成膜温度

每种涂料都具有一个最低成膜温度，不同的涂料最低成膜温度不同。

（5）耐高温性

涂料由原来的耐几十度发展到今天可以耐温到 1 800 ℃。

8.2.3 涂料的分类

涂料的分类方法很多，通常有以下十二种。

（1）按产品的形态分类

按形态分，可分为溶剂型涂料、粉末型涂料、高固体份涂料、金属涂料、珠光涂料、无溶剂型涂料和水溶性涂料。

（2）按用途分类

按用途分，可分为建筑涂料、罐头涂料、汽车涂料、飞机涂料、家电涂料、木器涂料、桥梁涂料、塑料涂料、纸张涂料、船舶涂料、风力发电涂料、核电涂料、管道涂料、钢结构涂料、橡胶涂料、航空涂料、木器涂料等。

（3）按性能分类

按性能分，可分为防腐蚀涂料、防锈涂料、绝缘涂料、耐高温涂料、耐老化涂料、耐酸碱涂料、耐化学介质涂料。

（4）按是否有颜色分类

按是否有颜色分，可分为清漆和色漆。

（5）按施工工序分类

按施工工序分，可分为封闭漆、腻子、底漆、二道底漆、面漆、罩光漆。

（6）按施工方法分类

按施工方法分，可分为刷涂涂料、喷涂涂料、辊涂涂料、浸涂涂料、电泳涂料等。

（7）按功能分类

按功能分，可分为不粘涂料、铁氟龙涂料、装饰涂料、防腐涂料、导电涂料、防锈涂料、耐高温涂料、示温涂料、隔热涂料、防火涂料、防水涂料等。

（8）按在建筑物上的使用部位分类

按使用部位分，可分为内墙涂料、外墙涂料、地面涂料、门窗涂料、顶棚涂料、木器漆、金属用漆等。

（9）按漆膜性能分类

按漆膜性能分，可分为防腐漆、绝缘漆、导电漆、耐热漆等。

（10）按成膜物质分类

按成膜物质分，可分为天然树脂类漆、酚醛类漆、醇酸类漆、氨基类漆、硝基类漆、环氧类漆、氯化橡胶类漆、丙烯酸类漆、聚氨酯类漆、有机硅树脂类漆、氟碳树脂类漆、聚硅氧烷类漆、乙烯树脂类漆等。

（11）按基料的种类分类

按基料的种类分，可分为有机涂料、无机涂料、有机—无机复合涂料。有机涂料由于其使用的溶剂不同，又分为有机溶剂型涂料和有机水性（包括水乳型和水溶型）涂料两类。生活中常见的涂料一般都是有机涂料。无机涂料指的是用无机高分子材料为基料所生产的涂料，包括水溶性硅酸盐系、硅溶胶系、有机硅及无机聚合物系。有机—无机复合涂料有两种复合形式，一种是涂料在生产时采用有机材料和无机材料共同作为基料，形成复合涂料；另一种是有机涂料和无机涂料在装饰施工时相互结合。

（12）按装饰效果分类

①平面涂料：表面平整光滑的涂料俗称平涂［图8.9（a）］，这是最为常见的一种施工方式。平涂适用于五金、电子、机械工业厂房、停车场、食品、医药、化工纺织、服装、家具、物流仓库、写字间、无尘车间、旧地坪翻新等。

②砂壁状涂料：表面呈砂粒状装饰效果的涂料［图8.9（b）］，如真石漆。该涂料最突出的特点是，在光照下会产生钻石的光彩效果，丰富了建材品种和装饰设计选择，同时该涂料物理化学性能同钻石一样稳定，绿色环保，无污染，具有很强的室内外自然耐久性。

该涂料的优点是色彩丰富，耐久性极佳，建设造价经济，施工工艺及工具简单，是现代建筑、景观装饰的首选超高档装饰材料。缺点是涂料表面呈沙粒状，漆面粗糙，给后期的清洁工作带来了很大难度。可以在漆面上涂刷一层清漆，这样在一定程度上降低了漆面清洁工作的难度。

③复层涂料：复层涂料也称凹凸花纹涂料或浮雕涂料、喷塑涂料，是应用较广的建筑物内（外）墙涂料［图8.9（c）］。主要以水泥系、硅酸盐系和合成树脂系等黏结料和骨料为原料，用刷涂、辊涂或喷涂等方法，在建筑物表面涂布2～3层，厚度为1～5 mm的复层建筑涂料。其饰面由多道涂层组成，外观可以是凹凸花纹状、波纹状、橘皮状及环状等；颜色可以是单色、双色或多色；光泽可以是无光、半光、有光、珠光、金属光泽等。装饰效果豪华、庄重，立体感强。涂层黏结强度高，耐久性优良，对墙体有良好的保护作用，并有遮盖基层不平的"遮丑"作用。适用于水泥砂浆、混凝土、水泥石棉板等多种基层，利用喷涂、滚涂方法进行施工。

（a）平面涂料　　　　　　　　（b）砂壁状涂料　　　　　　　　（c）复层涂料

图8.9　不同装饰效果涂料

8.3　塑　料

塑料是以合成高分子化合物或天然高分子化合物为主要基料，与其他原料在一定条件下经混炼、塑化成型，在常温常压下能保持产品形状不变的材料。塑料在一定的温度和压力下具有较大的塑性，容易做成所需要的各种形状、尺寸的制品，而成型以后，在常温下又能保持既得的形状和必需的强度。

8.3.1　塑料的基本组成与性质

1）基本组成

塑料大多数都是以合成树脂为基本材料，再按一定比例加入填充料、增塑剂、固化剂、着色剂及其他助剂等加工而成。

（1）合成树脂

合成树脂是塑料的主要组成材料，在塑料中起胶黏剂的作用，它不仅能自身胶结，还能将塑料中的其他组分牢固地胶结在一起成为一个整体，使其具有加工成型的性能。合成树脂在塑料中的含量为30% ~ 60%，塑料的主要性质取决于所用合成树脂的性质。

（2）填料

填料又称填充剂，是绝大多数塑料不可缺少的原料，通常占塑料组成材料的40% ~ 70%，是为了改善塑料的某些性能而加入的，其作用是可提高塑料的强度、硬度、韧性、耐热性、耐老化性、抗冲击性等，同时也可降低塑料的成本。常用的填料有：滑石粉、硅藻土、石灰石粉、云母、木粉、各类纤维材料、纸屑等（图8.10）。

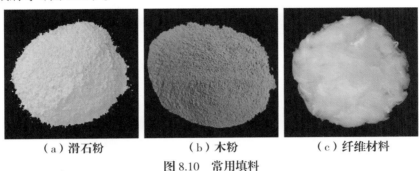

（a）滑石粉　　　　　　（b）木粉　　　　　　（c）纤维材料

图8.10　常用填料

（3）增塑剂

增塑剂可增加塑料的可塑性和柔软性，降低脆性，使塑料易于加工成型，但会降低塑料的强度与耐热性。增塑剂一般是能与树脂混溶，无色、无毒、无臭，对光、热稳定的高沸点有机化合物，最常用的是邻苯二甲酸酯类。

（4）固化剂

为了防止合成树脂在加工和使用过程中受光和热的作用分解和破坏，延长使用寿命，要在塑料中加入固化剂。常用的有硬脂酸盐、环氧树脂等。固化剂的用量一般为塑料的0.3% ~ 0.5%。

（5）着色剂

着色剂可使塑料具有各种鲜艳、美观的颜色。常用有机染料和无机颜料作为着色剂。合成树脂的本色大都是白色半透明或无色透明的。在工业生产中，常利用着色剂来增加塑料制品的色彩。着色的塑料用于景观中，丰富了空间的色彩，在单调的背景衬托之下，起到点缀的作用（图8.11）。

图8.11　着色塑料在景观中的应用

（6）其他助剂

为了改善和调节塑料的某些性能，以适应使用和加工的特殊要求，可在塑料中掺入各种不同的助剂，如稳定剂可提高塑料在热、氧、光等作用下的稳定性；阻燃剂可提高塑料的耐燃性和自熄性；润滑剂能改善塑料在加工成型时的流动性和脱模性等。此外，还有抗静电剂、发泡剂、防霉剂、偶联剂等。

在种类繁多的塑料助剂中，由于各种助剂的化学组成、物质结构不同，对塑料的作用机理及作用效果各异，因而由同种合成树脂制成的塑料，其性能会因加入助剂的不同而不同。

2）塑料的主要性质

塑料是具有质轻、绝缘、耐腐、耐磨、绝热、隔声等优良性能的材料。在建筑、景观上可作为装饰材料、绝热材料、吸声材料、防火材料、墙体材料、管道及卫生洁具等（图 8.12）。它与传统材料相比，具有以下优异性能：

图 8.12　塑料在装饰装修中的应用

（1）质轻、比强度高

塑料的密度为 0.9 ~ 2.2 g/cm³，平均为 1.45 g/cm³，约为铝的 1/2，钢的 1/5，混凝土的 1/3。其比强度却远远超过水泥、混凝土，接近或超过钢材，是一种优良的轻质高强材料。

（2）加工性能好

塑料可采用各种方法制成具有各种断面形状的通用材或异型材。如塑料薄膜、薄板、管材等（图 8.13），且加工性能优良并可采用机械化大规模的生产，生产效率高。

（3）导热系数小

塑料制品的传导能力比金属、岩石小，即热传导、电传导能力较小。其导热能力为金属的 1/600 ~ 1/500，混凝土的 1/40，砖的 1/20，是理想的绝热材料。

（4）装饰性优异

塑料制品可完全透明，也可着色，而且色彩绚丽耐久，表面光亮，有光泽；可通过照相制版印制，模仿天然材料的纹理，达到以假乱真的程度；还可电镀、热压、烫金制成各种图案和花型，使其表面具有立体感和金属的质感（图 8.14）。通过电镀技术，还可使塑料具有导电、耐磨和对电磁波的屏蔽作用等功能。

（5）多功能性

塑料制品品种繁多、功能不一，且可通过改变配方和生产工艺，在相当大的范围内制成具有各

种特殊性能的工程材料。如强度超过钢材的碳纤维复合材料；具有承重、质轻、隔声、保温的复合板材；柔软而富有弹性的密封、防水材料等。各种塑料又具有各种特殊性能，如防水性、隔热性、隔声性、耐化学腐蚀性等，有些性能是传统材料难以具备的。

图 8.13　各种断面形状的塑料

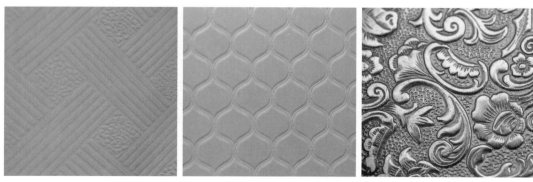

图 8.14　塑料表面立体感和金属质感

（6）经济性

　　塑料建材无论是从生产时所消耗的能量或是在使用过程中的效果来看都有节能性。塑料生产的能耗低于传统材料，在使用过程中某些塑料产品还具有节能效果。因此，广泛使用塑料具有明显的经济效益和社会效益。

（7）缺点

塑料自身也存在一些缺点，主要体现在以下四个方面：

①容易燃烧，燃烧时产生有毒气体：塑料的耐热性差，受到较高温度作用时会产生热变形，甚至分解。塑料一般可燃，且燃烧时产生大量的烟雾，甚至有毒气体，例如聚苯乙烯燃烧时产生甲苯，这种物质会导致失明、呕吐等症状，PVC 燃烧也会产生氯化氢等有毒气体。所以在生产过程中一般要掺入一定量的阻燃剂，以提高塑料的耐燃性。在重要的公共场所或易产生火灾的部位，不宜采用塑料装饰制品。

②耐热性等较差，易老化：塑料在高热、空气、阳光及环境介质中的酸、碱、盐等作用下，分子结构会产生递变，增塑剂等组分挥发，使塑料性能变差，甚至产生硬脆、破坏等。塑料的耐老化性可通过添加外加剂的方法得到很大的提高。

③热膨胀性大：塑料的热膨胀系数较大，因此在温差变化较大的场所使用塑料，尤其是与其他材料结合时，应考虑变形因素，以保证制品的正常使用。

④刚度小：塑料与钢铁等金属材料相比，强度和弹性模量较小，即刚度差，且在载荷长期作用下会产生蠕变。所以给塑料的使用带来了一定的局限性，尤其是用作承重结构时应慎重。

总之，塑料及其制品的优点大于缺点，且塑料的缺点可以通过采取措施加以改进。塑料制品给我们带来许多便利，成为日常生活的一部分，但目前几乎没有生物可以分解它。一些设计师为了唤起人们的环保意识，利用废弃的塑料制作成景观小品（图 8.15），在减少废弃塑料产生的同时为环境增添一道风景。随着塑料资源的不断发展，景观工程中塑料的应用将越来越广阔。

图 8.15　废弃塑料的利用

8.3.2　景观工程中常用的塑料

近些年，我国高分子合成材料快速发展，装饰材料已由过去的木材、金属等单一材料向复合高分子材料发展。塑料作为其中重要的组成部分，在现代景观工程中有着不可替代的作用。塑料产品的种类越来越丰富，主要包括地面材料、墙面材料、展示材料及其他家具、小品，如图 8.16 所示。复合材料的发展必然会促使塑料产品的不断更新，从而在功能上逐渐取代木材、金属等不可再生资源，促进我国资源、经济和社会的可持续发展。

（a）聚氯乙烯家具

（b）发泡壁纸

（c）聚碳酸酯板

图 8.16 塑料制品的应用

根据合成树脂受热时的性质，塑料可分为热塑性塑料（如聚乙烯、聚氯乙烯、聚苯乙烯、ABS 塑料等）和热固性塑料（如酚醛塑料、不饱和聚酯树脂等）。景观中常用塑料的性能与用途见表8.2。

木塑复合材料是一种由木材或纤维材料与塑料制成的复合材料，木塑复合材料的组成决定了其自身具有塑料和木材的特性。除了具有密度高、硬度大、防水性能好、抗酸碱、抗腐蚀等优点外，还具有易加工、颜色丰富、装饰效果好等特点，用于景观中的铺板、护栏、小品等（图8.17）。

表8.2　景观中常用塑料的性能与用途

名　称	性　能	用　途
聚乙烯	柔软性好、耐低温性好、耐化学腐蚀和介电性能优良，成型工艺好，但刚性差，耐热性差（使用温度<50 ℃），耐老化性能差	主要用于防水材料、给排水管和绝缘材料等
聚氯乙烯	耐化学腐蚀性和电绝缘性优良，力学性能较好，具有难燃性，但耐热性较差，温度升高时易发生降解	有软质、硬质、轻质发泡制品。广泛用于建筑各部位（薄板、壁纸、地毯、地面卷材等），是应用最多的一种塑料
聚苯乙烯	树脂透明、有一定机械强度，电绝缘性能好，耐辐射，成型工艺好，但脆性大，耐冲击和耐热性差	主要以泡沫塑料作为隔热材料，也用来制造灯具、平顶板等
聚丙烯	耐腐蚀性能优良，力学性能和刚性超过聚乙烯，耐疲劳和耐应力开裂性好，但收缩率较大，低温脆性大	管材、卫生洁具、模板等
ABS塑料	具有韧、硬、刚相均衡的优良力学特性，电绝缘性与耐化学腐蚀性好，尺寸稳定性好，表面光泽性好，易涂装和着色，但耐热性不太好，耐候性较差	用于生产建筑五金和各种管材、模板、异形板等
酚醛塑料	电绝缘性能和力学性能良好，耐水性、耐酸性和耐腐蚀性能优良。酚醛塑料坚固耐用、尺寸稳定、不易变形	生产各种层压板、玻璃钢制品、涂料和胶黏剂等
环氧树脂	粘接性和力学性能良好，耐化学药品性（尤其是耐碱性）良好，电绝缘性能好，固化收缩率低，可在温室、接触压力下固化成型	主要用于生产玻璃钢、胶黏剂和涂料等产品
不饱和聚酯树脂	可在低压下固化成型，用玻璃纤维增强后具有优良的力学性能，良好的耐化学腐蚀性和电绝缘性能，但固化收缩率较大	主要用于玻璃钢、涂料和聚酯装饰板等
聚氨酯	强度高，耐化学腐蚀性优良，耐热、耐油、耐溶剂性好，粘接性和弹性优良	主要以泡沫塑料形式作为隔热材料及优质涂料、胶黏剂、防水涂料和弹性嵌缝材料等
脲醛塑料	电绝缘性好，耐弱酸、碱，无色、无味、无毒，着色力好，不易燃烧，耐热性差，耐水性差，不利于复杂造型	胶合板和纤维板，泡沫塑料，绝缘材料，装饰品等
有机硅塑料	耐高温、耐腐蚀、电绝缘性好、耐水、耐光、耐热，固化后的强度不高	防水材料、胶黏剂、电工器材、涂料等

图8.17　木塑复合材料在景观中的应用

芬兰著名设计师艾洛·阿尼奥热衷于用塑料进行创意设计。形态自由、色彩鲜明的塑料家具使人们从中得到极大乐趣。他设计的球椅、香皂椅、小马椅等（图 8.18）成为了时代的象征，开创了新材料、新技术的设计道路。

图 8.18　塑料创意座椅

8.4　胶黏剂

胶黏剂是指具有良好的粘接性能，能在两个物体表面间形成薄膜并把它们牢固地粘接在一起的材料。与焊接、铆接、螺纹连接等连接方式相比，胶结具有很多突出的优越性，如粘接为面连接，应力分布均匀，耐疲劳性好；不受胶接物的形状、材质限制；胶接后具有良好的密封性能；几乎不增加粘接物的质量；胶接方法简单等。胶黏剂在景观工程中的应用越来越广泛，成为工程上不可缺少的重要配套材料。

8.4.1　胶黏剂的组成与分类

胶黏剂是一种多组分的材料，它一般由黏结物质、固化剂、增韧剂、填料、稀释剂和改性剂等组分配制而成，见表 8.3。

表 8.3　胶黏剂按黏结物质的性质分类

胶黏剂	有机类	合成类	树脂型
			热固性：酚醛树脂、环氧树脂、不饱和聚酯、聚氨酯、脲醛树脂等
			热塑性：聚酯酸乙烯酯、聚氯乙烯—醋酸乙烯酯、聚丙烯酸酯、聚苯乙烯、聚酰胺、醇酸树脂、纤维素、饱和聚酯等
		橡胶型：再生橡胶、丁苯橡胶、丁基橡胶、氯丁橡胶、聚硫橡胶等	
		混合型：酚醛—聚乙烯醇缩醛、酚醛—氯丁橡胶、环氧—酚醛、环氧—聚硫橡胶等	
		天然类	葡萄糖衍生物：淀粉、可溶性淀粉、糊精、阿拉伯树胶、海藻酸钠等
			氨基酸衍生物：植物蛋白、酪元、血蛋白、骨胶、鱼胶
			天然树脂：木质素、单宁、松香、虫胶、生漆
			沥青、沥青胶
	无机类	硅酸盐类	
		磷酸盐类	
		硼酸盐	
		硫磺胶	
		硅溶胶	

8.4.2　常用胶黏剂

常用胶黏剂的性能及应用见表8.4。

表8.4　常用胶黏剂的性能及应用

种类		性能	主要用途
热塑性合成树脂胶黏剂	聚乙烯醇缩甲醛类胶黏剂	黏结强度较高，耐水性、耐油性、耐磨性及抗老化性较好	粘贴壁纸、墙布、瓷砖等，可用于涂料的主要成膜物质，或用于拌制水泥砂浆，能增强砂浆层的黏结力
	聚醋酸乙烯酯类胶黏剂	常温固化快，黏结强度高，粘接层的韧性和耐久性好，不易老化，无毒、无味，不易燃爆，价格低，但耐水性差	广泛用于粘贴壁纸、玻璃、陶瓷、塑料、纤维织物、石材、混凝土、石膏等各种非金属材料，也可作为水泥增强剂
	聚乙烯醇胶黏剂（胶水）	水溶性胶黏剂，无毒，使用方便，黏结强度不高	用于胶合板、壁纸、纸张等的胶接
热固性合成树脂胶黏剂	环氧树脂类胶黏剂	黏结强度高，收缩率小，耐腐蚀，电绝缘性好，耐水、耐油	粘接金属制品、陶瓷、玻璃、木材、塑料、皮革、水泥制品、纤维制品等
	酚醛树脂类胶黏剂	黏结强度高，耐疲劳，耐热，耐气候老化	粘接金属、陶瓷、玻璃、塑料和其他非金属材料制品等
	聚氨酯类胶黏剂	黏附性好，耐疲劳，耐油，耐水、耐酸、韧性好，耐低温性能优异，可室温固化，但耐热性差	适于胶接塑料、木材、皮革等，特别适用于防水、耐酸、耐碱工程中
合成橡胶胶黏剂	丁腈橡胶胶黏剂	弹性及耐候性良好，耐疲劳、耐油、耐溶剂性好，耐热，有良好的混溶性，但黏着性差，成膜缓慢	适用于耐油部件中橡胶与橡胶、橡胶与金属、织物等的胶接。尤其适用于粘接软质聚氯乙烯材料
	氯丁橡胶胶黏剂	黏附力、内聚强度高，耐燃、耐油、耐溶剂性好。储存稳定性差	用于结构粘接或不同材料的粘接。如橡胶、木材、陶瓷、石棉等不同材料的粘接
	聚硫橡胶胶黏剂	很好的弹性、黏附性。耐油、耐候性好，对砌体和蒸汽不渗透，抗老化性好	作密封胶及用于路面、地坪、混凝土的修补、表面密封和防滑。用于海港、码头及水下建筑物的密封
	硅橡胶胶黏剂	良好的耐紫外线、耐老化性，耐热、耐腐蚀性，黏附性好，防水防震	用于金属、陶瓷、混凝土、部分塑料的粘接。尤其适用于门窗玻璃的安装以及隧道、地铁等地下建筑中的瓷砖、岩石接缝间的密封

思考与练习

1. 简述涂料的定义和组成。
2. 涂料有哪些功能作用？
3. 按照涂料的装饰效果可分为哪几类？
4. 简述塑料的基本组成及性质。
5. 简述景观常用塑料的性能与用途。
6. 胶黏剂有哪些突出的优越性？

9 形制成品材料

本章导读　园林景观形制成品材料范围十分广泛，包括形制建筑小品及形制装饰小品两大类。在景观环境中，园林景观形制小品具有较高的观赏价值和艺术个性，具有体量小巧、造型精致、内容丰富等特点。本章主要介绍了园林形制小品及常见游乐、服务设施等成品材料。采用图文并茂的形式，便于理解。

　　园林景观的美是整体的，也是细节的，正如建筑的美要通过细节表现出来一样，城市园林景观也是由不同的细节所组成的，是体现着一定人文特征的综合体。在这其中，园林景观形制小品无疑是形式最为丰富、功能最为多样、出现最为频繁的重要细节。它几乎包含了城市园林环境中的各个方面，存在于大小各异的表现形式中。可以小到让人忽视，也可以大到成为空间焦点，它的多样性与普遍性使它成为园林环境设计中必须慎重对待的重要环节。

　　随着科学技术的提高，园林景观形制小品的材料及选择范围越来越广，形式也越来越多样化，从古代的金属、陶瓷、木材，到今天的塑料、合金、高分子复合材料，材料科技有了极大的发展。天然及人工材料充斥着设计空间，极大丰富了园林形制小品的语言和形式。

9.1　园林景观形制小品的含义

　　园林景观小品范围十分广泛，一般意义上指那些园林中供休息、装饰、照明、展示和为园林管理及方便游人使用的小型设施。园林小品包括功能简明、体量小巧、造型别致、带有意境、富于特色的小型园林建筑（图9.1）；也包括能够美化环境、装点生活、增添情趣的环境装饰构件（图9.2）。

　　形制小品是指以有效满足客户需求，由厂家定制生产的园林景观小品。这类产品在生产阶段注重整体设计，考虑其可制造性、可装配性、可拆卸性及可靠性等。针对不同形制小品的特征、材料和工艺进行标准化、批量化的生产。

　　在实际应用中，园林景观形制小品为园林营建中的重要组成部分，具有较高观赏价值和艺术个性。在现代城市园林中，形制小品除去传统景观建筑、小品外，还包括城市空间中许多功能性及服务性设施，如城市标志、街道家具等各类影响城市外在景观效果的元素。随着人们对城市环境问题的重视，以及城市园林化的进程，景观形制小品设计已被作为一项重要的环境设计因素予以着重考虑。

图9.1　园林建筑

图9.2　环境装饰构件

9.2　园林景观形制小品的特征

1）与环境的协调性及整体性

　　园林景观形制小品的应用总是处于一定环境的包容中，因此，人们看到的景观形制小品不仅是其本身，而是它与周围环境所共同形成的整体艺术效果。在设计与配置景观形制小品时，要整体考虑其所处的环境和空间形式，保证景观形制小品与周边环境及建筑之间的和谐统一，避免在材料、色彩、风格上产生冲突和对立。如图9.3所示的景观形制小品，采用天然木材制成，具有亲切、自然、细腻之感，与背景植物及整体环境风格统一，融于一体，浑然天成，保持了环境的整体性。

图9.3　形制小品与环境的整体性

2）设置与创作上的科学性

　　园林景观形制小品设置后一般不会随意搬迁移动，具有相对的固定性，所以其设计不能仅凭经验和主观判断，而是必须根据特定的位置条件、周边环境对视线角度、光线、视距、色泽、质感等因素的影响进行合理的设置，避免出现过于突兀或过于隐蔽的设计。

　　金属、石材质地光滑，容易让人产生高贵、庄重的印象，适用于城市道路、广场的形制小品中，体现现代之感；略微粗糙的木材、竹材则让人产生朴实、自然的感受，适用于公园、郊外的形制小

品中（图9.4）。只有经过科学的考虑，才会有完善的设计方案。

图9.4 形制小品设置的科学性

3）风格上的民族性和时代感

环境中的园林景观形制小品，通过本身的造型、材质、色彩、肌理向人们展示其形象特征，表达某种情感，同时也反映特定的社会、地域、民俗审美情趣。城市环境中的园林景观形制小品，也是城市时代特征的重要表现，在形制小品的设计与硬件上，应尽量运用最新的设计思想和理论，利用新技术、新工艺、新材料、新艺术手法，使其具有鲜明的时代精神。

在形制小品的设计中，材料是载体，是表达设计概念的基本单元和主要物质基础，形制小品的民族性与时代感的实现最终依赖于材料。采用现代材料表达传统民族符号语言，生动形象，特色鲜明（图9.5）。

图9.5 民族风格景观形制小品

4）内容上的文化性和地方特色

园林景观形制小品的文化性是指其所体现的本土文化，是对这些文化内涵不断升华、提炼的过程，反映了一个地区自然环境、社会生活、历史文化等方面的特点。

材料是文化语言的一种表达方式，采用传统材料——木材、瓦等制成的形制小品，充分考虑其与黔东南文化的融合，特色鲜明，极具地方特色（图9.6）。

5）表现形式的多样性与功能的合理性

园林景观形制小品表现形式多样，不拘一格。体量的大小、手法的变化、材料的丰富、组合形式的差异，都使其表现内容丰富多样。

如图9.7所示的景观坐凳设计，采用不同表现形式，结合人体休憩功能的尺度，造型独特，功能完善，体现了景观小品的多样性。在材料的运用上，着色塑料具有活泼、热情之感，常用于儿童活动场所的坐凳设计；石材坐凳冷静、沉重，充分展现其坚固耐久的特性；木材制成的富有雕塑效果的坐凳极具艺术感染力，使人产生亲近之感。

图 9.6　黔东南景观形制小品

图 9.7　不同材料、造型的景观坐凳

9.3　园林景观形制小品的功能

1）造景功能

　　园林景观形制小品具有较强的造型艺术性和观赏性，因此能在环境中发挥重要的造景功能。在整体环境中，形制小品虽体量不大，却往往起着画龙点睛的作用。通过材质、色彩可以拉近人与环境的距离。在水景中，石材往往能巧为烘托，相得益彰，为整个环境增景添色。无论是石质花钵还

是石板铺砌的汀步，都能为整体环境创造丰富多彩的景观内容。新型材料——耐候钢与水景搭配，更体现了软硬对比中所获得的艺术美的享受（图9.8）。

图9.8　形制小品的造景功能

2）使用功能

　　园林景观形制小品除艺术造景功能外，还具有使用功能，可直接满足人们的使用需要，如亭、廊、榭、椅等形制小品，可供人们休息、纳凉和赏景；园灯可提供夜间照明，方便夜间休闲活动；儿童活动设施可为儿童游戏、娱乐、玩耍所使用；小桥或汀步可让人通过小河或漫步于溪流之上（图9.9）；电话亭则方便人们进行通信及交流等；售卖亭可进行食品、用品交易。

图9.9　形制小品的使用功能

3）信息传达功能

　　一些园林景观形制小品还具有文化宣传及提供信息的作用，如宣传栏、宣传牌、标志牌等（图9.10）。这一类形制小品的材质多种多样，在选择上着重考虑不同的环境因素。如旅游景区的指示牌本身就是景观构成的一部分，其设计应与环境相融，多采用石材、木材，突显古朴自然之美；对于具有历史性、传统性的环境而言，多用古铜、耐候钢等材料来展现历史，从而引起人们的追忆；塑料指示牌多用于现代景观中，突出其丰富的色彩效果。

4）安全防护功能

一些园林景观形制小品还具有安全防护功能，保证人们游览、休息或活动时的人身安全，并实现不同空间功能的强调和划分以及环境管理上的秩序和安全，如各种安全护栏、围墙等（图9.11）。这些具有安全防护功能的形制小品多采用木材、金属等材料。

图9.10　形制小品的信息传达功能

图9.11　形制小品的安全防护功能

9.4　园林景观形制小品的分类

生活中常见的园林景观形制小品主要有景亭、花架、构架、园桥、景墙、水池、花坛、休息椅等，还有电话亭、候车亭、照明灯具、指路牌、垃圾筒、踏步、饮水龙头、告示牌等。园林景观形制小品的分类也多种多样，见表9.1。

表 9.1　园林景观形制小品分类

分类标准	类　型	特　点	例　图
按功能性质分类	建筑形制小品	指园林环境中建筑性质的景观形制小品。如亭、廊、榭、花架、围墙（包括门洞、花窗）等	
	设施形制小品	指园林中主要为满足人们赏景、休息、娱乐、健身活动、科普宣传、卫生管理及安全防护等使用需要而设置的构筑物性质的制形小品。如步石、园灯、护栏、曲桥、圆桌、庭园椅凳、儿童娱乐设施以及宣传牌、果皮箱、文化卫生设施形制小品等	

续表

分类标准	类型	特 点	例 图
	雕塑形制小品	指园林环境中富有生活气息和装饰情趣的小型雕塑。如人物及动物具象雕塑，反映现代艺术特质的抽象雕塑等	
	植物造景形制小品	指园林中使用植物材料进行人工造型所创造的形制小品。如盛花花坛、立体花坛、树木动物造型与艺术造型等	
	山石形制小品	指园林中人工堆叠放置的山石景观形制小品。如假山、置石等	
	水景形制小品	指园林中人工创造的小型水体景观。如水池、瀑布、流水、喷泉等	
按建造材料分类	竹木形制小品	以竹、木为材料建成的形制小品。这类小品色彩、质地容易与庭院环境相协调，取材方便，而且较为经济；缺点是不耐久，需经常维护。如竹花架、竹亭、木桥、木构凉亭、竹构椅凳等	
	混凝土形制小品	以水泥、砂、石等为原材料建造的形制小品，包括更为牢固的钢筋混凝土形制小品，取材方便，坚固持久，造价也不太高，是现代园林环境中广泛应用的一类形制小品。如平顶亭、蘑菇亭、庭园桌凳、花架长廊等	

续表

分类标准	类　型	特　点	例　图
	砖石形制小品	以砖石为材料建成的园林形制小品，如花墙、铺地、石桌、石凳等。这类形制小品质感朴素，自然雅逸，与庭园绿色环境和谐统一	
	金属形制小品	以金属材料（如钢、铁、铝、铜及合金材料等）建成的园林形制小品，通常精致、美观、持久耐用，但造价较高。除不锈钢和铝合金小品外，一般也需要定期保养，以防锈蚀损坏。如金属椅凳、护栏、围栅、导游牌、园灯、雕塑、果皮箱以及各种儿童游戏设施形制小品等	
	植物形制小品	以园林植物为材料建成的形制小品。这类形制小品既经济又美观，还具有生态功能，但需经常修剪维护。如立体模纹造型、绿雕、树木建筑造型等	
	陶瓷形制小品	以红泥或高岭土烧制而成的园林形制小品。这类形制小品一般由陶瓷工艺厂出品，精巧、美观，但造价较高，有时因色彩华丽而不易与环境取得调和，应用时有一定的局限性	

续表

分类标准	类 型	特 点	例 图
	其他形制小品	园林景观形制小品除以上材料外,还有塑料(如儿童游戏小品等)、玻璃与玻璃钢(如雕塑等)、纤维(如各种绳网篷架等)及其他混合材料	
按空间特性分类	可进入类形制小品	指那些在自身内部限定着一定的空间,并且能为人们提供休息、赏景、玩耍、使用的形制小品。包括景亭、榭舫、景廊、花架、构架、挑台、园路、小桥、汀步、梯级、候车亭、街头售货亭、自行车棚、假山、水景等	
	不可进入类形制小品	指那些实体虽然是园林形制小品,内部也有空间,但人不能进入其中。主要包括柱式、景石、独立假山、绿化(植物雕塑、植物造型、植物模纹图案、花钵、花卉盆景等),还包括水景以及景观雕塑、景墙、栏杆、护柱、徽章标志、邮筒、垃圾箱、公共桌凳、照明灯具、饮水器、时钟等	

9.5 园林景观形制小品的发展

　　近年来,随着我国经济水平的快速发展和技术水平的不断提高,新的城市景观环境理念逐步形成。现代园林景观形制小品设计的发展趋势有以下几个方面。

1)人性化

　　现代园林形制小品设计在满足人们实际需要的同时,追求以人为本的理念,并逐步形成人性化的设计导向,在造型、风格、体量、材料等因素上更加考虑人们的心理需求,使形制小品更加体贴、亲近,提高了公众参与的热情。如公园座椅、洗手间、道路等公共设施设计更多考虑方便不同人群(特别是残障人士、老年人和儿童等)的使用(图9.12)。

图 9.12　人性化园林景观形制小品

2）生态化

　　目前，人们越来越倡导生态型的城市景观建设，对公共设施中的园林形制小品也越来越要求其环保、节能和生态特性，石材、木材和植物等材料得到了更多的使用（图 9.13）。在设计形式、结

图 9.13　生态化景观形制小品

构等方面也要求园林形制小品尽可能地与周边自然环境相衔接，营造与自然和谐共生的关系，体现"源于自然、归于自然"的设计理念。前些年各地盛行用玻璃钢材制作的大型仿真植物（如仙人掌、椰子树等），现已被设计师们所抛弃，因其与周边环境极不协调，更不具备任何生态化元素。

3）艺术化

园林形制小品是城市地域文化建设的重要载体，承载着展现地方文化历史和服务群众游憩生活的功能需要。随着我国精神文明建设的不断深入，人民群众对生态环境的要求进一步提高。因此，现代园林形制小品设计手法应更加个性化、艺术化，并需要不断创造出新的物质形态表达方法，更加深入地影响人们的精神生活。如 2004 年第五届深圳园博会金奖作品——"武之魂"郑州园，即以少林武术发源地这一重要人文要素为基点进行扩展，借助石材雕刻来表现。通过设置嵩岳晨钟、石锁、石球、华夏图腾柱、武术浮雕、兵器陈列架等园林景观形制小品，将中原武术博大精深的文化内涵进行艺术化的概括和提炼，并通过艺术手法予以展示，取得了较为理想的景观效果（图 9.14）。

图 9.14　武之魂雕塑

4）综合化

园林形制小品很少以单一个体出现，大多具有综合性功能，并能够与环境要素有机结合起来。近年来，在北京天安门广场设立的国庆大型立体花坛，就充分体现了园林形制小品的综合化发展趋势（图 9.15）。新型的立体花坛充分运用了声、光、电等表现手法，将建筑、结构、绘画、雕塑、植物、音响、照明等相关学科有机联系在一起，通过新材料、新工艺、新技术的大胆创新使用，展现出了独特而新颖的景观效果。

图 9.15　天安门国庆花坛

5）多样化

随着科学技术的发展，多元文化的交融互通，新材料、新工艺、新技术不断涌现。材料在园林形制小品中应用非常广泛，不同材料都有其独特的性能和作用。伴随着现代新材料的充实，使得未来园林形制小品在形式和内容上将呈现多样化、多元化的发展趋势。

当今，我国正处于重构乡村和城市景观的重要历史时期，传统文化面临着外来文化的强烈冲击。在此背景下，对风景园林行业发展趋势进行研究具有十分重要的意义。未来园林形制小品的发展是难以准确预测的，但可以肯定的是，发展离不开创新，艺术需要创新，而这些创新就需要在前人的文化上寻找灵感，并深受环境的影响。总的来讲，人类社会生活文明程度越进步，园林形制小品设计就越以人为本。随着各种"手法""理念"的不断更新，人们已不再纠缠它们的文化背景，因为随着社会民主化、人本化的深入，各种设计方法都将得到弘扬，科学、民主才是将来园林形制小品设计的发展趋势。

思考与练习

1. 简述园林景观形制小品的特征。
2. 简述园林景观形制小品的功能。
3. 园林景观形制小品可以分为哪几类？特征分别是什么？
4. 简述现代园林景观形制小品设计的发展趋势。

参考文献

[1] 金涛.园林景观小品应用艺术大观[M].北京：中国城市出版社，2003.

[2] 周维权.中国古典园林史[M].3版.北京：清华大学出版社，2008.

[3] 金学智.中国园林美学[M].2版.北京：中国建筑工业出版社，2005.

[4] 彭一刚.中国古典园林分析[M].北京：中国建筑工业出版社，1986.

[5] 刘登良.涂料工艺[M].4版.北京：化学工业出版社，2009.

[6] 魏鸿汉.建筑材料[M].3版.北京：中国建筑工业出版社，2011.

[7] 徐成君.建筑材料[M].北京：高等教育出版社，2004.

[8] 吴科如.建筑材料[M].上海：同济大学出版社，2001.

[9] 张海梅.建筑材料[M].北京：科学出版社，2000.

[10] 任福民.新型建筑材料[M].北京：海洋出版社，1998.

[11] 俞昌斌，陈远.景观设计的材料语言[M].X-COLOR国际出版社，2010.

[12] 张建林.园林工程[M].北京：中国农业出版社，2002.

[13] 张文英.风景园林工程[M].北京：中国农业出版社，2006.

[14] 中国建筑标准设计研究院.国家建筑标准设计图集03J012-1——环境景观室外工程细部构造[M].北京：中国计划出版社，2007.

[15] 郭明.景观小品工程[M].北京：中国建筑工业出版社，2005.

[16] 乔安·克里夫顿.景观创意设计[M].郝福玲，译.大连：大连理工大学出版社，2006.

[17] 张学军.2006版园林艺术小品雕塑与景观搭配设计与营造技术大全[M].北京：中国科技文化出版社，2006.

[18] 都伟.公共设施[M].北京：机械工业出版社，2007.

[19] 张彬.浅谈我国现代园林中材料的运用与发展[J].绿色科技，2009（4）.

[20] 李运远.试论园林材料的应用[D].哈尔滨：东北林业大学，2000.